TAIYANG DIANCHI BAOMO JISHU

# 太阳电池薄膜技术

靳瑞敏　编著

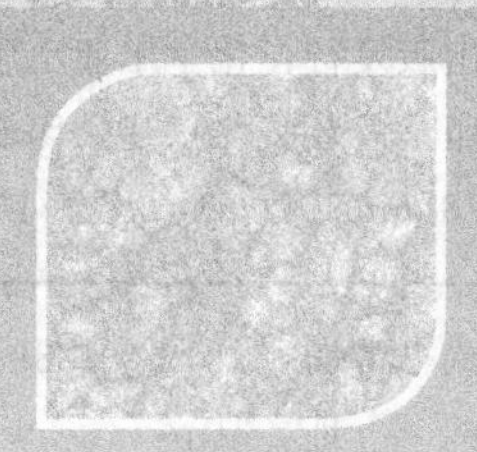

化学工业出版社
·北京·

目前我国光伏太阳能产业与太阳电池行业呈现加速发展态势。太阳电池可大致分为以半导体硅材料为主的单晶硅、多晶硅太阳光伏电池和薄膜太阳光伏电池两大类。太阳电池薄膜技术上因为具有大规模、低成本制造的潜力而备受青睐。

本书主要介绍薄膜生长技术和薄膜的表征方法、非晶硅薄膜太阳电池、多晶硅薄膜太阳电池、铜铟镓硒薄膜太阳电池、砷化镓薄膜太阳电池、染料敏化纳米薄膜太阳电池以及薄膜的衬底材料，提出薄膜生长中的量子态现象，最后详细介绍光伏玻璃减反膜技术和工业化应用。本书内容既介绍各类太阳电池薄膜技术研究和发展情况，也包括国内学者和著者的研究成果，反映了当前学科的先进水平。

本书适于广大太阳光伏电池生产企业研究人员、管理人员阅读，还可供广大从事新能源材料、薄膜科学与技术工程技术科技工作者参考，也作为相关专业高年级大学生及研究生的教学参考书。

**图书在版编目（CIP）数据**

太阳电池薄膜技术/靳瑞敏编著. —北京：化学工业出版社，2013.3（2022.3 重印）
ISBN 978-7-122-16300-4

Ⅰ.①太…　Ⅱ.①靳…　Ⅲ.①薄膜太阳能电池
Ⅳ.①TM914.4

中国版本图书馆 CIP 数据核字（2013）第 006913 号

责任编辑：朱　彤　　　文字编辑：王　琪
责任校对：陈　静　　　装帧设计：刘丽华

出版发行：化学工业出版社（北京市东城区青年湖南街 13 号　邮政编码 100011）
印　　装：北京建宏印刷有限公司
787mm×1092mm　1/16　印张 13　字数 316 千字　　2022 年 3 月北京第 1 版第 3 次印刷

购书咨询：010-64518888　　　售后服务：010-64518899
网　　址：http://www.cip.com.cn
凡购买本书，如有缺损质量问题，本社销售中心负责调换。

**定　　价：48.00 元**

# 序

新能源特别是太阳能是一种取之不尽、用之不竭、环境友好的清洁能源，基于它的低成本、高效，太阳能光伏发电对解决人类能源危机和环境问题具有重要的意义，各国政府从政策、投资等方面不断加大对发展太阳能光伏技术和产业的支持力度，我国也制定了鼓励光伏产业的一系列发展规划。这将推动太阳能光伏技术和产业的迅速发展，有利于太阳能光伏发电的普及和应用。

太阳能光伏电池能否与常规能源发电技术相竞争并得到普及应用，依赖于两个关键问题的解决：一是低的生产成本；二是高的光电转换效率。目前，太阳电池可大致分为以半导体硅材料为主的单晶硅、多晶硅太阳能光伏电池和薄膜太阳能光伏电池两大类。薄膜太阳能光伏电池在技术上具有大规模、低成本制造的潜力，但它的光电转换效率和稳定性须进一步提高，这也是目前薄膜太阳能光伏电池研发的重点。本书是作者为适应我国太阳能光伏产业发展需要，结合自己的研究工作和教学实践编写而成，首先简要地介绍了薄膜生长技术和薄膜表征方法，进而分别对各种薄膜太阳能光伏电池的工作原理、制造方法、光伏性能和以玻璃为主的衬底材料以及提高单位面积光伏发电量的减反膜技术（特别是对目前正在开始工业化应用的溶胶-凝胶法制备减反膜的工艺）做了比较系统的描述。本书还包含了作者在薄膜生长方面提出的量子态模型及其在实践中的应用方面的内容。本书内容丰富，取材广泛，理论联系实践紧密，具有较高的参考价值。相信本书的出版会为读者了解太阳电池薄膜技术的研究现状及生产技术提供有益的帮助，同时对发展我国薄膜太阳能光伏技术与产业也将起到促进作用。

中国科学院半导体研究所研究员

中国科学院院士

王占国

2012年9月2日

# 前言

太阳电池能否与常规能源发电技术相竞争并大规模普及存在两个关键问题：一是具有比较低的生产成本；二是具有比较高的光电转换效率。目前，太阳电池可以分为以硅为主的体材料太阳电池和薄膜太阳电池两大类。与体材料相比，薄膜材料有很多优势：首先太阳电池薄膜材料厚度从几微米到几十微米，是体材料太阳电池的几十分之一，并且直接沉积出薄膜，没有切片损失，可大大节省原料；其次可采用集成技术依次形成电池，省去组件制作过程；最后可采用多层技术等。因此，薄膜太阳电池具有大幅度降低成本的潜力。另外，薄膜材料还可以用在减少光线反射、提高单位面积发电量等方面，因此，太阳电池薄膜技术在太阳电池工业化的发展方面极具潜力。

本书就是介绍作者在太阳电池薄膜技术上的研究和实践，这些工作成果包含作者科研工作组全体同仁的劳动，这些都在书中进行了说明。本书第1章介绍薄膜生长技术，第2章介绍薄膜的表征方法，第3章提出薄膜生长中的量子态现象，第4章介绍太阳电池技术，第5章～第9章分别介绍非晶硅薄膜太阳电池、多晶硅薄膜太阳电池、铜铟镓硒薄膜太阳电池、砷化镓薄膜太阳电池、染料敏化纳米薄膜太阳电池，第10章介绍薄膜的衬底材料，第11章比较详细介绍光伏玻璃减反膜技术研究现状和工业化应用。

本书可为太阳电池薄膜技术领域工作者作为参考书使用，另外，本书还有大量相关太阳电池生产一线具体内容，可作为太阳电池薄膜技术领域专业知识培训教材。

由于作者时间有限，再加上太阳电池薄膜技术日新月异，书中疏漏之处在所难免，望广大读者批评指正。

编著者

2012年12月

# 目录

## 第1章 薄膜生长技术 1


1.1 气相法 …… 1
1.1.1 化学气相沉积法 …… 1
1.1.2 物理气相法 …… 5
1.2 液相法 …… 13
1.2.1 化学镀法 …… 13
1.2.2 电镀法 …… 13
1.2.3 辊涂法 …… 14
1.2.4 浸渍提拉法 …… 15
1.2.5 喷涂法 …… 16
1.2.6 旋涂法 …… 17
参考文献 …… 18


## 第2章 薄膜的表征方法 19


2.1 形貌和结构的表征 …… 19
2.1.1 X射线衍射方法 …… 19
2.1.2 低能电子衍射和反射高能电子衍射 …… 21
2.1.3 拉曼光谱 …… 22
2.1.4 电子显微技术 …… 22
2.2 成分分析方法 …… 29
2.2.1 光电子能谱 …… 29
2.2.2 二次离子质谱 …… 31
2.2.3 卢瑟福背散射 …… 31
2.2.4 傅里叶变换光谱仪 …… 32
2.2.5 光致发光光谱和阴极射线发光光谱 …… 33
2.3 厚度分析方法 …… 34
2.3.1 椭圆偏振光谱 …… 34
2.3.2 光干涉法 …… 35
2.4 其他分析方法 …… 36
2.4.1 附着力的测量 …… 36
2.4.2 透光率的测量 …… 37
参考文献 …… 38

**第3章**
**薄膜生长中的量子态现象** 39

3.1 现有几种主要的薄膜生长理论 …… 39
3.1.1 薄膜沉积的三种基本模式 …… 40
3.1.2 氢化非晶硅的生长 …… 40
3.1.3 氢化微晶硅的生长 …… 40
3.1.4 逐层生长模型 …… 42
3.1.5 Fortmann和Shimizu提出的非晶相到结晶相转化的新模型 …… 42
3.1.6 非晶硅和微晶硅薄膜临界点扩散模型 …… 43
3.1.7 其他相关模型 …… 43
3.2 薄膜生长过程中的量子态现象 …… 44
3.2.1 随温度变化的量子态现象 …… 44
3.2.2 随氢稀释比变化的量子态现象 …… 47
3.2.3 随功率变化的量子态现象 …… 47
3.2.4 随其他情况变化的量子态现象 …… 49
3.3 量子态现象的特征 …… 50
3.4 量子态现象的原因分析 …… 51
3.5 量子态现象的物理思想 …… 53
3.5.1 量子态作为物质能态的普遍性 …… 53
3.5.2 量子态的差别性 …… 54
3.5.3 量子态现象——从微观量子态到宏观物质能态 …… 54
3.6 等能量驱动原理 …… 55
参考文献 …… 57

**第4章**
**太阳电池技术** 59

4.1 太阳电池简介 …… 59
4.2 光伏效应 …… 61
4.2.1 半导体简介 …… 61
4.2.2 电子-空穴对 …… 62
4.2.3 p-n结 …… 63
4.3 太阳电池的分类 …… 65
4.3.1 晶体硅太阳电池 …… 65
4.3.2 薄膜太阳电池 …… 66
4.4 太阳电池现状和发展 …… 66
4.4.1 硅材料地位的确定 …… 66
4.4.2 体材料与薄膜材料的对比 …… 67
4.4.3 薄膜太阳电池对比 …… 68
参考文献 …… 71

**第5章**
**非晶硅薄膜太阳电池** 72

5.1 透明导电氧化物薄膜 …… 72

5.1.1 ZAO 薄膜的特性 …… 73
5.1.2 太阳电池对 TCO 镀膜玻璃的性能要求 …… 74
5.1.3 ZAO 导电膜的研究现状及制备方法 …… 75
5.1.4 磁控溅射镀膜的物理过程 …… 77
5.1.5 TCO 结构性能指标分析 …… 79
5.1.6 影响 TCO 薄膜性能的主要因素 …… 80
5.2 非晶硅薄膜太阳电池的生产 …… 83
5.2.1 非晶硅薄膜材料性能的表征 …… 83
5.2.2 非晶硅薄膜太阳电池制备的基本方法 …… 84
5.2.3 影响非晶硅薄膜性能的主要因素 …… 86
5.2.4 非晶硅薄膜太阳电池的结构 …… 88
5.2.5 工业化非晶硅薄膜太阳电池的生产设备和测试 …… 91
参考文献 …… 93

第6章 多晶硅薄膜太阳电池 95

6.1 常规电阻炉退火制备多晶硅薄膜的研究 …… 95
6.1.1 常规电阻炉退火的温度研究 …… 97
6.1.2 常规电阻炉退火的时间研究 …… 99
6.2 光退火制备多晶硅薄膜的研究 …… 103
6.2.1 光退火的温度研究 …… 103
6.2.2 光退火的时间研究 …… 105
6.3 常规电阻炉退火与光退火固相晶化的对比 …… 109
6.3.1 实验方法 …… 109
6.3.2 实验结果及分析 …… 109
6.3.3 结论 …… 112
6.4 硅薄膜结构和性能的自然衰变 …… 112
6.4.1 实验方法 …… 112
6.4.2 实验结果与讨论 …… 112
6.4.3 结论 …… 114
6.5 关于硅薄膜与玻璃基底的结合问题 …… 114
6.6 光退火制备多晶硅薄膜的计算 …… 115
参考文献 …… 119

第7章 铜铟镓硒薄膜太阳电池 120

7.1 铜铟镓硒薄膜太阳电池材料 …… 120
7.2 铜铟镓硒薄膜太阳电池的原理 …… 122
7.3 铜铟镓硒薄膜太阳电池的制备方法 …… 124
7.3.1 共蒸发法 …… 124
7.3.2 溅射后硒化法 …… 124

7.3.3 非真空沉积法 …… 125
7.4 铜铟镓硒薄膜太阳电池的典型结构 …… 126
7.4.1 Mo背接触层 …… 126
7.4.2 CdS缓冲层 …… 126
7.4.3 氧化锌窗口层 …… 128
7.4.4 顶电极和减反膜 …… 128
7.5 铜铟镓硒柔性薄膜太阳电池 …… 129
7.5.1 铜铟镓硒柔性薄膜太阳电池的特点 …… 129
7.5.2 衬底材料的选择和要求 …… 130
7.5.3 柔性金属衬底铜铟镓硒太阳电池 …… 130
7.6 铜铟镓硒薄膜太阳电池的发展趋势 …… 131
7.6.1 无镉缓冲层 …… 131
7.6.2 其他Ⅰ-Ⅲ-Ⅵ族化合物半导体材料 …… 131
参考文献 …… 132

## 第8章 砷化镓薄膜太阳电池 133

8.1 砷化镓薄膜太阳电池简介 …… 133
8.2 砷化镓系太阳电池工作原理 …… 134
8.3 单结砷化镓太阳电池 …… 135
8.4 多结砷化镓太阳电池 …… 136
8.5 砷化镓量子点太阳电池 …… 138
8.5.1 量子点的特点 …… 138
8.5.2 量子点在电池中的作用 …… 139
8.5.3 量子点应用在砷化镓太阳电池中的研究 …… 139
8.6 砷化镓薄膜太阳电池的发展趋势 …… 141
参考文献 …… 143

## 第9章 染料敏化纳米薄膜太阳电池 144

9.1 染料敏化纳米薄膜太阳电池原理 …… 144
9.2 染料敏化纳米薄膜太阳电池结构 …… 146
9.2.1 导电基底材料 …… 146
9.2.2 纳米多孔半导体材料 …… 146
9.2.3 染料敏化剂 …… 146
9.2.4 电解质 …… 147
9.2.5 对电极 …… 148
9.3 染料敏化太阳电池所用材料 …… 148
9.3.1 衬底材料 …… 148
9.3.2 纳米半导体材料 …… 148
9.3.3 染料敏化剂 …… 149

9.3.4 电解质 …… 150
9.3.5 对电极 …… 151
9.4 染料敏化纳米薄膜太阳电池性能 …… 151
9.4.1 电化学性能 …… 151
9.4.2 光伏性能 …… 152
9.4.3 染料敏化太阳电池的性能指标 …… 153
9.5 染料敏化纳米薄膜太阳电池的发展趋势 …… 153
参考文献 …… 155

第10章 薄膜的衬底材料 156

10.1 薄膜衬底材料的选择 …… 156
10.1.1 衬底材料的选择标准 …… 156
10.1.2 几种常用的衬底材料的性能和特点 …… 158
10.2 太阳能玻璃 …… 158
10.3 压延光伏玻璃 …… 160
10.3.1 光伏玻璃原料选择的一般原则 …… 160
10.3.2 光伏玻璃的原料 …… 160
10.3.3 碎玻璃的使用 …… 162
10.3.4 光伏玻璃的化学组成 …… 163
10.3.5 压延光伏玻璃的生产 …… 163
10.4 浮法光伏玻璃 …… 164
10.4.1 浮法玻璃生产线 …… 164
10.4.2 浮法成形特点 …… 165
10.4.3 浮法锡槽技术 …… 167
10.5 平板玻璃的原始表面 …… 172
参考文献 …… 172

第11章 光伏玻璃减反膜 173

11.1 光伏玻璃减反膜简介 …… 173
11.2 减反膜的工作原理 …… 174
11.3 溶胶-凝胶法制备减反膜的原理和方法 …… 176
11.4 溶胶-凝胶法的特点 …… 177
11.4.1 溶胶-凝胶法的优点 …… 177
11.4.2 溶胶-凝胶制膜工艺的缺点 …… 177
11.5 溶胶-凝胶法制备减反膜的常用方法 …… 178
11.5.1 旋涂法 …… 178
11.5.2 浸渍提拉法 …… 178
11.5.3 辊涂法 …… 179
11.5.4 喷涂法 …… 179

11.6 溶胶-凝胶法制备减反膜的改性 …… 180
11.7 溶胶-凝胶法制备减反膜的工艺研究 …… 181
11.7.1 薄膜的制备过程 …… 181
11.7.2 溶胶-凝胶法制备减反膜过程中的关键参数 …… 183
11.8 双层减反膜 …… 188
11.8.1 薄膜的自洁性 …… 190
11.8.2 薄膜的超亲水性 …… 191
11.9 光伏玻璃减反膜的生产 …… 192
11.9.1 磨边清洗 …… 192
11.9.2 镀膜 …… 192
11.9.3 镀膜液的使用 …… 194
11.9.4 减反膜质量的检验 …… 195
11.9.5 镀膜玻璃质量的经验判断 …… 197
参考文献 …… 197

# 第1章

# 薄膜生长技术

薄膜生长是由原子、分子或离子沉积到固态衬底表面形成的薄层物质的过程。根据热力学理论，两相之间可形成界面相，一般把真空（气压很低的气相）和固体的界面称为表面，而将固、液或固、固相间的界面称为界面。固态物质一般分为晶体与非晶体。近来“准晶体”概念也逐渐被接受，这种介于晶体与非晶体之间的“另类”物质，是以一种不重复的非周期性对称有序方式排列。薄膜材料一般分为单晶体、多晶体和非晶体。薄膜生长方法的分类可以分为气相法和液相法，气相法又可以分为化学气相法和物理气相法。薄膜生长的方法分类见表 1.1。

**表 1.1　薄膜生长方法分类**

<table>
<tr><td rowspan="12">薄膜生长方法</td><td rowspan="7">气相法</td><td rowspan="3">化学气相法</td><td>等离子体辅助气相沉积法</td></tr>
<tr><td>光辅助化学气相沉积法</td></tr>
<tr><td>热辅助化学气相沉积法</td></tr>
<tr><td rowspan="4">物理气相法</td><td>磁控溅射</td></tr>
<tr><td>热蒸发</td></tr>
<tr><td>离子镀</td></tr>
<tr><td>分子束外延</td></tr>
<tr><td rowspan="5">液相法</td><td colspan="2">化学镀法</td></tr>
<tr><td colspan="2">电镀法</td></tr>
<tr><td colspan="2">辊涂法</td></tr>
<tr><td colspan="2">浸渍提拉法</td></tr>
<tr><td colspan="2">喷涂法</td></tr>
</table>

## 1.1　气相法

### 1.1.1　化学气相沉积法

化学气相沉积（chemical vapor deposition，CVD）是利用加热、等离子体激励或光辐射等方法，使气态或蒸气状态的化学物质发生反应并以原子态沉积在置于适当位置的衬底上，从而形成所需要的固态薄膜或涂层的过程。图 1.1 为 CVD 法反应过程的几个步骤。

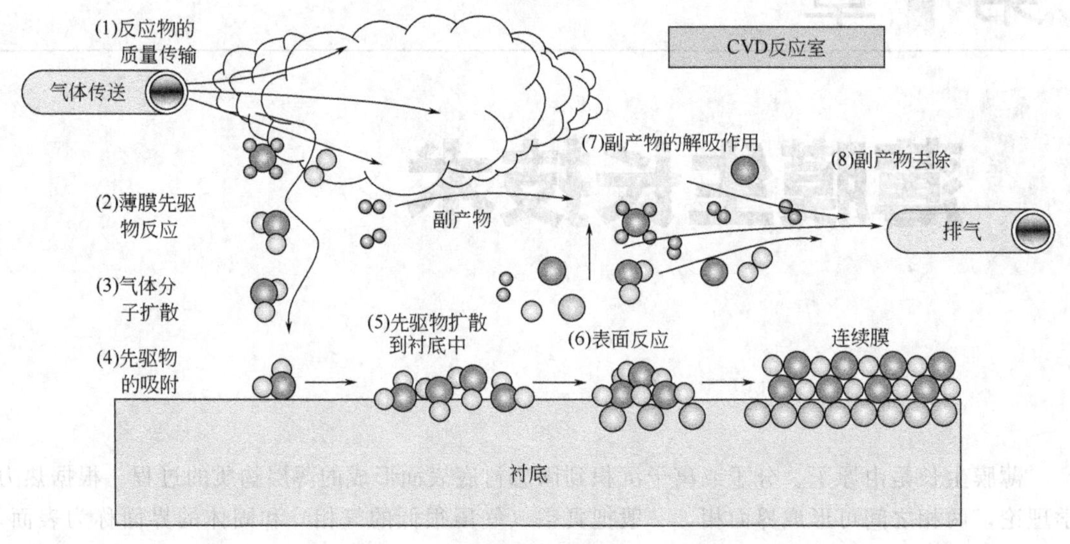


图 1.1　CVD 法反应过程的几个步骤

CVD 可在常压或低压下进行。通常 CVD 的反应温度范围约为 900～1200℃，它取决于沉积物的特性。为克服传统 CVD 的高温工艺缺陷，开发出了中温（500～800℃）和低温（500℃以下）CVD 技术，扩大了 CVD 技术在表面技术领域的应用范围。中温 CVD 通常是采用金属有机化合物在较低温度下的分解来实现的，所以又称金属有机化合物 CVD。

化学气相沉积法又可以分为等离子增强化学气相沉积法、热辅助化学气相沉积法和光辅助化学气相沉积法。

#### 1.1.1.1　等离子增强化学气相沉积法

等离子增强化学气相沉积法是通过激发稀薄气体进行辉光放电产生等离子体，利用等离子体的活性来促进反应的薄膜制备技术。通过射频电场产生辉光放电增强膜的沉积，气体辉光放电产生的离子溅射衬底表面也可以除去沾污，即在外延生长前进行原位清洁处理；在生长时用于产生新的吸附位置，由外延反应所产生的原子结合到稳定位置所需走的平均距离就缩短。离子轰击也提高了反应粒子的迁移率，更容易生成均匀稳定的薄膜。可以在室温下把薄膜沉积在塑料衬底。经过大比例的氢稀释或氩稀释可直接在低温下沉积薄膜，但沉积速率很低，采用甚高频（VHF）和微波（MW）的方法可大大提高沉积速率。

由于等离子体具有很高的平均能量（为 1～10eV，约为气体分子的 10～100 倍），这些能量足以使气体分子的化学键断裂。因此，等离子化学气相沉积法可在较低的温度下制备薄膜，而且成膜速率很快。等离子化学气相沉积法的缺点是等离子体反应体系较为复杂，制得的薄膜通常含有较多的氢。而且等离子体对薄膜的轰击会使其表面产生缺陷，影响薄膜的致密度。

#### 1.1.1.2　热辅助化学气相沉积法

热辅助化学气相沉积法是从气相中生长晶体的物理-化学过程。以热量提供沉积活化能，反应气体经过加热断键分解成各种中性基团，在衬底上沉积成膜。热丝 CVD 法是一种普遍应用的合成薄膜的方法，加热衬底和衬底支持物，使中央温度快速达到反应温度，主要是气体分解，沉积薄膜。该方法相对简单，沉积速率高；反应室内壁的温度较低，属于冷壁反应器；升降温速率快，反应简单，有多种气源组合可供选择；可实现在大批基体上沉积薄膜，可用廉价玻璃衬底；薄膜的性能也较好，是最为常用的化学气相沉积技术。

该方法是在高温下灯丝蒸发条件下，高温产生的金属原子容易沉入膜中，会对薄膜造成污染。另外，沉积效率不是很高，工艺周期较长。

其生长过程可以分为以下步骤。

① 反应气体输运到沉积区。

② 反应气体分子由主气流扩散到衬底的表面。

③ 反应物分子吸附在衬底表面。

④ 反应物分子间发生化学反应，生成的硅原子在表面迁移、聚集、沉积。

⑤ 反应副产物分子从衬底表面解吸。

⑥ 副产物分子由衬底表面外扩散到主气流中，然后排出沉积区。

图 1.2 直观地表示了上述过程。这些过程是按顺序接连发生的，每一步的速率都不相同，总的沉积速率则由其中最慢的某一步骤的速率决定，这一步称为速率控制步骤。一般来说，温度较低时，反应物分子间的化学反应决定了薄膜的生长速率，这种情况称为反应速率控制，生长速率 $G$ 可以表示为：

$$G \propto e^{-\Delta E/kT}$$

式中，$\Delta E$ 为反应激活能。上式中沉积速率与沉积温度之间呈指数关系，可见此时衬底的温度对沉积速率起决定性的影响。温度较高时，沉积速率将不再受化学反应速率的控制。这时，到达衬底表面的反应物分子的数量将决定沉积速率的大小，这种情况称为质量传输控制。

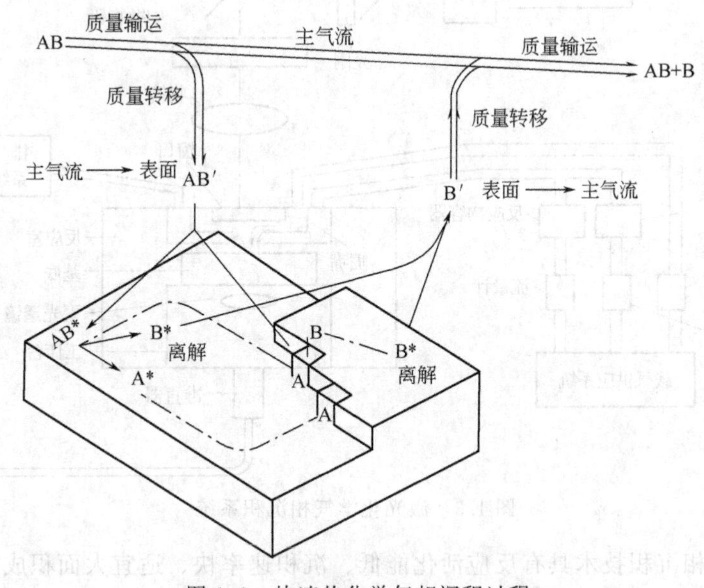


图 1.2　快速热化学气相沉积过程

* 吸附态；—·— 表面扩散；, 近表面的气相

### 1.1.1.3　光辅助化学气相沉积法

光辅助化学气相沉积法是利用一定波长的光照射衬底及进气口到衬底的区域，从而使反应气体分子激发、活化，利用光子的能量促使反应气体分解而沉积。利用光的能量实现光

CVD 成膜，其基本条件是光源发射光子的能量被反应气体有效地吸收并促使其分解，在一般情况下，发射光子的能量越高，气体的吸收截面也越大，从而光分解效率及成膜速率也越高。成膜时，无高能粒子辐射等问题，对衬底区进行光照，可产生新的吸附位置和提高反应产生的原子及原子团的迁移率，所以利用光照可以降低沉积温度，也因此在低温成膜方面颇为引人注目。

但是，开发较早、应用较广泛的汞增敏光 CVD 工艺具有固有的汞污染、设备成本高及能量转换效率低的问题。后来出现了紫外线 CVD 工艺和激光 CVD 工艺。

激光化学气相沉积是气态源反应物在激光诱导作用下分解产生固态产物并沉淀。有时所需的气态源反应物不是单一气体，而需要其他多种气体进行催化或参与反应，为了控制反应气体的浓度和流量以及反应室内的气体压力，通常还需要在源反应气体中加入载体气体。

图 1.3 为一种典型的激光化学气相沉积系统，与上述两种方法相比，它的流量调节方便、测量准确、流速恒定，这些都有利于精确地控制薄膜的生长和其表面形态。另外，所有源物质都是气态，则沉积系统只需一个温度区，而且反应剂的浓度可以从零调至饱和气压之间的任意值，这对于控制沉积层组分（如长过渡层）等十分有利。因此，与其他两种沉积方式相比，激光化学气相沉积的应用最为广泛。

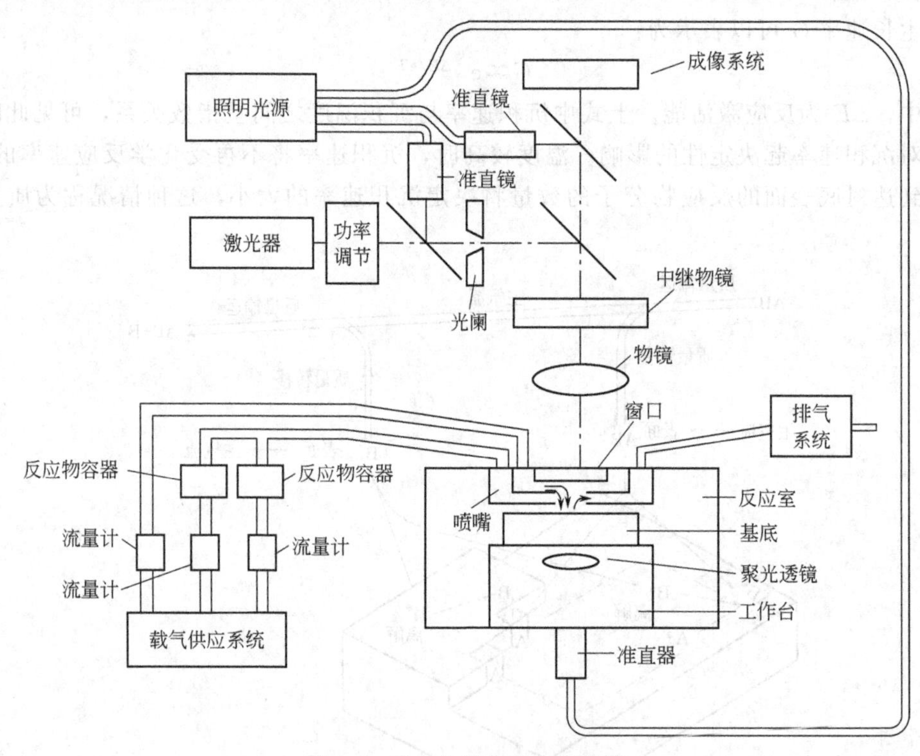


图 1.3　激光化学气相沉积系统

激光化学气相沉积技术具有反应活化能低、沉积速率快、适宜大面积成膜等特点，是一种很有发展潜力的薄膜制备技术。缺点是设备较复杂，温度均匀性不易控制，工艺还有待完善。总之，光 CVD 技术还不成熟，光源和无氧表面问题还有待解决。

CVD 分类方法不是唯一的，还可以有其他分类方法。如果按容器气压的大小可以分为常压化学气相沉积法和低压化学气相沉积法。常压化学气相沉积（APTCVD）法是在常温条件下通过给反应气体加热，利用含薄膜元素的化合物或单质在基体表面进行分解或反应形成薄膜的气相沉积技术。低压化学气相沉积（LPCVD）法是通过某种激励机制，使反应气体分子被激发和分解。这些被激发或分解的离子或基团输运到衬底，进入反应室的气体在加热的衬底上发生分解、成膜。反应气压控制在 50～133Pa，低压可以降低反应气体的分解温度。低压化学气相沉积法降低了反应气压，使反应气体的平均自由程和扩散系数增加，气体的分布不均匀能在较短的时间内消除，从而生长出均匀致密的薄膜。低压化学气相沉积法的特点是气体只在温度较高的衬底接触面上发生反应，而在温度较低的器壁不会分解、成膜。沉积室可在较长时间内保持清洁。由于工作压力低，气体分子的平均自由程和扩散系数大，均匀性好，适于批量式薄膜生长。

如果按容器真空度可以分为真空化学气相沉积法和超高真空化学气相沉积法。超高真空化学气相沉积法是一种比较新颖的方法。反应气体在超高真空度下分解、成膜。由于真空度的提高，使得反应温度大大降低。但沉积表面较为粗糙，维持超高的真空度对仪器要求太高，而且衬底要达到原子级的清洁程度。

## 1.1.2 物理气相法

### 1.1.2.1 磁控溅射镀膜

溅射镀膜能制备许多不同成分和特性的功能薄膜，因此 20 世纪 70 年代以后，已发展成为薄膜技术中重要的一种镀膜方式。主要的溅射方法可以根据其特征分为直流（DC）溅射、射频（RF）溅射和磁控溅射等。

直流溅射设备比较简单，但它工作气压较高，溅射速率较低，这使得镀出的减反膜纯度不够高，溅射效率也较低。射频溅射是适用于各种金属和非金属材料的一种溅射沉积方式。它的特点是溅射速率高，例如溅射 $SiO_2$ 时，沉积速率可达 200nm/min，由于很多减反膜的低折射率材料采用的都是 $SiO_2$，因此也成为减反膜镀制的一个常用方法；膜层致密，针孔少，纯度高；膜的附着力强。

通常的溅射方法溅射效率不高，可以用电磁场作用有效地增加气体的离化率，提高溅射效率，这里重点讲磁控溅射。磁控溅射的基本原理是利用磁场来改变电子的运动方向，将电子的运动限制在邻近阴极的附近，束缚和延长电子的运动轨迹，从而提高电子与工作气体电离率，有效地利用电子能量，使粒子轰击靶材引起的溅射更加有效。

磁控溅射技术作为一种沉积速率较高、工作气压较低、可获得大面积非常均匀薄膜的溅射技术，具有其独特的优越性。磁控溅射系统在真空室充入 0.1～10Pa 压力的惰性气体（如 Ar），作为气体放电的载体，阴极靶材的下面放 100～1000G[1] 强力磁铁。电子在电场的作用下加速飞向基片的过程中与氩原子发生碰撞，电离出大量的氩离子和电子，电子飞向基片。氩离子在电场的作用下加速轰击靶材，溅射出大量的靶材原子，呈中性的靶原子（或分子）沉积在基片上成膜。二次电子在加速飞向基片的过程中受到磁场洛伦兹力的影响，被束缚在靠近靶面的等离子体区域内，该区域内等离子体密度很高，二次电子在磁场的作用下围绕靶面作圆周运动，该电子的运动路径很长，在运动过程中不断地与氩原子发生碰撞电离出大量的氩离子轰击靶材，经过多次碰撞后电子的能量逐渐降低，摆脱磁力线的束缚，远离靶材，最终沉积在基片上。磁控溅射就是以磁场束缚和延长电子的运动路径，改变电子的运动方向，提高工作气体的电离率和有效利用电子的能量。电子的归宿不仅仅是基片，真空室内

[1] $1G=10^{-4}T$。

壁及靶源阳极也是电子归宿。但一般基片与真空室及阳极在同一电势。

溅射过程需要在真空中进行，辉光放电产生的惰性气体离子经过偏压加速后轰击靶材，当带有几十电子伏以上动能的离子或粒子束照射到固体表面时，靠近固体表面的原子获得入射能量的一部分进而在真空中释放出来，其中一部分在靶材表面发生背反射，再次返回到真空中，大部分离子进入样品内部。进入靶材内部的离子与靶材原子发生弹性碰撞，并且将一部分动能传给靶材原子，当靶材原子的动能超过由其周围存在的其他原子形成的势垒时，靶材原子会从晶格阵点中被碰出，产生离位原子，并且进一步和附近的靶材原子依次反复碰撞，产生所谓的碰撞级联。当这种碰撞级联到达靶材表面时，如果靠近靶材表面的原子的动能远远超过表面结合能，这些样品原子就会从靶材表面放出并进入真空中。进入真空中的靶材原子一部分被散射回靶材；一部分被电子碰撞电离，或被亚稳原子碰撞电离，产生的离子加速返回靶材，或产生溅射作用或在阴极区损失掉。

有一部分溅射出的靶材原子以中性粒子的形式迁移到基片上。为了减小迁移过程中由于溅射粒子和溅射气体碰撞而引起的能量损失，靶材与基片之间的距离应该与粒子的平均自由程大致相等。迁移到基片的粒子经过吸附、凝结、表面扩散以及碰撞等过程，形成稳定的晶核，然后再通过吸附使晶核长大成小岛，岛长大后互相聚集，最后形成连续状的薄膜。在溅射过程中还可以同时通进少量活性气体，使它和靶材原子在衬底上形成化合物薄膜。

对于一般的溅射方法，在冷阴极辉光放电中，由于粒子轰击阴极（靶材）表面，会从阴极表面放出二次电子，这些二次电子在电场作用下被加速，沿直线运动，进入负辉光区，其在运动的过程中与中性的气体分子发生电离碰撞，产生辉光放电所需的离子，由此维持放电的正常进行。其中从阴极表面释放的二次电子的平均自由程随电子能量的增大而增大，随气压的增大而减小。在低气压下，离子在远离阴极的地方产生，因此它们的热壁损失较大。同时，有很多电子可以以较大的能量碰撞阳极，所引起的损失不能被碰撞引起的次级电子发射抵消，所以离化率很低，以至于不能达到自持的辉光放电所需的离子，辉光放电不能维持。增大加速电压，电子的平均自由程也同时被增大，不能有效地增加离化率，因而不能通过增加加速电压来维持辉光放电。虽然增加气压可以提高离化率，但是在较高的气压下，溅射出的粒子与气体碰撞的概率也增大，实际的溅射率也很难有很大的提高。利用这种辉光放电的一般直流二极溅射，通常在 2～10Pa 的压力范围内进行溅射镀膜。

如果压力低于一定值，放电不能维持。但是如果在阴极位降区施加和电场垂直的磁场，则电子既在与电场垂直又在与磁场垂直的方向上产生回旋前进运动，其轨迹为一条圆滚线，如图 1.4 所示。这样使电离碰撞的次数增加，即使在较低的溅射电压和较低的气压下，也能维持放电。

对于磁场的布置，如果磁场采用与靶面平行的均匀磁场，虽然可以实现在较低的气压下

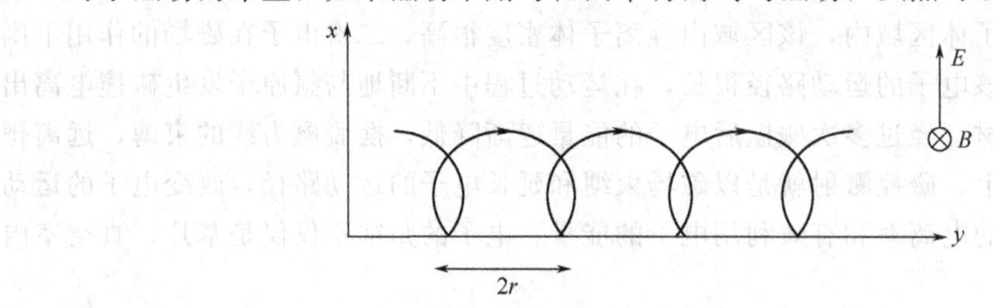


图 1.4　磁控溅射装置中靶表面电子的运动轨迹

维持放电，但是电子没有受到轴向的约束力，电子会从阴极两端逃逸，电子的利用率不高，从而得不到较高的离子流密度和较高的沉积速率。因此，在高速磁控溅射装置中，采用不均匀磁场，磁力线为弯曲的结构，这样在磁场互不垂直的空间中，回旋电子会受到电磁场的作用力，将其拉回相互正交的电磁场空间。电子可以受到有效的收集作用，电离碰撞的频率极高，容易获得非常大的轰击靶的离子电流密度，得到极高的膜沉积速率。此外，由于磁控溅射装置中电子的这种特殊的运动方式，电子在完全丧失其动能之前，不会到达阳极（基片），因此，可以抑制由于电子轰击而引起基片温度的升高，降低基片温度。图 1.5 为磁控靶的平面图。

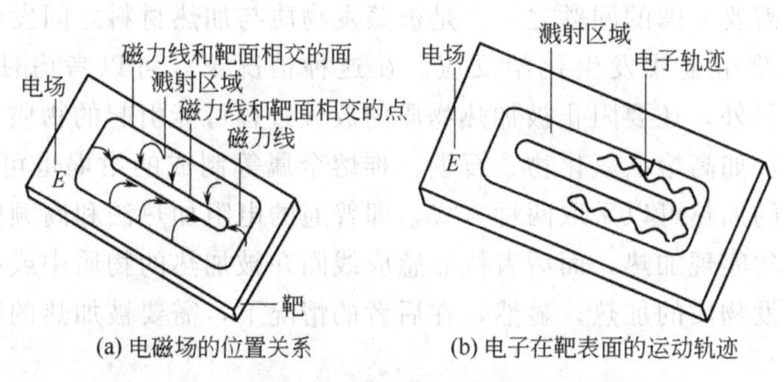


图 1.5　磁控靶的平面图

溅射镀膜的主要特点是每个溅射粒子到达基片时所带的能量非常大，从而使溅射镀膜呈现其特殊性。这些高能溅射粒子在成膜的过程中，一方面使膜表面温度升高；另一方面使膜的表面结构发生变化；此外，还会产生一系列其他的现象及特点，如膜层和基片附着力增加、形成准稳态相的膜层、引起膜层中杂质气体的混入、引起缺陷的产生以及内应力的增加等。当然，缺陷的产生及内应力的增加可以通过适当地升高基片温度来消除。

磁控溅射的优点主要有以下几点。

① 可获得非常大的轰击靶的离子电流，靶表面的溅射刻蚀速率和基片上膜沉积速率都很高，因而沉积速率高、产量大、效率高。

② 可以方便制取高熔点物质的薄膜。

③ 可制得大面积的均匀薄膜，薄膜致密、均匀，纯度高，膜层和基体附着力强。

④ 容易控制膜的成分，可以制取不同成分和配比的合金膜。

⑤ 便于工业化生产。

磁控溅射的缺点主要有以下几点。

① 由于高速磁控溅射电极采用不均匀磁场，等离子体产生局部收聚效应，使靶上局部位置的溅射刻蚀速率极大，靶上产生明显的不均匀刻蚀，靶的利用率不高。

② 对于高磁导率的靶材，磁控溅射放电难以进行，因为磁力线会直接通过靶的内部发生磁短路现象。

#### 1.1.2.2　热蒸发法

热蒸发法是通过加热的方法使被镀材料蒸发的方法。为了减少污染，一般在真空条件下进行。真空蒸镀主要体现在加热蒸发材料的方式上，按加热方式的不同，可以分为电阻加热法、电子束蒸镀法等。

电阻加热法历史悠久，膜层的附着性好，性能稳定，由于电阻加热法对于薄膜的沉积速率较难控制，实际上是通过控制镀膜时间来控制镀膜速率。电阻式蒸发装置是应用最普遍的蒸发加热装置。对于加热用的电阻材料，要求其使用温度高，在高温下的蒸气压较低，不与被蒸发物质发生化学反应，无放气现象或造成其他污染，具有合适的电阻率等。这导致了在实际中使用的电阻加热材料一般均是一些难熔金属，如W、Mo、Ta等。将W丝制成各种等直径或不等直径的螺旋状，即可作为物质的电阻加热装置。在熔化以后，被蒸发物质或与W丝形成较好的浸润，靠表面张力保持在螺旋状的W丝之中，或与W丝完全不浸润，被W丝的螺旋所支撑。显然，W丝一方面起到加热器的作用，另一方面也起到支撑被加热物质的作用。对于不能使用W丝装置加热的被蒸发装置，如一些材料的粉末等，可以考虑采用难熔金属板制成舟状加热装置。

选择加热装置需要考虑的问题之一，是被蒸发物质与加热材料之间发生化学反应的可能性。很多物质会与难熔金属发生化学反应。在这种情况下，可以考虑使用表面涂有一层$Al_2O_3$的加热体。另外，还要阻止被加热物质的放气过程可能引起的物质飞溅。

应用各种材料，如高熔点氧化物、石墨、难熔金属等制成的坩埚也可以作为蒸发容器。这时，被蒸发物质的加热可以采取两种方式，即普通的电阻加热法和高频感应法。前者依靠缠于坩埚外的电阻丝实现加热，而后者依靠感应线圈在被加热的物质中或在坩埚中感生出感应电流来实现对蒸发物质的加热。显然，在后者的情况下，需要被加热的物质或坩埚本身具有一定的导电性。

真空蒸镀工艺具有比较简单、容易操作、成膜速率快、效率高等优点，因此有广泛的应用。

电阻加热装置的缺点有以下几点。

① 在高温下，材料和蒸发器发生化学反应，因此导致可能有来自坩埚、加热元件以及支撑部件的污染。

② 电阻加热法的加热功率或加热温度也有一定的限制，因此电阻加热法不适用于高纯或难熔物质的蒸发。

表1.2列出了常见的薄膜材料，包括各种纯金属、合金、氧化物和各种其他化合物材料的蒸发工艺参数等。

**表1.2 常见物质的蒸发工艺参数**

| 物质 | 最低蒸发温度/℃ | 蒸发源状态 | 坩埚材料 | 电子束蒸发时的沉积速率/(nm/s) |
|---|---|---|---|---|
| Al | 1010 | 熔融态 | BN | 2 |
| Sb | 425 | 熔融态 | BN,$Al_2O_3$ | 5 |
| As | 210 | 升华 | $Al_2O_3$ | 10 |
| Be | 1000 | 熔融态 | 石墨,BeO | 10 |
| BeO |  | 熔融态 |  | 4 |
| B | 1800 | 熔融态 | 石墨,WC | 1 |
| Cd | 180 | 熔融态 | $Al_2O_3$,石英 | 3 |
| CdS | 250 | 升华 | 石墨 | 1 |
| $CaF_2$ |  | 半熔融态 |  | 3 |
| C | 2140 | 升华 |  | 3 |
| Cr | 1157 | 升华 | W | 1.5 |
| Co | 1200 | 熔融态 | $Al_2O_3$ | 3 |

续表

| 物质 | 最低蒸发温度/℃ | 蒸发源状态 | 坩埚材料 | 电子束蒸发时的沉积速率/(nm/s) |
|---|---|---|---|---|
| Cu | 1017 | 熔融态 | 石墨，$Al_2O_3$ | 5 |
| Ga | 907 | 熔融态 | 石墨，$Al_2O_3$ | |
| Ge | 1167 | 熔融态 | 石墨 | 2.5 |
| Au | 1132 | 熔融态 | BN，$Al_2O_3$ | 3 |
| In | 742 | 熔融态 | $Al_2O_3$ | 10 |
| Fe | 1180 | 熔融态 | $Al_2O_3$ | 5 |
| Pb | 497 | 熔融态 | $Al_2O_3$ | 3 |
| LiF | 1180 | 熔融态 | Mo，W | 1 |
| Mg | 327 | 升华 | 石墨 | 10 |
| $MgF_2$ | 1540 | 半熔融态 | $Al_2O_3$ | 3 |
| Mo | 2117 | 熔融态 | | 4 |
| Ni | 1262 | 熔融态 | $Al_2O_3$，$B_2O_3$ | 2.5 |
| 坡莫合金 | 1300 | 熔融态 | $Al_2O_3$ | 3 |
| Pt | 1747 | 熔融态 | 石墨 | 2 |
| Si | 1337 | 熔融态 | $B_2O_3$ | 1.5 |
| $SiO_2$ | 850 | 半熔融态 | Ta | 2 |

为了克服电阻加热法的上述不足，发展了电子束蒸发技术。

电子束蒸发（E-beam evaporation）技术在沉积时，电子束聚焦于源材料上面将其加热，使源材料蒸发并随即沉积于衬底上，从而生成薄膜。此技术中，生长面处的最大分子热能为0.2～0.3eV。用电子束蒸发工艺可在350℃衬底温度（这是比较低的沉积温度）下沉积出低阻薄膜。然而，如果沉积温度低于350℃，则沉积出的薄膜具有高电阻率，不能作为透明导电薄膜使用。

电子束蒸镀法可以获得极高的能量密度，蒸发难熔的金属或化合物，因而它已成为热蒸发法高速沉积高纯物质薄膜的一种主要加热方法。国内外常采用该方法镀制减反膜，但在薄膜的层数上受到限制。电子束蒸发方法的一个缺点是，电子束的绝大部分能量要被坩埚的水冷系统带走，因而其热效率较低。另外，过高的加热功率也会对整个薄膜沉积系统形成较强的热辐射。

**1.1.2.3　离子镀**

离子镀就是采用带能离子轰击基片表面和膜层，利用各种气体放电技术，将蒸发原子部分电离成离子，同时产生大量中性粒子沉积于工件表面的一种物理气相沉积方法。它结合了蒸发与溅射两种薄膜沉积技术。离子轰击的目的在于改善膜层的性能。对于真空蒸镀、溅射、离子镀三种不同的镀膜技术，入射到基片上的每个沉积粒子所带的能量是不同的。热蒸镀原子约0.2eV，溅射原子约1～50eV，而离子镀中轰击离子大概有几百电子伏到几千电子伏。一般来说，离子镀是离子轰击膜层，实际上有些离子在行程中与其他原子发生碰撞时可能发生电荷转移而变成中性原子，但其动能并没有变化，仍然继续轰击膜层。由此可见，所谓离子轰击，确切地说应该既有离子态又有原子态的离子轰击。采用离子镀可以提高膜层与基片之间的结合强度。其原因是离子轰击对基片表面的清洗作用可以除去其污染层，另外，还能形成共混合过渡层。过渡层是由膜层和基片界面上的一层由镀料原子与基片原子共同构成的。它可以降低在界面上由于基片与膜层膨胀系数不一致而产生的应力。这是在镀膜初期当膜层还没有全部覆盖基片时，膜层是由被溅射的基片原子中的一部分被电离后又返回基片，与镀料原子共混而形成的。如果离子轰击的热效应足以使界面处产生扩散层，形成冶金结合，则更有利于提高结合强度。如果离子能量过高会使基片温度升高，使镀料原子向基片内部扩散，这时获得的就不再是膜层而是渗层，离子镀就转化为离子渗镀了，离子渗镀的离子能量在1000eV左右，是离子镀的几十倍。离子镀技术最具代表性的是二极直流放电离子镀。这种方法使用电子束蒸发法提供沉积的物质源，同时以衬底作为阴极，整个真空室作为阳极，组成一个类似于二极溅射装置的系统。在沉积前和沉积中采用高能量的粒子流对衬底和薄膜表面进行溅射处理。由于在这一技术中同时采用了蒸发和溅射两种手段，因而从装置的设计上，可以认为它就是由直流二极溅射和电子束蒸镀部分结合而成的。

离子镀的特点如下。

① 附着性好。离子镀时，蒸发料粒子电离后具有3000～5000eV的动能，当其高速轰击工件时，不但沉积速率快，而且能够穿透工件表面，形成一种注入基体很深的扩散层，离子镀的界面扩散深度可达4～5μm，薄膜与基片之间具有良好的附着力，因而彼此黏附得特别牢。

② 绕射性好，镀层致密。离子镀时，蒸发料粒子是以带电离子的形式在电场中沿着电力线方向运动，因而凡是有电场存在的部位，均能获得良好镀层，这比普通真空镀膜只能在直射方向上获得镀层优越得多。离子镀则能均匀地绕镀到零件的背面和内孔中，能够镀到范围内的任何地方。

③ 镀层质量好。采用离子轰击基片和薄膜沉积的方法，可以在薄膜与基片之间形成粗糙、洁净的表面，并且形成均匀致密的薄膜结构，其中前者可以提高薄膜与基片之间的附着力，后者可以提高薄膜的致密性，细化薄膜微观组织。离子镀的镀层组织致密、无针孔、无气泡、厚度均匀，甚至棱面和凹槽都可均匀镀覆，不致形成金属瘤。这种工艺方法还能修补工件表面的微小裂纹和麻点等缺陷，可有效地改善被镀零件的表面质量和物理机械性能。

④ 清洗过程简化。现有镀膜工艺，多数均要求事先对工件进行严格清洗，既复杂又费事。然而，离子镀工艺自身就有一种离子轰击清洗作用，并且这一作用还一直延续于整个镀膜过程。清洗效果极好，能使镀层直接贴近基体，有效地增强了附着力，简化了大量的镀前清洗工作。

离子镀的基本工艺一般为：首先对基体进行预处理。离子镀对于基体材料的表面质量有一定的要求，因此镀前首先要进行基体的预处理，这对整个镀膜过程十分关键。离子镀的预处理工艺主要是一个表面清洁过程，它通过机械（摩擦、喷砂、喷丸）处理、化学试剂（水、有机溶剂）清洗和超声波清洗，获得洁净、光亮的表面。处理完毕的试样用夹具将其固定在沉积室中，然后抽真空。蒸发源接阳极，工件接阴极，通以高压直流电以后，蒸发源与工件之间产生辉光放电。由于真空罩内充有惰性氩气，在放电电场作用下部分氩气被电离，从而在阴极工件周围形成一个等离子暗区。带正电荷的氩离子受阴极负高压的吸引，猛烈地轰击工件表面，使工件表层粒子和脏物被轰溅抛出，从而使工件待镀表面得到了充分的离子轰击清洗。随后，接通蒸发源交流电源，蒸发料粒子熔化蒸发，进入辉光放电区并被电离。带正电荷的蒸发料离子，在阴极吸引下，随同氩离子一同冲向工件，当抛镀于工件表面上的蒸发料离子超过溅失离子的数量时，则逐渐堆积形成一层牢固黏附于工件表面的镀层。离子镀的基本工艺流程如图1.6所示。

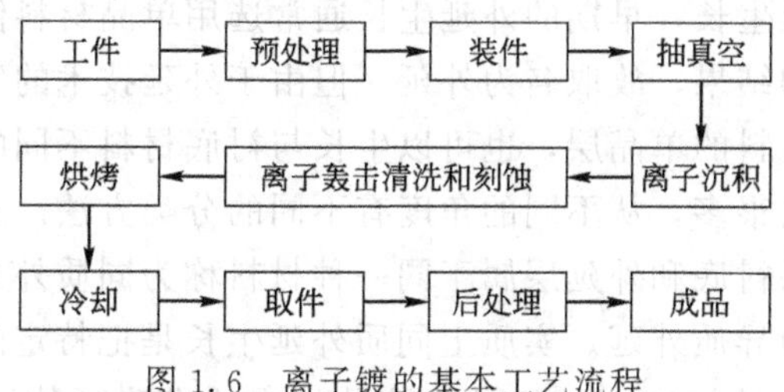


图1.6 离子镀的基本工艺流程

离子镀技术也可以与其他镀膜方法结合，采用离子辅助可以使外来离子对凝聚中粒子的动量传递，凝聚粒子的移动性增加，它能得到高的聚集密度，等离子辅助镀是在离子辅助镀和低压反应离子镀基础上发展起来的。离子辅助技术是可以在蒸镀的同时利用离子源发射的离子束轰击基片，它可以提高膜层的附着力，但它比普通的蒸发镀膜机结构要复杂，需要配备离子源。这一方法结合了高速蒸发沉积和偏压溅射离子轰击的特点，同时又具有离子束的能量、方向可调的优点。但存在离子束辐照面积小、束流不均匀等问题。

这种镀膜工艺的应用范围较广，通常各种金属、合金以及某些合成材料、绝缘材料、热敏材料和高熔点材料等均可用该方法。既可在金属工件上镀非金属或金属，也可在非金属上镀金属或非金属，甚至可在塑料、橡胶、石英、陶瓷等基片上镀膜。

#### 1.1.2.4 分子束外延

分子束外延（molecular beam epitaxy，MBE）是一种可在原子尺度上精确控制外延厚度、掺杂和界面平整度的薄膜制备技术。主要用于半导体薄膜制备，是新一代微波器件和光电子器件的主要技术方法。在超高真空条件下，由装有各种所需组分的炉子加热而产生的蒸气，经小孔准直后形成的分子束或原子束，直接喷射到适当温度的基片上，同时控制分子束对基片扫描，就可使分子或原子按晶体排列一层层地沉积在基片上形成薄膜。该技术使用的衬底温度低，膜层生长速率慢，束流强度易于精确控制，膜层组分和掺杂浓度可随源的变化而迅速调整。用这种技术已能制备薄到几十个原子层的单晶薄膜，以及交替生长不同组分、不同掺杂的薄膜而形成的超薄层量子结构材料。

该方法的优点如下。

① 源和衬底分别进行加热和控制，生长温度低，可形成超精细结构。

② 生长速率低，容易在过程中控制，有利于生长多层异质结构。

③ 是一个动力学过程，可以生长一般热平衡生长难以得到的晶体。

④ 在生长过程中，表面处于真空中，有利于实时监控检测。

该方法的缺点如下。

① 设备复杂，投资大，外延生长速率慢，经济效益差。要获得超高真空以及避免蒸发器中的杂质污染需要大量的液氮，因而提高了日常维持的费用。

② 尽管已广泛用于多种新型半导体制备，但其原子级生长机制仍很不清楚。

#### 1.1.2.5 液相外延和固相外延

（1）液相外延生长　液相外延（liquid phase epitaxy，LPE）就是过饱和液相和衬底接触后会在衬底表面沉积薄膜，液相外延生长被用来生长化合物半导体薄膜，特别是被用来生长三元、四元化合物半导体薄膜。沉积材料和衬底的晶格匹配时可以外延生长单晶薄膜。外延是指在一定条件下使某种物质的原子或分子有规则排列定向生长在经过仔细加工的衬底表面上。它是一种连续、平滑并与衬底有对应关系的单晶层，这个单晶层称为外延层。而把生长外延层的过程称为外延生长，早期的外延生长通常选用单晶材料做衬底，而外延层是原来衬底晶面平行向外延伸的结果，故取名为外延。但由于外延技术的发展，现在应用外延技术既可以生长与衬底相同材料的单晶层，也可以生长与衬底材料不同的单晶层。

外延生长的分类方法很多，从不同的角度有不同的分类方法。从衬底和外延层材料之间的关系这个角度讲，如果衬底和外延层属于同一种材料称为同质外延，而如果衬底材料和外延层是不同种材料则称为异质外延。实质上同质外延生长是把特定的材料定向生长在由同类材料构成的具有一定取向的衬底上，是衬底结晶晶格的准确延伸。真正的异质外延的特点是，外延层与衬底在化学组成上以及结晶学上完全不同。而外延层与衬底之间存在某些化学共性的异质外延称为准异质外延，它与真正的异质外延不同的是，外延层与衬底之间化学组分有共性，有增强反应物质对衬底的亲和力的倾向。因此，外延生长形核和长大比较容易，外延层与衬底的结晶结构一般是相同的，但是其晶格失配的大小与真正异质外延往往处在同一数量级。

液相外延生长和气相外延生长对晶格错配度的要求不同，气相外延时要求晶格错配度小于10%，而液相外延时只有在晶格错配度小于1%时才能生长出表面平滑、完整的化合物半导体薄膜。液相外延生长不仅与液相的成分有关，它还和元素的分配系数有关。所谓分配系数是元素在固相中的组分和液相中的组分之比。

液相外延法具有其特殊性以及相应的优点。液相外延生长是在高温溶液中进行的，与气相蒸发薄膜生长技术相比较，有以下几个优点。

① 由于生长过程接近于热力学平衡，液相外延生长厚膜具有低缺陷、高结晶性的优点。

② 由于溶液当中比气相含有更高浓度的溶质，液相外延生长具有高生长速率的优点。

③ 组分和厚度都可以比较精确地控制，重复性好。

④ 由于在非真空下成形，具有制备成本低的优点。

⑤ 操作安全，没有反应气体和反应产物所造成的危险，如高的毒性和强腐蚀性等。

液相外延法也有一些缺点，主要是生长晶格常数与衬底的晶格常数相差大于1%的材料的外延层比较困难。此外，在大多数情况下，如果溶液中一个或几个组分的分凝系数相差较大时，除非外延层很薄，否则很难在生长方向上获得均匀掺杂及固溶体组分。还有液相外延层表面形貌，大都不如外延生长的外延层的表面形貌好。

作为一种比较成熟的材料生长方法，液相外延在制备微波器件、发光二极管、异质结构激光器及其他光电子器件方面发挥了很大的作用。另外，气-液-固外延生长也可以包括在液相外延生长之中。

(2) 固相外延生长　固相外延就是在衬底上先沉积非晶薄膜，再提高温度，使非晶薄膜/单晶衬底界面上外延生长单晶薄膜。固相外延生长是非晶态在单晶衬底上的外延，有两种情形：一是非晶固态直接在单晶衬底上外延；二是非晶固态通过金属层在单晶衬底上外延。

第一种情形中非晶固态的形成是离子注入的结果。例如，在单晶硅深几百纳米处形成非晶层（一般离子在射程的末端产生离位原子形成非晶态），注入量达到$10^{15}cm^{-2}$，并且注入离子的能量可以逐渐降低，则可以在单晶硅表面几百纳米范围内形成非晶层，在相当低的退火温度下非晶硅会在单晶上外延，直至全部转变为单晶。

第二种情形中非晶固体通过金属层在半导体衬底上外延。这种金属层既可以和硅或锗形成共晶系，也可以和硅形成金属硅化物。共晶系中三种结构可表示为a-Si/M/c-Si等，这里的M是Al、Au等金属。在a-Si/M界面附近金属中Si的溶解度小，因此M层中存在流向单晶硅的硅原子流，硅原子在单晶硅上以岛状模式开始生长，进而小岛长大、连接成膜，这样在外延膜中存在较多缺陷，如层错和孪晶等。

固相外延还可以实现晶态硅的横向生长。例如，在单晶硅上生长一层二氧化硅并在它上面开出窗口，再沉积一层非晶硅。在550～650℃氮气气氛中退火，二氧化硅窗口内的非晶硅先在单晶硅表面外延并向上生长，长出窗口后再开始横向生长。

## 1.2 液相法

### 1.2.1 化学镀法

化学镀是一种依据氧化还原反应原理，利用强还原剂在含有金属离子的溶液中，将金属离子还原成金属而沉积在各种材料表面形成致密镀层的方法。化学镀常用溶液有化学镀银、镀镍、镀铜、镀钴、镀镍磷液、镀镍磷硼液等。已经提出的理论有“原子氢态理论”、“氢化物理论”和“电化学理论”等。在这几种理论中，得到广泛承认的是“原子氢态理论”。

化学镀特点如下。

① 耐腐蚀性强。该工艺处理后的金属表面为非晶态镀层，耐腐蚀性特别优良，经硫酸、盐酸、烧碱、盐水同比试验，其腐蚀速率低于不锈钢。

② 耐磨性好。由于催化处理后的表面为非晶态，即处于基本平面状态，有自润滑性。因此，摩擦系数小，非黏着性好，耐磨性高，在润滑情况下，可替代硬铬使用。

③ 光泽度高。催化后的镀件表面光泽度可与不锈钢制品媲美，呈白亮不锈钢颜色。工件镀膜后，表面光洁度不受影响，无须再加工和抛光。

④ 表面硬度高。经该技术处理后，金属表面硬度可提高1倍以上，工模具镀膜后一般寿命提高3倍以上。

⑤ 结合强度大。处理后的合金层与金属基件结合强度增大，不起皮、不脱落、无气泡。

⑥ 仿形性好。在尖角或边缘突出部分，没有过分明显的增厚，即有很好的仿形性，镀后不需磨削加工，沉积层的厚度和成分均匀。

⑦ 工艺技术高，适应性强。在盲孔、深孔、管件、拐角、缝隙的内表面可得到均匀镀层。

⑧ 低电阻，可焊性好。

化学镀技术以其工艺简便、节能、环保日益受到人们的关注，是一种良好的表面处理技术。

### 1.2.2 电镀法

电镀是在含有预镀金属的盐类溶液中，以被镀基体金属为阴极，通过电解作用，使镀液中预镀金属的阳离子在基体金属表面沉积出来，形成镀层的一种表面加工方法。镀层性能不同于基体金属，具有新的特征。根据镀层的功能分为防护性镀层、装饰性镀层及其他功能性镀层。

在盛有电镀液的镀槽中，经过清理和特殊预处理的待镀件作为阴极，用镀覆金属制成阳极，两极分别与直流电源的负极和正极连接。电镀液由含有镀覆金属的化合物、导电的盐类、缓冲剂、pH 调节剂和添加剂等的水溶液组成。通电后，电镀液中的金属离子，在电位差的作用下移动到阴极上形成镀层。阳极的金属形成金属离子进入电镀液，以保持被镀覆的金属离子的浓度。在有些情况下，如镀铬，是采用铅、铅锑合金制成的不溶性阳极，它只起传递电子、导通电流的作用。电解液中的铬离子浓度，需依靠定期地向镀液中加入铬化合物来维持。电镀时，阳极材料的质量、电镀液的成分、温度、电流密度、通电时间、搅拌强度、析出的杂质、电源波形等都会影响镀层的质量，需要适时进行控制。

电镀法的工艺要求如下。

① 镀层与基体金属、镀层与镀层之间，应有良好的结合力。

② 镀层应结晶细致、平整、厚度均匀。

③ 镀层应具有规定的厚度和尽可能少的孔隙。

④ 镀层应具有规定的各项指标，如光亮度、硬度、导电性等。

⑤ 电镀时间及电镀过程的温度，决定镀层厚度的大小。

电镀除了要求美观外，依据各种电镀需求而有不同的目的。

① 镀铜　用于打底，增进电镀层附着能力及抗蚀能力。

② 镀镍　用于打底或外观，增进抗蚀能力及耐磨能力（其中化学镍为现代工艺中耐磨能力超过镀铬）。

③ 镀金　改善导电接触阻抗，增进信号传输。

④ 镀钯镍　改善导电接触阻抗，增进信号传输，耐磨性好。

⑤ 镀锡铅　增进焊接能力。

利用电解作用在机械制品上沉积电镀层比热浸层均匀，一般都较薄，从几微米到几十微米不等。通过电镀，可以在机械制品上获得装饰保护性和各种功能性的表面层，还可以修复磨损和加工失误的工件。镀层大多是单一金属或合金，如钛、锌、镉、金或黄铜、青铜等；也有弥散层，如镍-碳化硅、镍-氟化石墨等；还有覆合层，如钢上的铜-镍-铬层、钢上的银-铟层等。电镀的基体材料除铁基的铸铁、钢和不锈钢外，还有非铁金属，如 ABS、聚丙烯、聚砜和酚醛塑料，但塑料电镀前，必须经过特殊的活化和敏化处理。另外，电镀的缺点是有一定的污染。

### 1.2.3 辊涂法

辊涂可分为手工辊涂和机械辊涂两大类。光固化涂料通常采用机械辊涂法（又称辊涂法），可分为同向和逆向两大类。同向辊涂机涂膜辊的转动方向与被涂物的前进方向一致，其被涂物面施加有辊的压力，涂料呈挤压状态涂布，涂布量少，涂层也薄。因而采用同向辊涂机涂装时往往两台机器串联使用，所得涂层更为均匀。

逆向辊涂机涂膜辊的转动方向与被涂物的前进方向相反，被涂物面没有辊的压力，涂料呈自出状态涂布，涂布量大，所得涂层厚。辊涂法具有机械化程度高、易与原生产线匹配、生产成本较低等优点。辊涂机主要由机架、涂布辊、镀膜液供给辊（含镀膜液供给机构）、托辊以及辅助电动、气压传动控制系统组成。涂布辊为刚性辊，其表面覆盖有橡胶层，在橡胶层上刻有镀膜液供给花纹，一般表面花纹图案形成的栅格越大，沟槽越深，含浆量越大，涂层越厚，反之涂层越薄。应用于溶胶-凝胶技术在光伏玻璃上制备减反膜的辊涂机一般为三辊机，如图 1.7 所示。

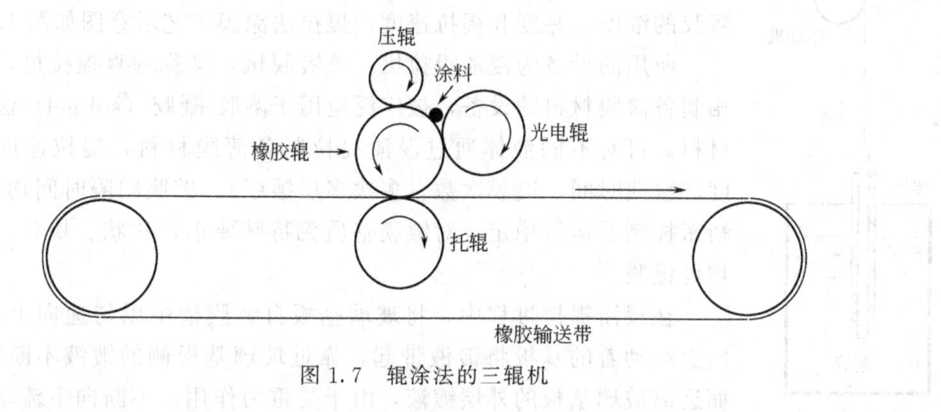


图 1.7　辊涂法的三辊机

根据被涂物材质、形状和辊涂机进料方式等的不同需要，可选择不同形式的辊涂机，如卷材涂装辊涂机、薄板涂装辊涂机、软质带材涂装辊涂机、顶进料逆向辊涂机、底刮刀辊涂机等。

辊涂法涂装工艺要点如下。

(1) 涂料黏度调整　所用涂料的黏度对涂膜的均匀性和涂膜厚度影响极大。涂料黏度较小时，对辊的浸润性大，被涂物表面涂料分布比较均匀，但可能产生供液量不足、涂层偏薄的缺点；涂料黏度大时与上述情况相反，可能产生涂层偏厚和均匀性不好的缺点。

(2) 涂膜厚度控制　涂膜厚度易于控制是辊涂法的一大优点，除前述调整涂料黏度可以控制厚度外，还可以通过调节辊子的转速或辊子与被涂物的间距来实现。同向辊涂法，辊子转速快涂膜薄，转速慢涂膜厚。辊子与被涂物的间距大则涂膜厚，反之则薄。对逆向辊涂法，其调节要稍微复杂一些，供料辊与涂漆辊之间的压力和转速比都要影响涂膜厚度。

辊涂法基本上适用于大面积板材和带材的涂装，对玻璃板、金属板预涂、卷材、胶合板、纸、布、塑料薄膜进行固化涂料的涂装。

辊涂法具有涂装效率高、易实现连续化生产、涂膜外观质量较好、膜厚控制容易、污染小等优点。

其缺点是对被涂物的形状要求过窄，不能涂装立体工件，生产工艺需要进行大量的调试工作，镀膜玻璃表面易出现横向辊印。玻璃在托辊、橡胶输送带带动下移动，同时上部橡胶辊均匀地涂布镀膜液，容易出现由于玻璃运动过程中的振动而产生横向镀膜不均匀现象。

镀膜玻璃表面易出现纵向辊线印。由于镀膜液属于易挥发液体，镀膜液中有机成分挥发后留下氧化硅纳米颗粒。因此在生产过程中，一旦由于某种原因造成生产线停止，停止时间超过一定时间后，必须要将橡胶辊清洗干净。如果清洗不干净，极易造成镀膜液黏附在橡胶辊上，再次生产时，有纳米颗粒聚积的地方，玻璃镀膜表面会产生纵向辊线印而需要再次停机清洗。

膜层容易不均匀。由于膜层厚度均匀性受到橡胶辊的水平度、平行度、供给系统供液均匀性等因素的影响，辊涂机使用前调整较为复杂。

### 1.2.4　浸渍提拉法

浸渍提拉法是溶胶-凝胶制备薄膜的常用方法，它是将整个洗净的基板浸入制好的溶胶后，以一定速度平稳地从溶胶中提拉出来，在黏度和重力的作用下，基板表面形成一层均匀

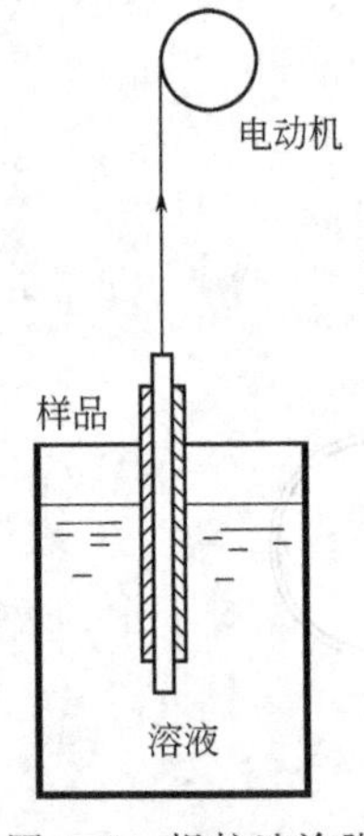

图 1.8 提拉法涂膜工艺示意图

的溶胶膜。这种方法特别适用于制备大面积的薄膜。薄膜的厚度取决于溶胶的浓度、黏度和提拉速度。提拉法涂膜工艺示意图如图 1.8 所示。

所用的设备为浸渍提拉机。该镀膜机，又称垂直提拉机，是用于液相制备薄膜材料的设备，被广泛应用于溶胶-凝胶（sol-gel）法制备薄膜材料。可对不同液体通过浸渍提拉制备薄膜材料，提拉速度、提拉高度、浸渍时间、镀膜次数（多次多层镀膜）、镀膜间隔时间均连续可调、精密控制、运行稳定。对镀膜基质无特殊要求，片状、块状、圆柱状等均可镀膜。

在浸渍提拉过程中，将玻璃基板自镀膜槽中以匀速向上垂直提起，向上运动着的基板将镀液带起，靠近玻璃基板侧的镀液不断向上移动，而远离玻璃基板的外层镀液，由于受重力作用，不断向下流动流回镀液槽，随玻璃基板向上的镀液层，由于聚合反应及溶剂的蒸发作用，黏度迅速增大，溶胶不断向凝胶转化，在玻璃基板表面沉积为凝胶膜。在溶剂挥发性强的情况下，几秒钟即可达到稳定状态。在稳定状态下，沿着与玻璃基板垂直方向上任一水平切面内的胶粒质量守恒。在稳定状态下，薄膜的厚度 $h$ 为：

$$h=0.944\frac{(v\eta)^{2/3}}{(\rho g)^{1/2}\gamma^{1/6}}$$

式中，$\rho$、$\eta$ 分别为镀膜液的密度和黏度；$v$ 为提拉机的提拉速度；$g$ 为重力加速度；$\gamma$ 为液气间的表面张力。

浸渍提拉镀膜工艺的特点如下。

① 浸渍提拉在镀膜液稳定的情况下，成膜质量均匀、稳定且容易控制。

② 自动化程度较低，不利于生产线的自动化生成，需要人工较多。

③ 由于需要进行双面镀膜，镀膜液利用率不高。

④ 要求洁净间面积大，因此，动力成本大。

⑤ 对环境要求高，外界环境的波动会影响镀膜质量（如产生波形纹）；在提拉的后期会产生蓝带现象。

### 1.2.5 喷涂法

喷涂镀膜也称喷雾涂层技术，超声喷雾和喷枪喷雾是实现喷涂镀膜的常用手段。超声喷雾的载气流速和镀液雾化微粒的直径无关，仅起携带雾化微粒的作用。而喷枪是依靠强气流喷射溶液来产生雾化，雾化微粒的直径随气流的增加而减小。超声喷雾的载气流量可远小于喷枪喷雾的载气流量。在制备薄膜时，超声喷雾气流对基板温度的影响远小于喷枪喷雾的情形，这使得超声喷雾的镀膜工艺控制较容易。

喷涂镀膜的特点如下。

① 自动化程度比浸渍提拉工艺高。

② 对雾化设备要求较高，雾化情况直接影响成膜的均匀性。

③ 对减反膜镀膜液而言，喷头容易因液体挥发而堵塞。

④ 镀膜液利用率较低。

喷涂法是水性涂料施工最主要的方法之一，用喷涂法涂饰物体表面，可获得薄而均匀的涂膜，对于几何形状各异，有小孔、缝隙、凹凸不平之处，涂料均能分布均匀；对于涂料喷涂大物面，较涂刷更为快速而有效。用喷涂法进行涂料施工也须掌握如下操作技巧。

① 涂料喷涂的顺序是：先难后易，先里后外；先高处后低处，先小面积后大面积。这样就不会造成后喷的漆雾飞溅到已喷好的漆膜上，破坏已喷好的漆膜。

② 空气压力最好控制在0.3～0.4MPa。压力过小，漆液雾化不良，表面会形成麻点；压力过大易流挂，而且漆雾过大，既浪费材料，又影响操作者的健康。

③ 喷嘴与物面的距离一般以300～400mm为宜。过近易流挂；过远漆雾不均匀，易出现麻点，而且喷嘴距物面远，漆雾在途中飞散造成浪费。距离的具体大小，应根据涂料的种类、黏度及气压的大小来适当调整。慢干漆喷涂距离可远一点，快干漆喷涂距离可近一点；黏度稠时可近一点，黏度稀时可远一点；空气压力大时距离可远一点，压力小时可近一点；所谓近一点远一点是指10～50mm之间小范围的调整，若超过此范围，则难以获得理想的漆膜。

④ 用洁净的水将涂料调至合适涂料喷涂的黏度，以涂料黏度计测量。

⑤ 涂料喷涂时要下一道压住上一道的1/3或1/4，这样才不会出现漏喷现象。在喷涂快干漆时，需一次按顺序喷完。

⑥ 喷枪可作上下、左右移动，喷嘴要垂直于物面喷涂涂料，尽量减少斜向喷涂涂料。当喷到物面两端时，扣喷枪扳机的手要迅速地松一下，使漆雾减少，因为物面的两端，往往要接受两次以上的涂料喷涂，是最容易造成流挂的地方。

⑦ 在室外空旷的地方喷涂涂料时，要注意风向，大风时不宜作业，操作者要站在顺风方向，防止漆雾被风吹到已喷好的漆膜上造成难看的粒状表面。

喷涂法主要用于工业中的有机喷漆，还用于给不规则形状的玻璃镀膜。

### 1.2.6　旋涂法

旋涂法包括两个步骤：旋覆和热处理。衬底在电机的带动下以一定的角速度旋转，当溶胶液滴从上方落于衬底表面时，它就被迅速地分覆衬底的整个表面。同浸渍提拉法一样，溶剂的蒸发使得旋覆在衬底表面的溶胶迅速凝胶化，紧接着经过一定的热处理后得到了薄膜。旋涂法是在匀胶机上进行，将基板水平固定于匀胶机上，用滴管将预先准备好的溶胶溶液滴在基板上，在匀胶机旋转产生的离心力作用下使溶胶均匀地铺展在基板表面。形成的薄膜厚度除受溶胶浓度影响外，匀胶机的转速便是另外一个决定成膜厚度的因素。

匀胶机转速的选择主要取决于基板的尺寸。要在整个基板表面获得均匀的薄膜，需要考虑到溶胶在基板表面的流动性能，这与黏度有关。

由于边缘效应，对大尺寸、非圆形基片不太合适，而且膜层均匀性难以保证。另外，液膜的固化和溶剂的蒸发可能会造成黏度和温度的变化，导致膜层厚度不均匀，特别是一些黏度对剪切应力敏感的镀膜液，会引起基片的中心部位与边缘部位的膜厚不同。旋转法涂膜溶胶用量少，特别适合多层膜的制备，旋涂法较适合实验室使用。

浸渍提拉、喷涂、辊涂、旋涂四种镀膜法如图1.9所示。

关于薄膜生长的分类上面是以液相和气相法为标准分的，当然也可以有其他的分类方法，并且有的方法是交叉使用的，分类比较复杂，但在不同的分类中各个方法的原理是不变的。

良好的薄膜取决于生长方法和工艺、镀膜材料和衬底材料。这三个因素相互影响并共同决定膜层的性能和功能。如果采用不同的镀膜方法，即使相同的材料也会表现出不同的性

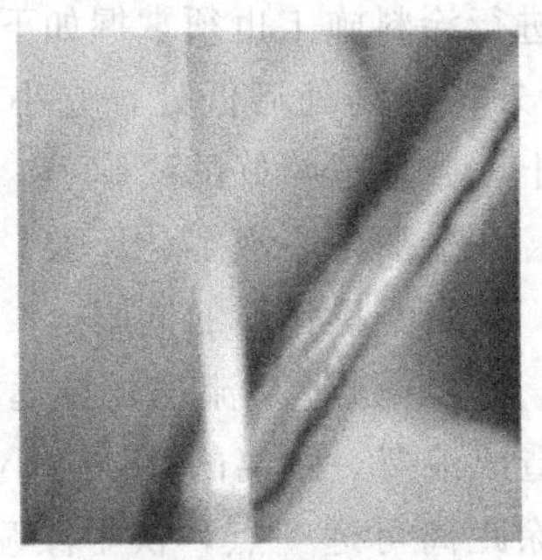
(a) 浸渍提拉法

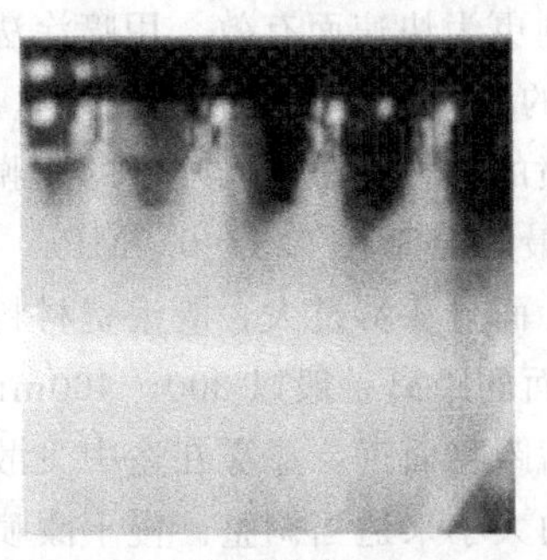
(b) 喷涂法

(c) 辊涂法

(d) 旋涂法

图 1.9　浸渍提拉、喷涂、辊涂、旋涂四种镀膜法

能；如果镀膜材料不同，即使相同镀膜方法和工艺生长相同厚度的相同材料的膜层，结果也会存在差异；如果采用相同的镀膜材料和方法在不同的衬底生长也会表现出不同的性能。这依赖于对薄膜生长理论的研究。

## 参 考 文 献

[1] Mase H，Kondo M，Matsuda A. Microcrystalline silicon solar cells fabricated on polymer substrate [J]. Solar Energy Materials &Solar Cells，2002，74：547-552.

[2] Takagi T，Hayashi R，Ganguly G. Gas-phase diagnosis and high-rate growth of stable a-Si:H [J]. Thin Solid Films，1999，345：75-79.

[3] Teng L H，Anderson W A. Thin film transistors on nanocrystalline silicon directly deposited by a microwave plasma CVD [J]. Solid-State Electronics，2004，48 (2)：309-314.

[4] 黄创君，林璇英，林揆训等．低温制备高质量多晶硅薄膜技术及其应用 [J]．功能材料，2001，32 (6)：561-563.

# 第2章

# 薄膜的表征方法

薄膜的厚度远比它的横向尺寸小，一般需要用二维的平移对称性、点对称性和空间对称性进行表征。表征晶体材料需要一定的晶体学知识，主要是平移对称性、点对称性和空间对称性等概念。立方点阵只有三种：简单立方、体心立方和面心立方。正交点阵有四种：简单正交、底心正交、体心正交和面心正交。薄膜体内晶体缺陷包括点缺陷、线缺陷、面缺陷，同时薄膜的表面和界面上还会出现和体缺陷不同的缺陷（如表面点缺陷等），它们对薄膜的生长、质量和性能有重要的影响。对薄膜的表征方法可以分为形貌和结构的表征、成分的表征、厚度的表征及其他性质的表征。

## 2.1 形貌和结构的表征

### 2.1.1 X射线衍射方法

X射线衍射分析的物理原理基础是布拉格公式 $2d\sin\theta = n\lambda$ 和衍射理论。布拉格公式中 $d$ 是（$hkl$）晶面间距，$\theta$ 是布拉格衍射角（入射角或衍射角），整数 $n$ 是衍射级数，$\lambda$ 是X射线的波长。如图2.1所示，入射方向 $k_0$ 和衍射方向 $k$ 的夹角是 $2\theta$，试样以 $\theta$ 角转动时，产生衍射峰的晶面和入射方向、衍射方向始终保持镜面反射关系。从探测器得到的一系列的峰谱可以得到相应的一系列衍射晶面间距（$d$ 值）和某晶体的PDF卡（多晶粉末衍射卡）上的 $d$ 值相一致，就可以由衍射谱将晶体的结构确定下来。要产生衍射，则入射线面的交角必须满足布拉格公式。衍射的相对强度取决于晶体内原子的种类、数目及排列方式。每种晶态物质都有其特有的结构，当X射线通过结晶物质时，每一种晶体按其化学组成和晶体结构产生固有的衍射花样，它们的特征可以用各反射面网间距和反射线的相对强度来表征，因此对任何一种结晶物质，X射线衍射数据是其晶体结构的必然反映，所以可以根据它们来鉴别结晶物质的物相，即可以通过X射线衍射对晶相进行定性分析。

#### 2.1.1.1 常规X射线衍射法

常规X射线衍射法可以用来测定晶体表面的取向。如晶体的密排（111）面和晶体的几何表面之间有一定的小的角度偏差（临晶面），就需要测定表面和（111）面之间的取向差。

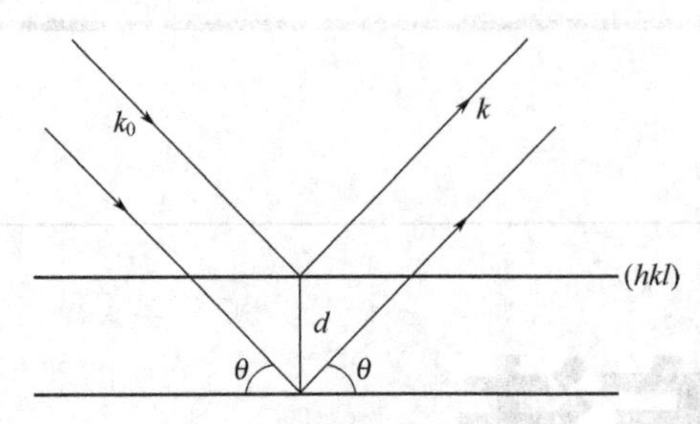


图 2.1 X射线的布拉格衍射

X射线衍射仪由X射线发生器、衍射仪测角台和探测器等组成，进行常规X射线衍射时，装在测角台上的多晶试样一般以$\theta$角转动，探测器以$2\theta$角转动，大多数仪器的转动轴沿垂直线时，试样也垂直放置，转动轴沿水平线时，起始的试样也水平放置。测定的方法是按标准的程序，将单晶试样装上衍射仪的特殊试样台，此试样台可以绕晶体的几何表面旋转$x$角，把探测器调到（111）面得$2\theta$角，脱开$\theta$-$2\theta$联动机构，使试样可以单独绕衍射仪的转轴旋转$\theta$角，反复旋转$x$角和$\theta$角，使（111）面的衍射峰强度最大，就可以得到晶体表面和（111）面之间的取向差。探测器得到的是一般的X射线衍射谱，从一系列谱峰可以得到相应的一系列衍射晶面间距（也就是所谓的$d$值），如果衍射图上各个峰对应的晶面间距值（$d$值）和某晶体的PDF卡（多晶粉末衍射卡）上的$d$值一致，就可以由衍射谱把晶体结构确定下来。

**2.1.1.2 双晶衍射法和三轴晶衍射法**

双晶衍射法可以大大提高测量的准确度。双晶衍射时入射X射线经晶体单色器得到单色性好、角发射度小的入射X射线束，单晶试样B以$\theta$角转动，而探测器以较大的张角固定在$2\theta$角位置，测量的是一定角度范围内的衍射角度之和（积分衍射强度），得到的是所谓的摇摆曲线，利用它可以确定试样的晶体结构的完整性。

三轴晶衍射时探测器前加一个晶体单色器（分析器）和前单色器、试样单晶一起形成三轴晶衍射，第三单晶分析器的作用是探测角度范围很窄的衍射强度，此时如将分析器和探测器固定在$2\theta$角位置，转动单晶$\theta$角，测得摇摆曲线的角分辨率有显著的改进，如将试样单晶固定在$\theta$角位置，分析器和探测器在$2\theta$角位置附近探测，得到的曲线是分辨率很高的衍射角在布拉格角附近的分布，如试样单晶按$\theta$角、分析器和探测器按$2\theta$角联动，可以精确测定某一晶带不同晶面的衍射图。

**2.1.1.3 全反射衍射法**

全反射衍射法是利用X射线的全反射性质得到极薄表面层结构信息的衍射方法。和光的折射率显著大于1不同，X射线折射率略小于1，它只能从空气中以零点几度掠入射到晶体发生全反射，而光可以以几十度的角度从水中射到和空气的界面上发生全反射，因此前者称为全外反射，后者称为全内反射。

全反射衍射可以用来测定再构表面和吸附表面的结构，再构表面或吸附表面的周期一般是理想表面周期的整数倍，从而引起附加的距离更近的、垂直表面的倒易杆，这些倒易杆和厄瓦耳球相交时会产生距离更近的、以分数标记的衍射峰。

**2.1.1.4 X射线吸收谱精细结构**

入射到样品内的X射线的吸收曲线在$K$、$L_1$、$L_2$、$L_3$等能级的电子开始被激发，激发处会出现突变，形成吸收边，更精确的测量表明，在吸收边高能量一侧吸收系数有明显起伏等精细变化，这就是X射线吸收谱精细结构，吸收谱精细结构来源于吸收X射线原子附近有近邻原子。根据量子力学知识，原子对X射线的吸收和吸收后的终态有关。这个终态由出射波和近邻原子的背散射波组成，如果出射波和背散射波相干增强，吸收系数就大，如果出射波和背散射波相干减弱，吸收系数小，从而引起吸收谱精细结构，显然出射波和背散射波的相干和入射X射线的波长以及近邻原子和吸收原子之间的距离有关。将吸收谱进行傅里叶变换等处理之后，可以得到吸收X射线的某元素的近邻原子的径向分布。该方法对晶体、非晶态材料和液体都是适用的。

### 2.1.2　低能电子衍射和反射高能电子衍射

低能电子衍射是利用10～100eV的低能电子垂直入射到试样光滑表面上，弹性散射回来的低能电子相干后形成衍射图样。由于10～100eV低能电子的非弹性散射自由程只有1nm数量级，弹性散射回来的低能电子也限于表面若干层原子。

低能电子衍射装置一般由电子枪和球状探测器组成，电子枪发出的电子向下入射到单晶上，并且以很大的角度背反射到球状探测器。其经常被用于对重构表面和吸附表面的研究。这两种表面的二维基矢一般扩大为理想表面二维基矢的整数倍，相应的它们的倒点阵二维基矢一般缩小为理想倒点阵二维基矢的整数倍，因此倒易杆之间的距离也缩小整数倍。倒易杆和厄瓦耳球的焦点更密，得到的低能电子衍射图样的周期也缩小整数倍（斑点分布更密）。一般理想表面低能电子衍射图样的斑点以米勒指数 $hk$（整数）进行指标化，如（00）、（11）等，重构表面和吸附表面的低能电子衍射图样的斑点的标记除了整数米勒指数之外，还会出现非整数的指数。

低能电子衍射谱可以用来研究弛豫表面。低能电子衍射谱是固定在某一斑点上测得的 $I$-$V$ 曲线，这里的 $I$ 是衍射斑点的电流，$V$ 是入射电子的加速电压，一般采用试探法测定弛豫表面的结构，先提出一个结构模型，根据低能电子衍射的动力学理论计算出一系列 $I$-$V$ 曲线，就可以把理论和实验曲线最一致的模型确定下来。对于重构表面和吸附表面也可以采用试探法测定表面的具体结构，如设定吸附原子在理想表面的顶位、桥位还是对称位，吸附原子离理想表面第一层原子的距离等，再比较理论和实验曲线以确定适当的模型。

反射高能电子衍射是高能电子衍射的一种工作模式。它将能量为5～100keV单电子束以1°～5°的掠射角入射到样品上，其反射束带有晶体表面的信息，并且呈现在荧光屏上。利用反射高能电子衍射可揭示晶体表面第一和第二个原子层的表面结构，并且可以研究晶体生长、吸附、表面缺陷等。特别是在分子束外延技术中，利用反射高能电子衍射进行原位监测是一个重要手段。

反射高能电子衍射的优点如下。

① 入射束和衍射强度大，不易受外界干扰，荧光屏不需加高压。样品正面有较大空间，有利于与分子束外延配合进行原位监测。

② 采用高能电子，可做成高亮度和细聚焦束，所得谱线有较高的亮度和锐度，可进行精确测量，从而得到有关结构信息。反射高能电子衍射方法精确度在数量级上是低能电子衍射的1000倍。

③ 反射高能电子衍射不仅可做二维，也可做三维体材料分析，可通过改变掠射角从而改变电子束穿透深度，以获得沿深度方向的信息。

④ 要测定倒易杆强度变化，低能电子衍射只能以改变电压来实现。这将给强度分析带来困难。而反射高能电子衍射是用转动样品直接测得。

⑤ 反射高能电子衍射不仅限于做表面结构分析，也可用于观察表面形貌和缺陷。另外，除了用于单晶还可用于多晶、孪晶、无定形表面及微粒样品的表面结构分析。

反射高能电子衍射的缺点如下。

① 对样品表面要求非常平整，入射电子能量会使样品表面易受损伤。

② 另外，入射电子束能量离散型也会对测量精度产生不利影响。

### 2.1.3 拉曼光谱

拉曼光谱（Raman spectra）是一种散射光谱。拉曼光谱分析法是基于印度科学家C.V.拉曼（Raman）所发现的拉曼散射效应，对与入射光频率不同的散射光谱进行分析以得到分子振动、转动方面信息，并且应用于分子结构研究的一种分析方法。

拉曼效应起源于分子振动（和点阵振动）与转动，拉曼（Raman）光谱仪的原理是光散射规律，是一种常见的光与物质相互作用的自然现象。散射分为弹性散射和非弹性散射两种。弹性散射是指光波通过介质后，其方向发生改变，但频率仍保持不变，这种现象称为Rayleigh散射；非弹性散射是指光与物质相互作用后，光波的传播方向和频率都发生了变化的现象。非弹性散射分为两种：拉曼（Raman）散射和布里渊（Brillouin）散射。拉曼散射的实质是光子和散射物质中粒子或元激发（又称准粒子）之间的非弹性碰撞。散射光频率低于入射光频率的情况称为斯托克斯（Stokes）散射；而散射光频率高于入射光频率的情况称为反斯托克斯（anti-Stokes）散射。拉曼谱图用散射光能随拉曼位移的变化表示，通过峰的位置、强度和形状，反映功能团或化学键的特征振动频率，提供散射分子的结构信息。拉曼光谱通常用激光作为光源。这主要是因为激光光源的单色性很强，所激发出的拉曼谱线是相干光源，强度高，光束截面面积小，任何尺寸、形状、透明度的样品，只要能被激光照射到，就可以直接用来测量，样品的需要量少，可以获得拉曼谱线宽度和精细结构的准确数值。固体的状态（非晶态或晶态）和结构（立方、四方等）有密切的关系，不同结构的固体有不同的晶格振动能量谱，其中包括一定的峰状结构，因此，拉曼光谱可以提供分子振动频率的信息，对材料的拉曼散射光谱进行分析是了解材料分子结构的主要手段。

拉曼光谱的特点如下。

① 对样品无接触，无损伤。

② 样品无须制备。

③ 快速分析，鉴别各种材料的特性与结构。

④ 能适合黑色和含水样品。

⑤ 高、低温及高压条件下测量。

⑥ 光谱成像快速、简便，分辨率高。

⑦ 维护成本低，使用简单。

### 2.1.4 电子显微技术

电子显微镜的原理同光学显微镜相同。光学显微镜通常是利用电灯作为光源。电灯发出的光波被聚光器会聚到透明物体上，然后经过物镜等一系列透镜形成放大的图像。而电子显微镜是用电子束而非可见光来成像的。简单地说，电子的行为同光波相似，但是其波长是光波波长的几百分之一，这就使电子显微镜的分辨率大大提高。在电子显微镜中，磁场的作用类似于光学显微镜中的透镜。随后，又出现了扫描电子显微镜。它主要是用来研究固体表面形貌的，它可以得到固体表面的三维效果图像。

电子显微镜由电子枪、聚光镜、物镜、中间镜和投影镜等组成，聚光镜将电子枪发出的电子会聚到试样上，经过试样后在下面形成物波（透射电子波），物波经过物镜在它的焦平面上形成衍射图样，中间镜、投影镜将此衍射图样组成化合物的放大像。电子显微镜的成像原理也符合光学阿贝（Abbe）成像原理。电子显微镜的一大优点是可以同时提供试样的放大像和对应的衍射图样组。

#### 2.1.4.1 扫描电镜

扫描电镜是利用细聚焦的电子束，在样品表面逐点扫描，用探测器收集在电子束作用下样品中产生的电子信号，把信号转换成图像的仪器。

扫描电镜的结构分为电子光学系统，信号收集、图像显示和记录系统，真空系统。图 2.2、图 2.3 为扫描电镜外形图和主机结构示意图。

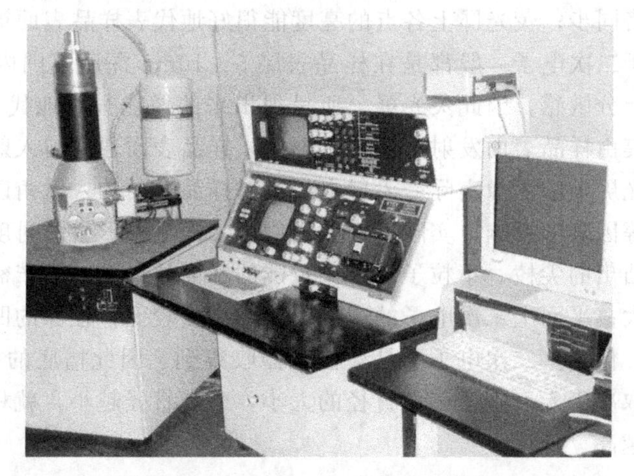

图 2.2　KYKY-1000B 扫描电镜外形图

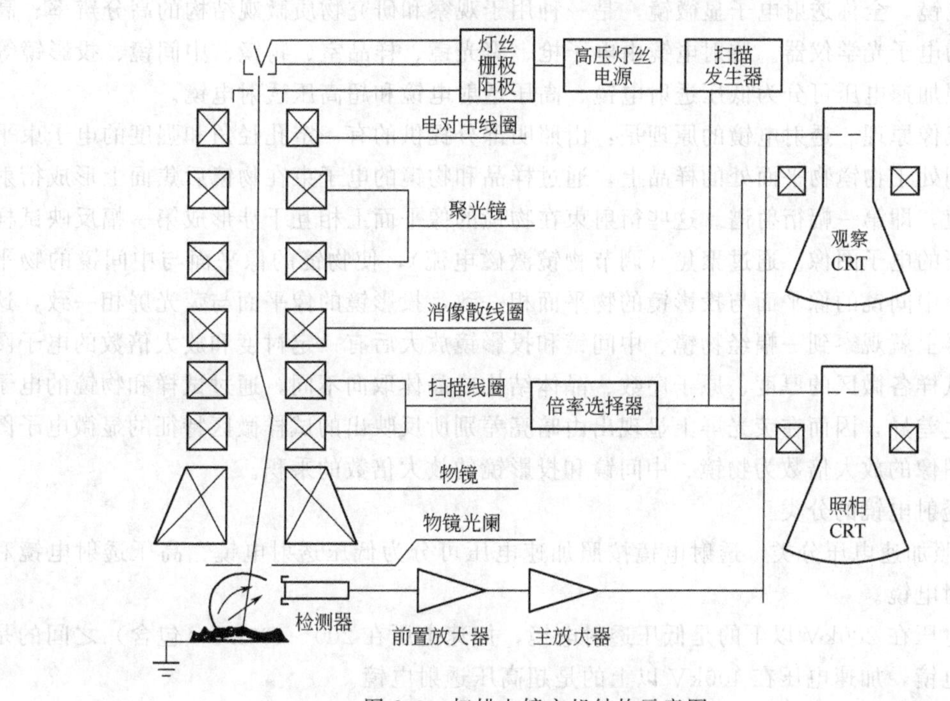


图 2.3　扫描电镜主机结构示意图

用二次电子像观察样品的表面形貌的原理是：扫描电镜是用聚焦电子束在试样表面逐点扫描成像，成像信号可以是二次电子、背散射或吸收电子。由电子枪所发射出来的电子束在加速电压的作用下，经过三级电磁透镜，会聚成一个直径极小的电子束斑打到样品表面，其中二次电子是最主要的成像信号。

由电子枪发射的能量为5～35keV的电子，以其交叉斑作为电子源，经二级聚光镜及物镜的缩小形成具有一定能量、一定束流强度和束斑直径的微细电子束，在扫描线圈驱动下，在试样表面按一定时间、空间顺序作栅网式扫描。聚焦电子束与试样相互作用，产生二次电子发射，二次电子发射量随试样表面形貌而变化。这些电子信号经过放大后用来调制荧光屏上的亮度；利用扫描线圈使电子束在样品表面作有规则的扫动，由于控制电子束扫描线圈动作和显像管扫描线圈动作的是同一台扫描发生器，因此，电子束在样品上的扫描动作与显像管上的扫描动作严格同步；荧光屏上各点的亮度能很好地代表样品表面被电子束轰击后发射的二次电子数；由于二次电子一般都是在样品表层5～10nm深度范围内发射出来的，它们对样品表面的形貌十分敏感，因此荧光屏上所呈现出来的像能很好地代表样品的表面形貌。为了尽可能多地收集由样品表面发射出的二次电子，样品表面通常与入射电子束成一定角度倾斜放置。因为荧光屏上的图像实际受入射电子束对样品表面的入射角以及样品表面与电子收集器的相互位置等因素的影响，实际得到的图像是二次电子形貌的衬度像。衬度像与实际形貌有如下关系：凸出的尖棱、小粒子以及比较陡的斜面处二次电子产额较多，在荧光屏上这些部位的亮度较大；平面上二次电子的产额较小，亮度较低；在深的凹槽底部虽然也能产生较多的二次电子，但这些二次电子不易被检测器收集到，因此槽底的衬度也会显得较暗。扫描电镜的分辨率取决于入射电子束斑直径的大小，束斑直径越小，就相当于成像单元的尺寸越小，分辨率也越高。

#### 2.1.4.2 透射电镜

透射电镜，全称透射电子显微镜，是一种用于观察和研究物质微观结构的高分辨率、高放大倍数的电子光学仪器。透射电镜由电子枪、聚光镜、样品室、物镜、中间镜、投影镜等组成，按照加速电压可分为低压透射电镜、高压透射电镜和超高压透射电镜。

（1）成像原理　透射电镜的原理是：由照明部分提供的有一定孔径角和强度的电子束平行地投影到处于物镜物平面处的样品上，通过样品和物镜的电子束在物镜后焦面上形成衍射振幅极大值，即第一幅衍射谱。这些衍射束在物镜的像平面上相互干涉形成第一幅反映试样为微区特征的电子图像。通过聚焦（调节物镜激磁电流），使物镜的像平面与中间镜的物平面相一致，中间镜的像平面与投影镜的物平面相一致，投影镜的像平面与荧光屏相一致，这样在荧光屏上就观察到一幅经物镜、中间镜和投影镜放大后有一定衬度和放大倍数的电子图像。由于试样各微区的厚度、原子序数、晶体结构或晶体取向不同，通过试样和物镜的电子束强度产生差异，因而在荧光屏上显现出由暗亮差别所反映出的试样微区特征的显微电子图像。电子图像的放大倍数为物镜、中间镜和投影镜的放大倍数的乘积。

（2）透射电镜的分类

① 按照加速电压分类　透射电镜按照加速电压可分为低压透射电镜、高压透射电镜和超高压透射电镜。

加速电压在200kV以下的是低压透射电镜，加速电压在200～400kV（包含）之间的是高压透射电镜，加速电压在400kV以上的是超高压透射电镜。

② 按照照明系统分类　透射电镜按照照明系统可分为普通透射电镜和场发射透射电镜。

③ 按照成像系统分类　透射电镜按照成像系统可分为低分辨透射电镜和高分辨透射电镜。

④ 按照记录系统分类　常用的透射电镜按照记录系统分为摄像型透射电镜和CCD型透

射电镜。

（3）透射电镜的组成　透射电子显微镜是以波长极短的电子束作为照明源，用电磁透镜聚焦成像的一种高分辨率、高放大倍数的电子光学仪器，图 2.4 是透射电子显微镜的实物图。投射电子显微镜由三大系统构成，即电子光学系统、电源系统和真空系统。

电子光学系统是电子显微镜的主体部分，由于它采用圆柱式积木形式，所以又把它称为镜筒。图 2.5 是筒镜中的光路简图。电子从最上部的电子枪发射出来后，在加速管内被加速，通过聚光镜，照射到试样上。透过试样的电子被物镜、中间镜、投影镜放大，成像在荧光屏上。图像通过观察窗观察，在照相室拍摄照片。整个电子通道处于真空状态。沿着电子在镜筒内的路径，可以将电子光学系统分为三个部分：照明系统、成像系统和图像显示记录系统。

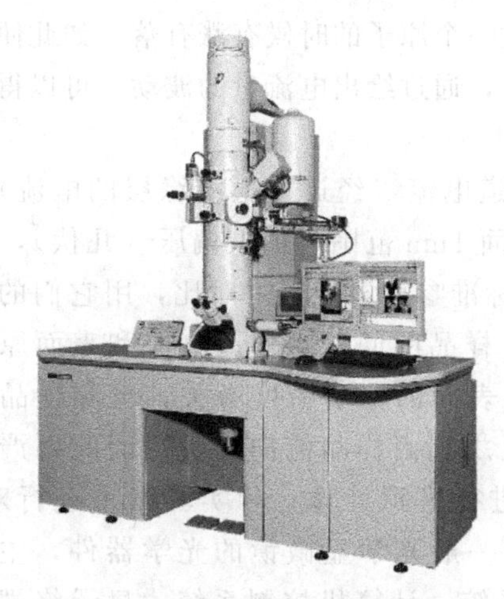

图 2.4　透射电子显微镜的实物图

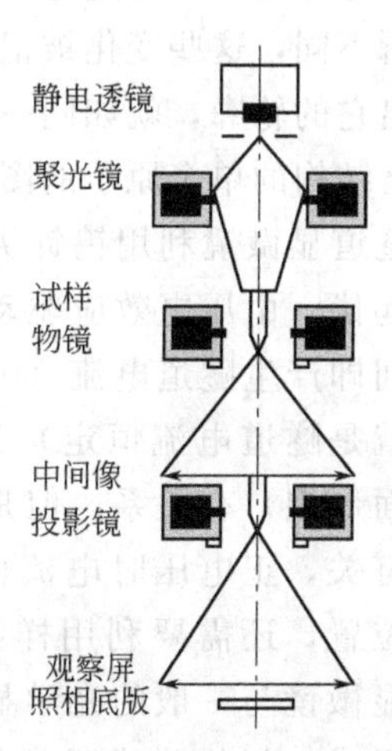


图 2.5　透射电子显微镜的光路简图

### 2.1.4.3　场离子显微镜

场离子显微镜与通常的高分辨率电子显微镜性质不同，它成像时不使用磁或静电透镜，是由所谓成像气体的“场电离”过程来完成的。场离子显微镜是最早达到原子分辨率，也就是最早能看得到原子尺度的显微镜。场离子显微镜的原理是：量子力学中电子的隧穿效应及基础电学中导体表面电场与其曲率成正比，就是以相同的电压加于相同的导体上，曲率越大其产生的电场越高。在针尖状的金属或导体样品上，加上很高的正电压，造成强大的正电场；反之若加很高的负电压产生负电场，将造成电子发射，称为场发射显微镜。

当气体分子靠近此金属或导体样品表面时，此强大的正电场改变了气体原子中电荷的分布，气体分子被原子探针极化而受电场吸引向针尖飞去。当气体分子相当靠近具有高电场的导体表面时，气体分子中电子的位能势垒因受导体表面电场的影响而变形，当这种位能势垒宽度渐渐变窄，气体分子中最外层电子可以有机会隧穿而出至导体样品表面时，此气体分子即离化成“气体离子”。因为这种气体离子与该导体表面所具有的正电场彼此互相排斥，所以气体离子会沿着此电场的方向飞离。当这种离化现象大量发生时，这些气体离子所造成的离子流会沿着表面电场向外辐射状射出，撞上不远处所放置的荧光屏。荧光屏上明暗的分布，代表着离子流的大小，也即导体样品表面上电场的强弱分布；而这些强弱不同的电场是由于导体表面上不同的曲率所造成，在同一平面上只有原子的形状可以造成这些不同曲率的现象。所以荧光屏上明暗的分布，也就是表面上原子形状的放大。一般以惰性气体（氦、氖、氩）作为成像气体。故此仪器观察的是表面上原子一颗颗排列的结构，所以是原子尺度的显微镜。

只是要用场离子显微镜看像，样品得先处理成针状，工作时首先将容器抽到 $1.33\times10^{-6}$Pa 的真空度，然后通入压力约 $1.33\times10^{-1}$Pa 的成像气体。在样品加上足够高的电压时，气体原子发生极化和电离，荧光屏上即可显示尖端表层原子的清晰图像，图像中每一个亮点都是单个原子的像。

**2.1.4.4 扫描探针显微镜**

（1）扫描隧道显微镜　扫描隧道显微镜（STM）的工作原理是：一根探针慢慢地通过要被分析的材料（针尖极为尖锐，仅仅由一个原子组成）。一个小小的电荷被放置在探针上，一股电流从探针流出，通过整个材料，到底层表面。当探针通过单个的原子，流过探针的电流量便有所不同，这些变化被记录下来。电流在流过一个原子的时候有涨有落，如此便极其细致地探出它的轮廓，就如同一根唱针扫过一张唱片，通过绘出电流量的波动，可以得到组成一个网格结构的单个原子的图片。

扫描隧道显微镜利用钨针尖测量导电样品的隧道电流（经过极薄绝缘层的电流）、观察表面的起伏。由压电效应驱动的针尖在离样品表面 1nm 范围内加上偏压（几伏），针尖与样品之间即产生隧道电流（0.1～1.0nA），用一标准参照电流与之对比，用它们的差别为零（也就是隧道电流恒定）为指标，控制针尖、样品的问题。隧道电流和表面原子的高低（表面形貌）有关系，但是隧道电流还和样品表面的原子密度有关，也和样品上电压的正负有关，正电压时电流由针尖流向样品，反之则由样品流向针尖，因此要严格测定原子的位置，还需要利用样品表面局域态密度进行模拟计算，和实验结果进行对比。扫描隧道显微镜与一般的光学显微镜不同，它没有一般光学显微镜的光学器件，主要由四个部分组成：扫描隧道显微镜主体、电子反馈系统、计算机控制系统、显示终端（图 2.6）。其主体的主要部分是极细的探针针尖；电子反馈系统主要用来产生隧道电流，控制隧道电流和控制针尖在样品表面的扫描；计算机控制系统用来控制全部系统的运转和收集、存储得到的显微图像资料，并且对原始图像进行处理；显示终端为计算机屏幕或记录纸，用来显示处理后的资料。

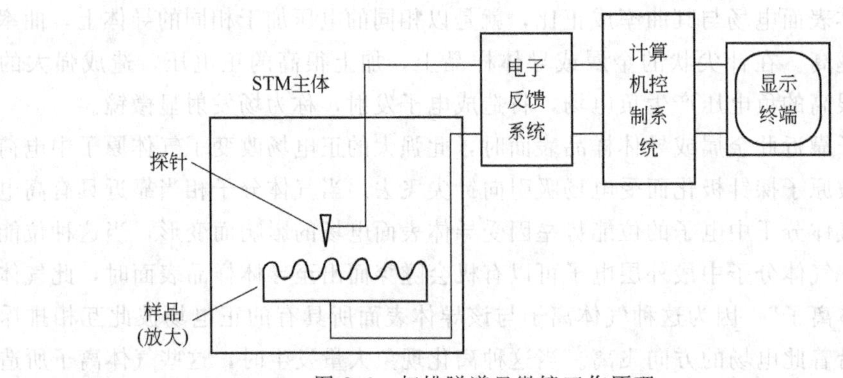


图 2.6　扫描隧道显微镜工作原理

扫描隧道显微镜的特点是：扫描隧道显微镜横向分辨本领为 0.1nm，深度分辨本领为 0.01nm。通过它可以清晰地看到排列在物质表面的单个原子（或分子）。可实时得到物体的三维图像，可用于具有周期性或不具备周期性的表面结构研究。可以观察单个原子层的局部表面结构，而不是整个表面的平均性质。因而可以直接观察到表面缺陷、表面重构、表面吸附体的形态和位置，以及由吸附体引起的表面重构等。配合扫描隧道谱可以得到有关表面电子结构的信息，如表面不同层次的电子云密度、表面电子阱、电荷密度分布、表面势垒的变化和能隙结构等。扫描隧道显微镜可以在真空、大气、常温等不同环境下工作，样品甚至可以浸在水或其他液体中。工作过程不需要特别的制样技术，并且探测过程对样品无损伤。利用扫描隧道显微镜针尖，可以对原子和分子进行操纵。

(2) 原子力显微镜　原子力显微镜（atomic force microscope，AFM），是一种可用来研究包括绝缘体在内的固体材料表面结构的分析仪器。它通过检测待测样品表面和一个微型力敏感元件之间的极微弱的原子间相互作用力来研究物质的表面结构及性质。将一对微弱力极端敏感的微悬臂一端固定，另一端的微小针尖接近样品，这时它将与其相互作用，作用力将使得微悬臂发生形变或运动状态发生变化。扫描样品时，利用传感器检测这些变化，就可获得作用力分布信息，从而以纳米级分辨率获得表面结构信息。图2.7为原子力显微镜观察到的图像。其工作原理如图2.8所示。

图2.7　原子力显微镜观察到的图像

在系统检测成像全过程中，探针和被测样品之间的距离始终保持在纳米（$10^{-9}$m）数量级，距离太大不能获得样品表面的信息，距离太小会损伤探针和被测样品，反馈回路（feedback）的作用就是在工作过程中，由探针得到探针-样品相互作用的强度，来改变加在样品扫描器垂直方向的电压，从而使样品伸缩，调节探针和被测样品之间的距离，反过来控制探针-样品相互作用的强度，实现反馈控制。

原子力显微镜系统可分成三个部分：力检测部分、位置检测部分和反馈系统。实物图如图2.9所示。

在原子力显微镜的系统中，所要检测的力是原子与原子之间的范德华力。力检测部分是使用微悬臂来检测原子之间力的变化量。微悬臂通常由一个一般100～500μm长和约500nm～5μm厚的硅片或氮化硅片制成。微悬臂顶端有一个尖锐针尖，用来检测样品与针尖之间的相互作用力。

在原子力显微镜的系统中，当针尖与样品之间有了交互作用之后，会使得悬臂摆动，所以当激光照射在微悬臂的末端时，其反射光的位置也会因为悬臂摆动而有所改变，这就造成偏移量的产生。位置检测部分是依靠激光光斑位置检测器将偏移量记录下来并转换成电的信号处理。

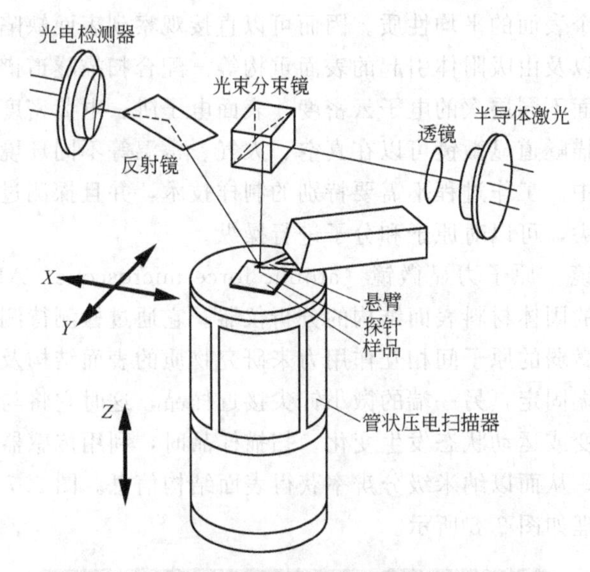


图 2.8 原子力显微镜的工作原理

图 2.9 原子力显微镜实物图

在原子力显微镜的系统中，将信号经由激光检测器引入之后，在反馈系统中会将此信号当成反馈信号，反馈系统作为内部的调整信号，并且驱使通常由压电陶瓷管制作的扫描器做适当的移动，以保持样品与针尖之间一定的作用力。

原子力显微镜的系统使用压电陶瓷管制作的扫描器精确控制微小的扫描移动。压电陶瓷是一种性能奇特的材料，当在压电陶瓷对称的两个端面加上电压时，压电陶瓷会按特定的方向伸长或缩短。而伸长或缩短的尺寸与所加的电压的大小呈线性关系。也就是说，可以通过改变电压来控制压电陶瓷的微小伸缩。通常把三个分别代表 $X$、$Y$、$Z$ 方向的压电陶瓷块组成三角架的形状，通过控制 $X$、$Y$ 方向伸缩达到驱动探针在样品表面扫描的目的；通过控制 $Z$ 方向压电陶瓷的伸缩达到控制探针与样品之间距离的目的。

原子力显微镜的优点是：相对于扫描电子显微镜，原子力显微镜具有许多优点。不同于扫描电子显微镜只能提供二维图像，原子力显微镜提供真正的三维表面图。同时，原子力显微镜不需要对样品做任何特殊处理，如镀铜或碳，这种处理对样品会造成不可逆转的伤害。原子力显微镜在常压下甚至在液体环境下都可以良好工作。这样可以用来研究生物宏观分子，甚至活的生物组织。

原子力显微镜的缺点是：和扫描电子显微镜相比，原子力显微镜的缺点在于成像范围太小，速度慢，受探头的影响太大。与扫描隧道显微镜相比，由于能观测非导电样品，因此具有更为广泛的适用性。原子力显微镜是继扫描隧道显微镜之后发明的一种具有原子级高分辨率的新型仪器，可以在大气和液体环境下对各种材料和样品进行纳米区域的物理性质包括形貌进行探测，或者直接进行纳米操纵。

(3) 磁力显微镜　磁力显微镜（magnetic force microscope，MFM）采用磁性探针对样品表面扫描检测，检测时，对样品表面的每一行都进行两次扫描：第一次扫描采用轻敲模式，得到样品在这一行的高低起伏并记录下来；然后采用抬起模式，让磁性探针抬起一定的高度（通常为 10～200nm），并且按样品表面起伏轨迹进行第二次扫描，由于探针被抬起且按样品表面起伏轨迹扫描，故第二次扫描过程中针尖不接触样品表面，不存在针尖与样品之间原子的短程斥力，而且与其保持恒定距离，消除了样品表面形貌的影响，磁性探针因受到的长程磁力的作用而引起的振幅和相位变化，因此，将第二次扫描中探针的振幅和相位变化记录下来，就能得到样品表面漏磁场的精细梯度，从而得到样品的磁畴结构。

一般而言，相对于磁性探针的振幅，其振动相位对样品表面磁场变化更敏感，因此，相移成像技术是磁力显微镜的重要方法，其结果分辨率更高、细节也更丰富。具体表现如下。

① 在样品表面扫描，得到样品的表面形貌信息，这个过程与在轻敲模式中成像一样。

② 探针回到当前行扫描的开始点，增加探针与样品之间的距离，根据第一次扫描得到的样品形貌，始终保持探针与样品之间的距离，进行第二次扫描。在这个阶段，可以通过探针悬臂振动的振幅和相位的变化，得到相应的长程力的图像。与其他磁成像技术比较，磁力显微镜具有分辨率高、可在大气中工作、不破坏样品而且不需要特殊的样品制备等优点。

## 2.2　成分分析方法

### 2.2.1　光电子能谱

光电子能谱所用到的基本原理是光电效应定律。高能量光子照射材料表面，可以观察到电子的发射，材料内电子处在不同的量子能级上，当用一定波长的光量子照射样品时，原子中的电子吸收一个光子后，从基态跃迁到高激发态而离开原子，这个现象因为存在可观测的光电流而称为光电效应。

光电子能谱仪主要由六个部分组成：激发源、真空系统、样品电离室、电子能量分析器、电子检测器和数据处理系统。激发源常用紫外辐射源和 X 射线源。真空系统的目的是使电子不被残余气体分子散射，并且避免残余气体分子吸附所引起的样品表面污染。样品电离室包括三个真空室，第一个真空室用于进出样品，第二个真空室起到真空缓冲作用，并且在其内部做样品的制备和处理，样品在第三个真空室里被 X 射线照射得到光电子。电子能量分析器的作用是测量由样品表面发射出来的能量分布。最后是电子检测器和数据处理系统。

光电子能谱是一项灵敏的技术。虽然入射光子能穿入固体的深部，但只有固体表面下 20～30Å[1] 的一薄层中的光电子能逃逸出来，因此光电子反映的是固体表面的信息。光电子能谱主要用于表面分析，由激发源发出的具有一定能量的 X 射线、电子束、紫外线、离子束或中子束作用于样品表面时，可将样品表面原子中不同能级的电子激发出来，产生光电子

[1] 1Å=0.1nm。

或俄歇电子等。这些自由电子带有样品表面信息，并且具有特征动能。通过能量分析器收集和研究它们的能量分布，经检测记录电子信号强度与电子能量的关系曲线，此即为光电子能谱。光电子结合能一般为几电子伏，紫外线电子能谱提供的是价电子能带分布的信息。

#### 2.2.1.1 X射线光电子能谱

X射线光电子能谱（XPS）不仅能测定材料表面的组成元素，而且还能给出各元素的化学状态信息。X射线光电子能谱的优点是：其样品处理的简单性、广泛的适应性与高信息量。XPS的最大特色在于能获取丰富的化学信息，对样品表面的损伤最轻微，表面的最基本XPS分析可提供表面存在的所有元素（除H和He外）的定性和定量信息。正是由于XPS含有化学信息，它也通常被称为化学分析电子能谱。定性分析就是根据所测谱的位置和形状来得到有关样品的组分、化学态、表面吸附、表面态、表面价电子结构、原子和分子的化学结构、化学键合情况等信息。X射线光电子能谱法用来分析原子在化合物中的价态和化合形态。

#### 2.2.1.2 紫外光电子能谱

紫外光电子能谱是以紫外线为激发光源的光电子能谱。激发源的光子能量较低，最常用的低能光子源为氦Ⅰ和氦Ⅱ。紫外光电子能谱主要用于考察气相原子、分子以及吸附分子的价电子结构。它的分辨率高，可以分辨分子的振动精细结构，结合能由氦Ⅰ激发源的光子能量减去光电子的动能得到。使用不同的激发源，在光电子动能的坐标上可得不同数值，但所得结合能值则相同。紫外光电子能谱还能反映出分子的外壳层分子轨道的特性，而X射线光电子能谱则能反映出内壳层分子轨道的特性。紫外光电子能谱法用来分析价层轨道里的电子的能量和作用。但是由于电子的跃迁和振动能级相互作用，和分子对称性关系极为紧密。图谱解析复杂，仪器要求较高。

#### 2.2.1.3 俄歇电子能谱

俄歇电子能谱是一种利用高能电子束为激发源的表面分析技术。入射电子束和物质作用，可以激发出原子的内层电子。外层电子向内层跃迁过程中所释放的能量，可能以X射线的形式放出，即产生特征X射线，也可能使核外另一电子激发成为自由电子，这种自由电子就是俄歇电子。

俄歇能谱仪包括电子光学系统、电子能量分析器、样品安放系统、离子枪、超高真空系统。电子光学系统主要由电子激发源（热阴极电子枪）、电子束聚焦（电磁透镜）和偏转系统（偏转线圈）组成。电子光学系统的主要指标是入射电子束能量、束流强度和束直径三个指标。电子能量分析器是俄歇能谱仪的“心脏”，其作用是收集并分开不同动能的电子。由于俄歇电子能量极低，必须采用特殊的装置才能达到仪器所需的灵敏度。俄歇能谱仪使用一种称为筒镜分析器的装置。分析器的主体是两个同心的圆筒。样品和内筒同时接地，在外筒上施加一个负的偏转电压，内筒上开有圆环状的电子入口和出口，激发电子枪放在镜筒分析器的内腔中，也可以放在镜筒分析器外。由样品上发射的具有一定能量的电子从入口位置进入两圆筒夹层，因外筒加有偏转电压，最后使电子从出口进入检测器。若连续地改变外筒上的偏转电压，就可在检测器上依次接收到具有不同能量的俄歇电子，从能量分析器输出的电子经电子倍增器、前置放大器后进入脉冲计数器，最后由$X$-$Y$记录仪或荧光屏显示俄歇电子能谱和俄歇电子数目$N$随电子能量$E$的分布曲线，二级透镜把电子束斑缩小到$3\mu m$，扫描系统控制使电子束在样品上和显像管荧光屏上产生同步扫描，筒镜分析器探测到的俄歇电子信号经电子倍增器放大后用来对荧光屏光栅进行调制，如此便可得到俄歇电子像。

根据俄歇电子的特征能量，可以定性地确定表面上存在的元素。把未知样品的俄歇电子能谱和已知表面的组分标准样品的俄歇电子能谱进行对比，或者和一系列相应的纯元素俄歇电子能谱进行对比，可以对样品表面组分进行定量分析。

### 2.2.2 二次离子质谱

用离子束轰击表面，将样品表面的原子溅射出来成为带电的离子，然后用磁分析器或四极滤质器所组成的质谱仪分析离子的质荷比，便可知道表面的成分。二次离子质谱是非常灵敏的表面成分分析手段，对某些元素可达到 $10^{-6}$ 数量级，是最前沿的表面分析技术。但由于各种元素的二次离子差额值相差非常大，做定量分析非常困难。

二次离子质谱仪揭示了真正表面和近表面原子层的化学组成，其信息量也远远超过了简单的元素分析，可以用于鉴定有机成分的分子结构。二次离子质谱仪广泛应用于微电子技术、化学技术、纳米技术以及生命科学之中，它可以在数秒钟内对表面的局部区域进行扫描和分析，生成一个表面成分图。

离子和固体的相互作用随入射离子能量的不同而有很大的不同。千电子伏数量级的离子会引起固体表面层中原子的溅射，因此它是一种物理气相沉积制备薄膜的方法。溅射过程中绝大部分是中性的原子或原子团簇，但也有少量离子，称为二次离子。利用从样品上溅射出来的二次离子的质谱可以对样品表面组分进行定量分析。兆电子伏数量级的氦离子会进入薄膜的一定深度，并且和其中的原子碰撞而背散射回来，形成氦离子的背散射能谱。

二次离子质谱仪由离子枪、加速部件、样品室和质谱计等组成。离子枪提供高强度的Ar离子或Ca离子束，由它们溅射出样品表面层的原子，加速部件加速离子束，使它达到千电子伏数量级的能量，从样品表面溅射出来的离子由质谱计收集形成二次离子质谱。

高分辨率的质量分析器是磁分析器，具有一定动能的带电离子在磁场中偏转，一定质荷比的离子能通过狭缝进入探测器，改变磁场强度可测定不同的质量，要提高质量分辨率，首先要求二次离子有单一的能量，这可由静电分析器进行能量滤波来实现。另一种质量分析器是四极能量质谱计，它由四根对称安置的圆电极杆构成，结构很紧凑，易于安装，两对电极分别加上同步变化的直流时，随高频电场做横向振荡，只有一定质荷比的离子能通过狭缝进入探测器，这种质谱计分析的质荷比和四极杆的电位成正比。第三种质量分析器是飞行时间质谱计，它通过大的加速场给不同质量离子以相同的动能，离子质量越大，速度越小，飞行时间越长，因此可以根据飞行时间测定离子的质量。

二次离子质谱的突出优点是很高的探测灵敏度，这是由于二次离子质谱中对信号有干扰的背底很低的缘故，它能探测样品表面1%的组分。它还可以方便地进行组分的深度分析，因为离子束溅射一定时间可以剥离掉一薄层样品。二次离子质谱的缺点是：难以进行定量分析，主要是由于难以确定从样品表面溅射出来的粒子中少量离子的百分比，它是一种破坏性的探测方法。

### 2.2.3 卢瑟福背散射

卢瑟福背散射原理是：卢瑟福背散射是利用带电粒子与靶核之间的大角度库仑散射的情况确定样品中元素的质量数、含量及深度分布。该分析方法有三个基本点：运动学因子——质量分析；背散射微分截面——含量分析；能损因子——深度分析。

入射He离子和晶体的主要晶轴和晶面的夹角小于1°时，入射He离子可以在相邻晶轴或晶面之间发生多次向前的小角反射而深入晶体内部，使离子在晶体中的射程有数量级上的增大，这种现象称为离子的沟道效应，还可以定义为当注入离子沿着基材的晶向注入时，则注入离子可能与晶格原子发生较少的碰撞而进入离子表面较深的位置。沟道效应是带电粒子入射到单晶中的一种特殊现象。当带电粒子以小角度入射单晶中的一行行原子时，若粒子轨迹被限于原子的行和面之间，可使粒子射程比随机方向入射时显著增加，具有异常的穿透作用。可用于在硅和其他单晶中掺杂低能重离子，也用于分析晶体中的杂质原子。发生沟道效应时 He 离子背散射概率也有数量级上的减小，使卢瑟福背散射谱显著减小。在沟道效应发生角的附近转动单晶样品，可以得到背散射 He 离子随角度变化的峰。

利用这一效应可以确定晶体合金原子处在替代位置还是间隙位置。如果合金原子处在替代位置，沟道效应基本上保持。如果合金原子处在间隙位置，沟道效应基本上消失，因为间隙原子阻碍入射氦离子在相邻晶轴和晶面之间的小角反射，使背散射概率基本上保持不变。类似的情况，卢瑟福背散射谱的沟道效应可以用来确定离子注入引起的损伤程度和深度，因为离子注入使一定程度上许多处于晶格位置的原子成为间隙原子，使沟道效应角度处一定深度上许多处于晶格位置的原子成为间隙原子，增大了沟道效应角度处一定深度上背散射回来的 He 离子的数目。

兆电子伏数量级入射离子可以激发样品中许多原子的内层电子，随后的弛豫过程可以产生标识 X 射线，这种过程和入射电子产生标识 X 射线的过程类似，入射离子和电子在样品中均会引起连续谱 X 射线，这是入射离子和电子被减速后动能转化为 X 射线光子能量的过程，因此称为韧致辐射。由于入射离子质量大，不易被减速，由它引起的韧致辐射比电子引起的韧致辐射小几个数量级。韧致辐射是标识 X 射线谱背底的主要来源，因此离子感生标识 X 射线对元素的分析灵敏度可以达到 1%，比电子束的灵敏度有数量级上的提高。

### 2.2.4 傅里叶变换光谱仪

红外光谱（infrared spectrum，IR）又称振动转动光谱，是一种分子吸收光谱。当分子受到红外线的辐射，产生振动能级（同时伴随转动能级）的跃迁，在振动（转动）时伴有偶极矩改变者就吸收红外光子，形成红外吸收光谱。用红外光谱法可进行物质的定性和定量分析（以定性分析为主），从分子的特征吸收可以鉴定化合物的分子结构。

傅里叶变换红外光谱仪（FTIR）和其他类型红外光谱仪一样，都是用来获得物质的红外吸收光谱，但测定原理有所不同。在色散型红外光谱仪中，光源发出的光先照射试样，而后再经分光器（光栅或棱镜）分成单色光，由检测器检测后获得吸收光谱。但在傅里叶变换红外光谱仪中，首先是把光源发出的光经迈克尔逊干涉仪变成干涉光，再让干涉光照射样品，经检测器获得干涉图，由计算机把干涉图进行傅里叶变换而得到吸收光谱。

红外光谱根据不同的波数范围分为近红外区（4000～13330$cm^{-1}$）、中红外区（650～4000$cm^{-1}$）和远红外区（10～650$cm^{-1}$）。红外吸收光谱所揭示的固体原子局域振动模式可分为两类：一类是成键原子之间有相对位移的振动模式，包括键长有变化的伸缩和键角有变化的弯曲；另一类是成键原子之间没有相对位移的转动模式，如摆动模、滚动模和扭动模，这三者的区别仅在于转轴的不同，例如 a-Si:H 红外吸收光谱属于中红外光谱范围，$SiH_1$ 键的伸缩模对应 2000$cm^{-1}$ 处，弯曲模对应 640$cm^{-1}$ 处，$SiH_2$ 和 $SiH_3$ 伸缩模分别蓝移到 2090$cm^{-1}$ 处，但其弯曲模仍在 640$cm^{-1}$ 处。此外，在 830～920$cm^{-1}$ 还有 $SiH_2$ 和 $SiH_3$ 的摆动模和滚动模等。

该方法要求：试样应是单一组分的纯物质；试样中不应含有游离水；试样的浓度或测试厚度应合适。

FTIR 的特点是：高灵敏度，试样用量少；能分析各种状态的试样等。

### 2.2.5 光致发光光谱和阴极射线发光光谱

光致发光（PLE）是物体依赖外界光源进行照射，从而获得能量，产生激发导致发光的现象。它大致经过吸收、能量传递及光发射三个主要阶段，光的吸收及发射都发生能级之间的跃迁，都经过激发态。而能量传递则是由于激发态的运动。紫外辐射、可见光及红外辐射均可引起光致发光。光致发光最普遍的应用为日光灯，它是灯管内气体放电产生的紫外线激发管壁上的发光粉而发出可见光的。

光致发光可以提供有关材料的结构、成分及环境原子排列的信息，是一种非破坏性的、灵敏度高的分析方法。激光的应用更使这类分析方法深入微区，选择激发及瞬态过程的领域，使它又进一步成为重要的研究手段，应用到物理学、材料科学、化学及分子生物学等领域。用单色光激发样品价带电子或低能级上的电子并产生空穴，这种激发态的弛豫过程可以是发光（辐射跃迁）、产生俄歇电子或产生多个电子（非辐射跃迁）。发光分为分立发光和复合发光。前者发生在孤立的原子尺度的发光中心内，后者发生在可以运动的载流子和孤立的能级之间，这种由光引起的发光称为光致发光，光致发光光谱可以有多个谱线。如果用多色光中不同波长的光顺序激发样品，同时测量某一发光谱线的强度变化，得到的是光致发光激发光谱。

阴极射线发光是电子束激发发光材料引起的发光。电子束的电子能量通常在几千电子伏至几万电子伏，入射到发光材料中产生大量次级电子，离化和激发产生光。最常见的阴极射线发光是电视、雷达、示波器、计算机的荧光屏的发光。这是目前最重要的显示手段。这种发光的激发过程是：能量约在几千电子伏以上的高速电子打到荧光粉表面时，大部分都可进入材料内部。产生速度越来越低的次级电子，直到发光体中出现大量的能量在几电子伏到十几电子伏的低速电子，主要是这些低能量的电子激发发光材料。入射电子的能量一般大于几千电子伏，因此一个入射电子在 1$\mu$m 左右的距离内可能产生上千个有激发能力的次级电子，激发密度很高。另外，由于次级电子的能量分布在几电子伏到十几电子伏的很宽范围内，因而能将发光体激发到多种激发态。所以，许多物质在阴极射线激发下容易发光。入射荧光屏的电子如不及时传导出去而积累起来，荧光屏就会带负电，并且使后来到达的电子受到排斥作用，因而使发光减弱下来。荧光粉多数是绝缘体，又涂在玻璃上，因此在制作阴极射线管时必须考虑如何导出入射的电子，以保持屏的电势不变。通常的办法是在屏上薄薄地盖一层铝，将铝层接正极。也可以选择适当的电压，使逸出的次级电子数目和进入屏内的电子数目相等，避免电荷积累。

为了得到较高的亮度，加速电子的电压通常在几千伏以上，但并不是所有的阴极射线发光都使用高电压。所谓荧光数码管（也称真空荧光管）就是只用 20～30V 电压的阴极射线发光显示。这里用的发光材料是 ZnO，它的导电性能很好，因此可以用低压大电流激发而不导致电荷积累。由于电流达 1mA 以上，所以亮度相当高。某些发光材料经过特殊处理，也可以在低压下发射较强的光。

阴极射线发光作为一种分析手段来研究物质的结构和成分。扫描电镜就有专门的检测发光的部件，可以观察样品的阴极射线发光像，并同样品的形貌像以及次级电子像进行对比。

测量微区的阴极射线发光的强度、光谱和余辉，从而获得微区内物质的结构、缺陷和杂质情况的信息。用10keV数量级的电子激发样品得到的发光谱称为阴极射线发光光谱，它一般在扫描电镜中用专门配备的附件探测。它的优点是可以获得1μm以下微区的发光信息。光致发光光谱最好在液氮温度以下4.2K下进行，此时谱线不但强而且窄，能够得到良好的结果。

# 2.3 厚度分析方法

## 2.3.1 椭圆偏振光谱

### 2.3.1.1 椭偏仪原理

反射式椭圆偏振光测厚仪的基本原理是：用一束椭圆偏振光作为探针照射到样品上，由于界面对入射光中平行于入射面的电场分量（P分量）和垂直于入射面的电场分量（S分量）有不同的反射透射率，因此，从界面上射出的光，其偏振状态相对于入射光来说要发生变化。界面对入射光电矢量的P分量和S分量的反射系数之比用$\rho$表示为：

$$\rho = R_P = \tan\psi e^{i\Delta} \tag{2.1}$$

式中，$\rho$把入射光与反射光的偏振状态联系起来，同时又是与材料的光学参数有关的函数；$R_P$和$R_S$是P偏振光和S偏振光的总复振幅的反射系数。因此，设法观测光在反射前后偏振状态的变化可以测定反射系数比，进而得到与样品的某些光学参数材料的复折射率、薄膜的厚度等有关的信息。

### 2.3.1.2 椭偏仪的数据处理

椭偏仪的数据处理过程是由测得的椭偏参数$\psi$和$\Delta$反演得出薄膜参数的过程。通常椭偏仪测得的方程组是一组超越方程，利用解析方法不能直接求解，在具体的反演过程中一般采用多层迭代循环逼近法求算，具体方法如下：由于超越方程中未知量比方程式数量多，故在求解过程中，首先遇到的问题是必须对一些未知量进行预先设置，然后在计算过程中通过迭代进行修正，直至得到正确结果。在此修正过程中，事先应该设定一个计算精度，以逼近实验测定数据的误差，当计算精度小于指定值时，认为结果是有效的。此精度表示的是一个数值范围，所以可能出现多个结果都符合，但不一定所得的第一个结果就是最精确的，椭偏仪引入了一个序数数组，用来统计符合精度范围的结果，并且加以存储，如所得结果较多，需重新设置精度，直至结果很好收敛。与此相反，当设置精度过高时，有可能得不到结果。对于一台给定的椭偏仪，测试精度是预先已经设定好了的，要想很好地使拟合的结果在预先设定好的精度范围内，必须使预先给定的参考值（薄膜厚度$d$与折射率）满足一定的取值范围，即与薄膜的实际值相差不是很大。一旦预先给定的值超过此范围时，椭偏仪拟合的结果就会偏大，有时甚至得不出结果，所以初值的选择是至关重要的。

另外，在数据的反演过程中，如果所测得的膜厚超出一个周期厚度，则可能有多种解。在数据的反演过程中，除输出第一周期的相关数据外，还会输出第二、第三周期的有关数据。所谓一个周期，就是椭偏仪在测试过程中，所测得的相位差一般小于一个周期$2\pi$，但是当所测得的相位差大于$2\pi$，即大于一个周期，就会出现两个或更多个解。

### 2.3.1.3 椭偏仪的优缺点

椭偏仪测量具有非接触性、非破坏性、测量精度高和适于测量较薄膜层的优点，是一台好的分析与研究薄膜的仪器。它的缺点是：首先，从椭偏仪的原理可以看出，只要满足公式，椭偏仪就会得出结果，在某些情况下，如内部发生渗透的多层膜，会得出多个不同的解；其次，椭偏仪的测试结果和所选择的椭偏模型有很大关系，选择不同的椭偏模型，将会得出不同的结果；最后，对于椭偏仪，色散模型的选择是很重要的，对于不同的材料，必须选用不同的色散模型，如果所选择的色散模型不正确，必将导致测试结果的不准确。从这个角度讲，椭偏仪只是一台分析仪器，并不是一台测量仪器，它所得出的结果并不一定真实，要通过其他实验仪器进行分析与验证。

### 2.3.2　光干涉法

薄膜厚度是利用薄膜的干涉效应来测量的，如图2.10所示。涂在折射率为$n_G$的玻璃平板上，折射率为$n$的薄膜，周围介质的折射率为$n_0$。当光束入射到薄膜表面上时，将在薄膜内产生多次反射，并且从薄膜的两个表面有一系列的平行光射出，这种情况与平行平板的多光束干涉时相类似，只是薄膜两边的介质不同。

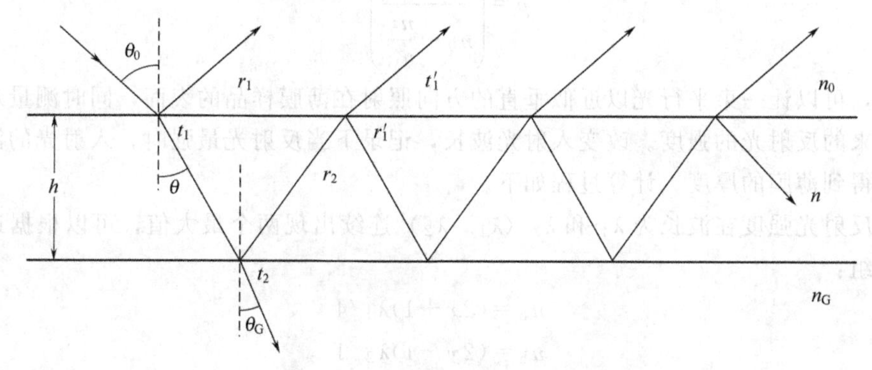


图2.10　薄膜干涉效应示意图

通过出射光束做类似多光束干涉的计算，薄膜上反射光的复振幅为：

$$A^{(r)}=[r_1+r_2\exp(i\delta)]A^{(i)}/[1+r_1r_2\exp(i\delta)] \tag{2.2}$$

透射光的复振幅为：

$$A^{(t)}=t_1t_2A^{(i)}/[1+r_1r_2\exp(i\delta)] \tag{2.3}$$

相继的两束光由光程差引起的相位差为：

$$\delta=\frac{4\pi}{\lambda}nh\cos\theta \tag{2.4}$$

式中，$r_1$、$r_2$、$t_1$、$t_2$表示的反射率和折射率如图2.9所示，薄膜的反射率和折射率分别为：

$$r=[r_1+r_2\exp(i\delta)]/[1+r_1r_2\exp(i\delta)] \tag{2.5}$$

$$t=t_1t_2/[1+r_1r_2\exp(i\delta)] \tag{2.6}$$

如果不计入薄膜的吸收损耗，得到薄膜的反射比和透射比分别为：

$$\rho=|r|^2=\frac{r_1{}^2+r_2{}^2+2r_1r_2\cos\delta}{1+r_1{}^2r_2{}^2+2r_1r_2\cos\delta} \tag{2.7}$$

$$\tau=\frac{n_G\cos\theta_G}{n_0\cos\theta_0}|t|^2=\frac{n_G\cos\theta_G}{n_0\cos\theta_0}\frac{t_1{}^2t_2{}^2}{1+r_1{}^2r_2{}^2+2r_1r_2\cos\delta} \tag{2.8}$$

可以看出

$$\rho+\tau=1 \tag{2.9}$$

下面仅对反射情况加以讨论。正入射时，在薄膜两表面上的反射率分别为：

$$r_1=\frac{n_0-n}{n_0+n} \tag{2.10}$$

$$r_2=\frac{n-n_G}{n+n_G} \tag{2.11}$$

代入反射比公式，得到正入射时薄膜的反射比为：

$$\rho=\frac{(n_0-n_G)^2\cos^2\frac{\delta}{2}+\left(\frac{n_0n_G}{n}-n\right)^2\sin^2\frac{\delta}{2}}{(n_0+n_G)^2\cos^2\frac{\delta}{2}+\left(\frac{n_0n_G}{n}+n\right)^2\sin^2\frac{\delta}{2}} \tag{2.12}$$

对于确定的 $n_0$ 和 $n_G$，介质膜的反射比 $\rho$ 是 $n$ 和 $\delta$ 的函数，从而也是 $n$ 和 $n_h$ 的函数。当单层膜的 $n>n_G$，$n_h=(2m+1)\ \lambda_0/4$ 时（$m$ 为正整数），这时 $\rho$ 的值最大，极值为：

$$\rho=\left(\frac{n_0-\frac{n^2}{n_G}}{n_0+\frac{n^2}{n_G}}\right)^2 \tag{2.13}$$

因此，可以让一束平行光以近似垂直的方向照射在薄膜样品的表面，同时测量从薄膜表面反射回来的反射光的强度。改变入射光波长，记录下当反射光最强时，入射光的波长，通过计算，得到薄膜的厚度。计算过程如下。

假如反射光强度在波长为 $\lambda_1$ 和 $\lambda_2$（$\lambda_1>\lambda_2$）连续出现两个最大值，可以根据这个条件列出方程组：

$$n_h=(2x+1)\lambda_1/4 \tag{2.14}$$

$$n_h=(2y+1)\lambda_2/4 \tag{2.15}$$

$$y-x=1 \tag{2.16}$$

解这个方程组，就可以得到薄膜厚度 $h$ 的数值。

薄膜有透明薄膜与不透明薄膜之分，不透明薄膜厚度采用等厚干涉法和等色干涉法。就是如果在薄膜沉积时或在沉积后能在待测薄膜上制备出一个台阶，利用等厚干涉或等色干涉的方法测量出台阶的高度。对于透明薄膜来说，其厚度也可以用等厚干涉法进行测量。这时仍需要在薄膜表面制备一个台阶，并且沉积上一层金属反射膜。但透明薄膜上下表面本身就可以引起光的干涉，因而可以直接用于薄膜的厚度测量而不必预先制备台阶。但由于透明薄膜的上下表面不同材料之间的界面，因而在光程差计算中需要分别考虑不同界面造成的相位移动。

## 2.4 其他分析方法

### 2.4.1 附着力的测量

薄膜附着力是薄膜的重要指标，针对不同的材料类型与使用目的，发展出了多种薄膜附着力的测试方法，其中，刮剥法和拉伸法是具有代表性的测试方法。

#### 2.4.1.1 刮剥法

（1）刮剥法　是将硬度较高的划针垂直置于薄膜表面，施加载荷对薄膜进行划伤实验的方法来评价薄膜的附着力。当划针前沿的剪切力超过薄膜的附着力时，薄膜将发生破坏与剥落。在划针移动的同时，逐渐加大所施加的载荷，并且在显微镜下观察得到划开薄膜、露出衬底所需的临界载荷 $F_c$，即可以此作为薄膜附着力的量度。另外，当载荷一定时，薄膜剥离痕迹的完整程度也依赖于薄膜的附着力。因而也可根据划痕边缘的完整程度，比较薄膜附着力的大小。

(2) 压痕法　是一种与刮剥法相似的方法。它使用具有一定形状的硬质压头，在载荷作用下将压头垂直压入薄膜的表面。在卸去载荷后，观察和测量薄膜表面压陷区的形貌和大小，根据薄膜从衬底上剥落时载荷的大小和剥落薄膜的面积表征薄膜的附着力。

**2.4.1.2　拉伸法**

(1) 拉伸法　利用黏结或焊接的方法将薄膜结合于拉伸棒的端面上，测量将薄膜从衬底上拉伸下来所需的载荷的大小。薄膜的附着力即等于拉伸时的临界载荷 $F$ 与被拉伸的薄膜面积 $A$ 之比。显然，在使用黏结剂的情况下，黏结剂的黏结强度决定了这一方法可以测量的附着力的上限。焊接可以增加单位面积的结合强度，但焊接过程可能会由于加热温度的影响而改变界面的组织和附着力。

(2) 拉倒法　实验布置与拉伸法相似，它针对拉伸法较难保证拉伸杆的拉伸方向严格垂直于薄膜表面的问题，在垂直于拉伸杆的方向上施加载荷，使得拉伸杆倾倒。在测量的时候，薄膜将首先在拉伸杆边缘的一侧发生剥落。

(3) 剪切法　与拉伸法相似，剪切法用黏结的手段将薄膜的表面与一块金属板黏结在一起。然后，在平行于薄膜表面的方向上对金属板施加载荷或扭矩，并且测量使薄膜从衬底上剥离所需要的临界载荷，测出以作为薄膜附着力。

另外，薄膜附着力的测试方法还有如下几种。

(1) 胶带剥离法　将具有一定黏结力的胶带粘到薄膜表面，在剥离胶带的同时，观察薄膜从衬底上被剥离的难易程度。

(2) 摩擦法　用布、皮革或橡胶等材料摩擦薄膜的表面，以薄膜脱落时所需的摩擦次数和力的大小推断薄膜附着力的强弱。

(3) 超声波法　用超声波的方法造成周围介质发生强力的振动，从而在近距离对薄膜产生破坏效应，根据薄膜发生剥落时的超声波的能量水平推断薄膜的附着力。

(4) 离心力法　使薄膜与衬底一起进行高速旋转，在离心力的作用下，使薄膜从衬底上脱离，用旋转的离心力来表征薄膜的附着力。

(5) 脉冲激光加热疲劳法　利用薄膜与衬底脉冲激光作用下周期性的热胀冷缩，使薄膜与衬底不断地弯曲变形，从而引起界面疲劳和造成薄膜脱离时单位薄膜面积上所吸收的激光能量来表征薄膜的附着力。

### 2.4.2　透光率的测量

紫外-可见分光光度计测量薄膜的透光率要涉及分子的吸收光谱。当入射光源入射到样品表面时，样品中的分子就会吸收一定的能量，发生能级跃迁。分子对辐射的吸收，可以看成是分子或分子某一部分对光子的俘获过程。物质分子对辐射的吸收，既和分子对该频率的辐射吸收本领有关，又和分子同光子的碰撞概率有关。具体归结为朗伯-比耳定律为：

$$A=KCL$$

式中，$A$ 为吸光度；$K$ 为吸收系数；$L$ 为光通过厚度；$C$ 为吸收介质的浓度。

吸收光谱曲线体现了物质的特性，不同的物质具有不同的特征吸收曲线。因此吸收光谱可以鉴定物质。波长在200～400nm之间的光谱范围的光称为可见光谱。

分光光度计一般包括光源部分、分光系统、光度计部分和检测记录系统四个部分。仪器的核心是分光系统和光度计部分。紫外-分光光度计一般采用双光路测量的原理。其中透过测试样品的光束称为测量光束，另一束称为参考光束。调制板使测量光束和参考光束交替进入单色仪，参考光强 $I_r$ 和测量光强 $I_m$ 由接收器转换成电信号检波放大，最后将 $I_m/I_r$ 用记录仪记录下来，因此可以直接得到透射率随波长变化的光谱透射曲线。进一步可以转化成薄膜的吸收率与反射率。

薄膜材料的表征不仅有以上情况，还有热学性能分析、电学性能分析、磁性分析、硬度分析和浸润性分析等。

总之，薄膜材料的测量和表征方法一般都是根据物理原理发展的，这些分析和表征方法对各种薄膜材料性能和结构的深入研究提供了可能性。如果没有这些分析和表征手段，薄膜的理论发展是不可能的。

## 参 考 文 献

[1] 田民波．薄膜技术与薄膜材料［M］．北京：清华大学出版社，2006.
[2] 吴自勤．薄膜生长［M］．北京：科学出版社，2001.
[3] 麻莳立男，陈国荣，刘晓萌等．薄膜制备技术基础［M］．北京：化学工业出版社，2009.
[4] 唐伟忠．薄膜材料制备原理技术及应用［M］．第2版．北京：冶金工业出版社，2003.
[5] 辛煜，叶超，宁兆元等．固体薄膜材料与制备技术［M］．北京：科学出版社，2008.

# 第3章 薄膜生长中的量子态现象

在衬底上生长优质薄膜，是提高薄膜太阳电池性能的关键，这有赖于人们对薄膜生长理论更加深入的研究。

## 3.1 现有几种主要的薄膜生长理论

这里以 PECVD 法生长硅薄膜为例，说明几种主要的薄膜生长理论。制作硅薄膜第一步是气相沉积——硅烷氢热分解，PECVD 过程中的微观过程如图 3.1 所示。

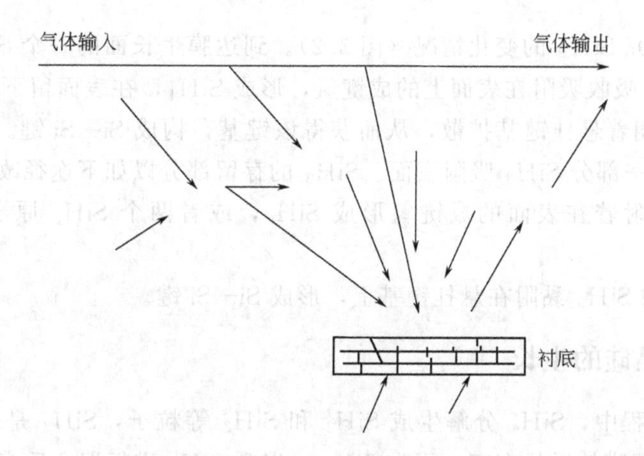


图 3.1 PECVD 过程中的微观过程

在一般情况下，在气压一定时，沉积情况主要取决于衬底温度、氢稀释比和射频功率等工艺参数。由于沉积膜层表面吸附着大量的氢原子，不利于 Si:H 膜层的形成，因此在生长过程中必然同时伴随着脱氢过程的发生，它直接关系到硅晶核的形成、分布、大小以及膜层生长速率。$SiH_x$ 的表面吸附速率以及表面黏附系数的大小是表面化学反应中的两个重要参数。生成膜中的最后氢含量取决于表面层中氢的释放以及表面同反应基吸附之间的细致平衡过程。然后，根据需要进行二次晶化。

### 3.1.1 薄膜沉积的三种基本模式

现有对这一过程的解释有如下几种。

(1) 二维生长(Frank-van der Merwe)模式 衬底上形成许多二维晶核，晶核长大后连接成单原子层，铺满衬底后继续上述过程，一层一层地生长。

(2) 三维生长(Volmer-Weber)模式 衬底上形成许多三维的岛状晶核，岛状晶核长大后形成表面粗糙的硅膜。

(3) 单层二维生长后三维生长(Stranski-Krastanov)模式 处于前两者之间，先形成单层膜后，再岛状生长。这种模式一般发生在二维生长后膜内出现应力的情况下。薄膜的生长根据所生长材料和衬底材料是否相同，可分为同质外延和异质外延两种。同质外延时在衬底上的原子团簇可以有多种组态，在温度较高且原子容易迁移时，多种组态会趋向一个最稳定的原子组态。一层密排时的成键数总是大于双层密排时的成键数，这是一层密排时能量上有利的主要原因。随着沉积原子数的增大，一层密排组态和双层密排组态的能量降低值的差别也逐渐增大。所以同质外延时最稳定的生长模式是单层生长而不是多层的岛状生长。随着沉积原子数增多，一层密排组态的能量和双层密排组态的能量差别也不断增大，因此同质外延且温度较高时，薄膜以单层排列为最稳定的组态，其生长模式为二维生长。继续二维生长时应变能显著增大，不得不转向三维岛状生长。

异质外延(A原子沉积到B衬底上外延)的情况不同，从能量上看，异质外延既可以逐层生长，也可以岛状生长，主要取决于AB键能和AA键能的大小。如果AB键能大于AA键能，有利于逐层生长，反之，如AA键能显著大于AB键能，则岛状生长有利。

### 3.1.2 氢化非晶硅的生长

该模型主要研究$SiH_x$的变化情况(图3.2)。到达膜生长面的一个$SiH_3$原子团在表面扩散过程中，$SiH_3$吸收吸附在表面上的成键氢，形成$SiH_4$，在表面留下悬挂键，生长基形成。另一个$SiH_3$朝着悬挂键基扩散，从而获得该键基，构成Si—Si键。一部分$SiH_3$的联合体发生反射，另一部分$SiH_3$吸附表面。$SiH_3$的存留部分以如下途径改变形状。

① $SiH_3$吸收附着在表面的成键氢形成$SiH_4$，或者两个$SiH_3$原子团在表面相撞形成$Si_2H_6$。

② 表面扩散的$SiH_3$黏附在悬挂键基上，形成Si—Si键。

### 3.1.3 氢化微晶硅的生长

在气体反应过程中，$SiH_4$分解生成$SiH_3$和$SiH_2$等粒子，$SiH_3$是薄膜的主要生长粒子，而$SiH_2$却对薄膜的质量有害，因为$SiH_2$可以和$SiH_4$进行聚合反应生成$Si_2H_6$，$SiH_2$逐步和生成物反应生成$Si_nH_{2n+2}$，最终形成粉末，粉末为红色，影响薄膜的晶化效果和均匀性。$H_2$与$SiH_2$的反应可以减少$SiH_2$，并且重新生成可以用于反应的$SiH_4$。在成核期，H粒子对弱Si—Si进行轰击生成H—Si复合悬挂键，产生压应力促进成核。

(1) H表面扩散模式(surface-diffusion model) 如图3.3所示，这两种行为加强了前沉积物($SiH_3$)的表面扩散。结果吸附在表面上的$SiH_3$可以找到能量上最适宜的状态，导致产生原子有序排列的结构(成核)。成核后，伴随加强了的$SiH_3$表面扩散，发生了取向晶化生长过程。

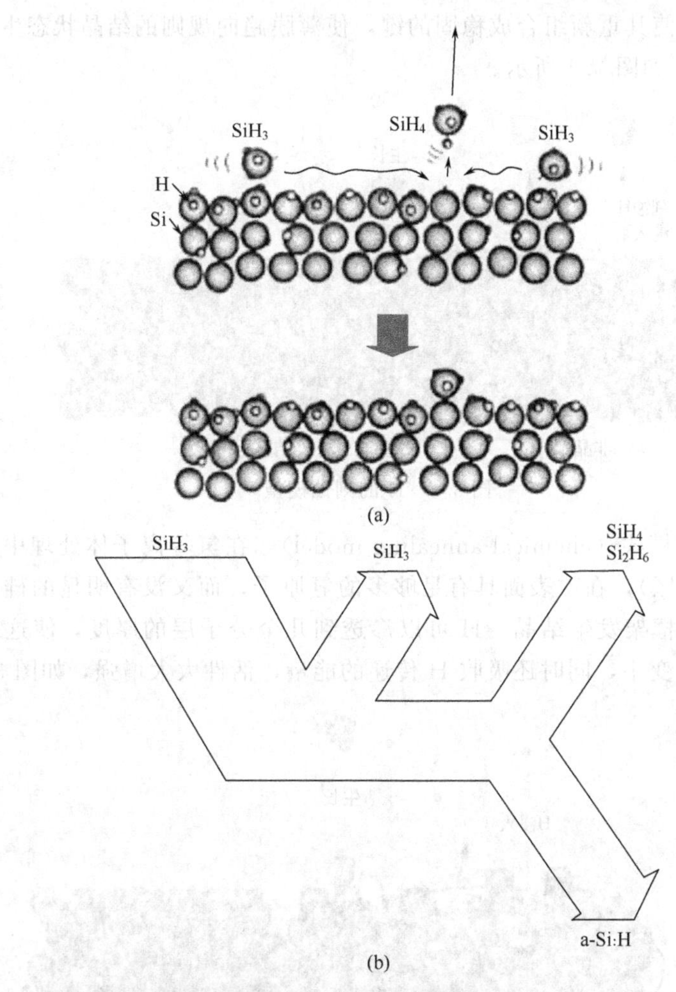


图 3.2　氢化非晶硅的生长

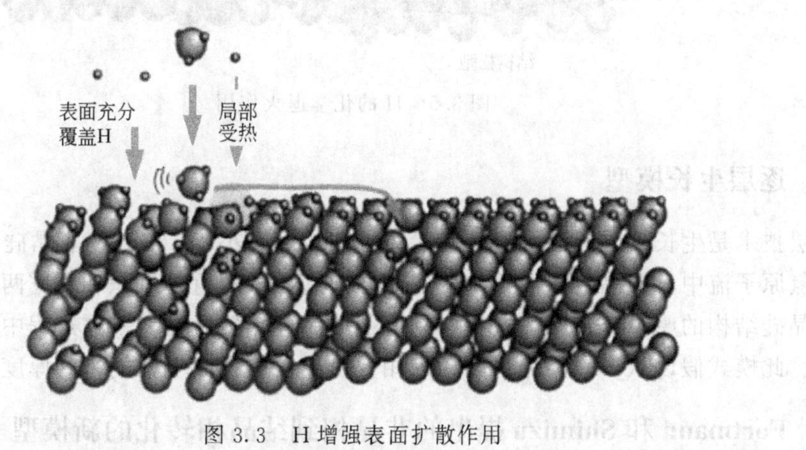


图 3.3　H 增强表面扩散作用

(2) H 刻蚀模式（etching model）　随着氢稀释比的增大，表面生长速率下降，到达膜生长面的氢原子破坏了 Si—Si 键，弱键优先进入非晶框架结构，使弱成键的硅原子移向另一个硅原子。这种状态被一个新的前沉积物（$SiH_3$）取代，产生了坚固的 Si—Si 键，从而产生了有序结构。在外延生长期，H 粒子轰击硅膜表面处于张弛状态的不规则 Si—Si 键，并且传递一定的能量使其重新组合成稳固的键，使薄膜趋向规则的结晶状态生长。这一过程称为 H 的刻蚀模型，如图 3.4 所示。

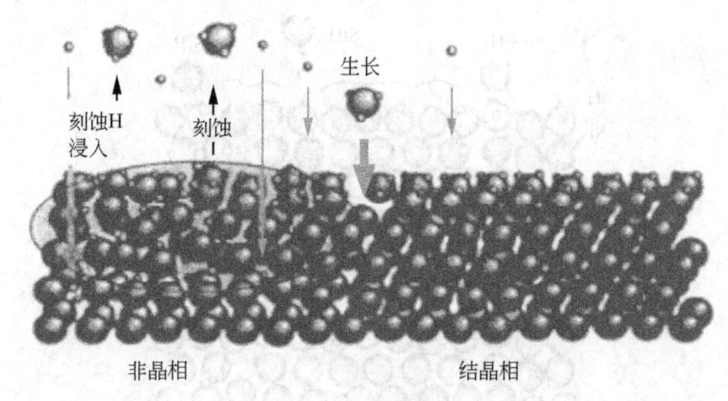


图 3.4 H 的刻蚀模型

(3) H 化学退火模式（chemical-annealing model） 在氢等离子体处理中，许多氢原子弥散在次表面（生长区），在次表面具有足够多的氢原子，而又没有明显的硅原子移动的弹性框架，从而使非晶框架发生结晶。H 可以渗透到几个分子层的厚度，使这一区域变得松散，Si 原子所受束缚变小，同时还吸收 H 传递的能量，活性大大增强，如图 3.5 所示。

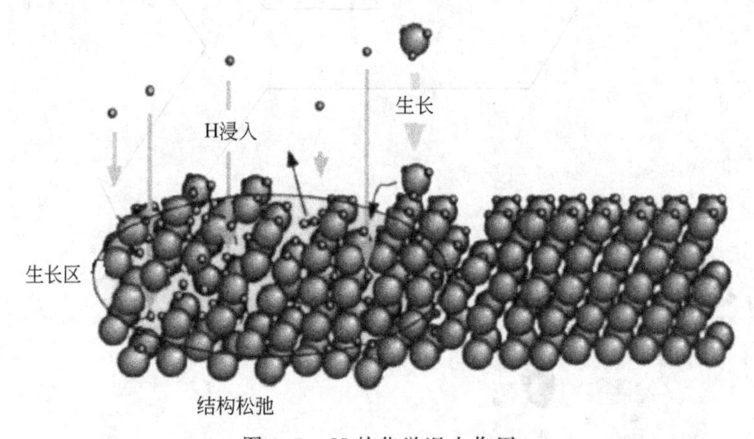


图 3.5 H 的化学退火作用

### 3.1.4 逐层生长模型

逐层技术是生长多晶硅的重要手段，先沉积成厚度小于 10nm 的非晶硅层，再把这些层暴露于氢原子流中，非晶硅层便很快变成晶硅。这样依次重复沉积和暴露两个过程，就形成了富含晶硅结构的厚膜。在沉积过程中制得了非晶硅，然后在氢暴露过程中，非晶相转变为结晶相。此模式假设从非晶相到结晶相的相变发生在生长面下几纳米的厚度范围内。

### 3.1.5 Fortmann 和 Shimizu 提出的非晶相到结晶相转化的新模型

在这种模型中，氢原子是这样促使结构转化的：氢原子流弥散到几纳米的深度，这时氢原子破坏了 Si—Si 键，结成 Si—H 键。这些无数的 Si—H 键和一小部分 Si—Si 键以及悬挂键造成了一种类液态，在这种状态下，硅原子的运动能力比在非晶态和结晶态下有所加强。类液态可能因卤族元素如 F 的出现而稳定。当温度上升时，类液态转变成为硅的最低能态，也就是结晶硅态。氢、卤素因和结晶结构不相容而以 $SiH_4$、$SiF_4$ 和 $SiF_xH_{4-x}$ 的形式溢出。考虑到 $SiF_4$ 是 Si 和 F 的最低能态，$SiF_4$ 和 $SiF_xH_{4-x}$ 的出现说明硅原子有足够的灵活性来“收集”F 或 H 原子，因而形成了热力学上的低能级物质，因而，又可以合理地认为在类液态的次表面区域硅原子有足够的灵活性来参与热力学上最可行的结晶结构。

### 3.1.6　非晶硅和微晶硅薄膜临界点扩散模型

非晶硅和微晶硅薄膜临界点扩散模型如图 3.6 所示。

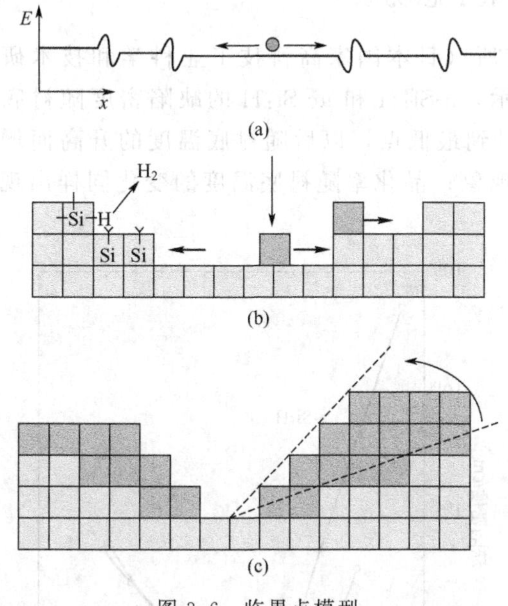


图 3.6　临界点模型

KPZ（Karder、Parisi、Zhang）模型认为在沉积非晶硅和微晶硅薄膜的过程中，将有一个从非晶硅到微晶硅的临界点，这个临界点的温度在 360℃左右。在 150～200℃之间也存在一个类似的临界点。

### 3.1.7　其他相关模型

（1）Dundee 模式　Dundee 小组把广泛温度区间内单独被激活的中间区的输运解释为传导键边缘的输运，在低温区解释为捐献键的跳跃，这种键的密度随压力的增加而增加。该模式只涉及 400K 以下温度。

（2）光膨胀效应　中国科学院孔光临提出，对于非晶硅薄膜光照，是一种对原来平衡状态的破坏，所有偏离平衡的键构型都在增加，在光照中非晶硅网络发生长程重构，引起整个硅网络结构的变化，是一种整体的效应。如果样品处在没有经受光照的状态，当光照开始时，薄膜样品厚度急剧增加到最大值，然后缓慢下降到一个较小的稳定值，当光照停止时，膨胀立即消失。如果退火，可使光膨胀效应基本恢复到第一次的样子。

（3）RTP 快速扩散模式　R. Singh 认为在快速光退火过程中，灯光有两个作用：一是加热；二是量子效应。其中波长小于 0.4$\mu$m 的高能量光子有量子效应，增强扩散；波长大于 0.4$\mu$m 而小于 0.8$\mu$m 的光子有热效应和光量子效应；波长大于 0.8$\mu$m 的光子有热效应。

## 3.2 薄膜生长过程中的量子态现象

在薄膜生长过程中，特别是在PECVD法沉积过程中存在以下现象：薄膜晶粒大小、沉积温度、氢稀释比、缺陷密度等因素之间的变化不是连续的，而是在某个状态下有量子化的特征，用图形显示会出现一个（或几个）极值点，类似微观情况的量子态表现。这种现象称为量子态现象。

### 3.2.1 随温度变化的量子态现象

（1）日本AIST研究所（日本国家高科技工业科学和技术研究所）用PECVD法沉积微晶硅薄膜的实验显示，a-Si:H和μc-Si:H的缺陷密度随衬底温度从室温到200℃的升高而降低，到250℃时到最低点，以后随衬底温度的升高而增加，在250℃时存在一个极值点，符合量子化现象；晶化率随衬底温度的变化同样出现量子化的特征（图3.7和图3.8）。

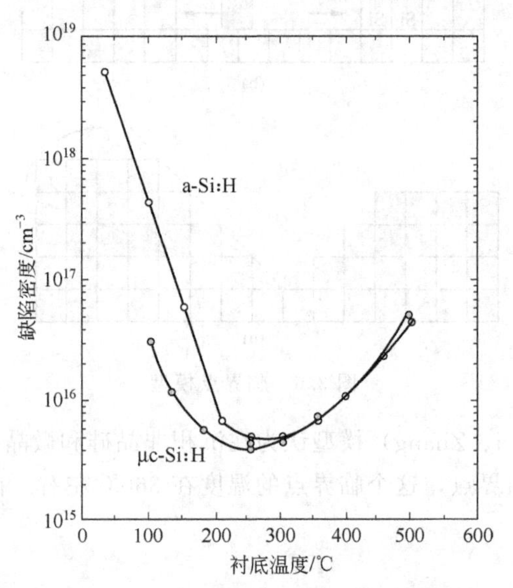


图3.7 缺陷密度随衬底温度的变化

（2）日本AIST研究所在沉积非晶硅薄膜的过程中，发现缺陷密度随衬底温度的变化出现量子态现象（图3.9）。

（3）日本AIST研究所研究表明，在沉积非晶硅薄膜的过程中，缺陷密度随沉积的衬底温度出现量子态现象（图3.10）。

（4）日本AIST研究所实验表明，载流子浓度、缺陷密度、结晶度、晶粒大小、短路电流、开路电压、其他条件相同时电池效率，随沉积时衬底温度的变化出现量子态现象（图3.11和图3.12）。

（5）莫斯科CICATA-IPN在用PECVD法沉积铝诱导$n^+$微晶硅过程中发现，晶粒大小和电导率随退火时间的变化出现量子态现象（图3.13）。

（6）中国科学院物理研究所国际量子结构中心模拟研究表明，薄膜成核密度随衬底温度的变化出现量子态现象。

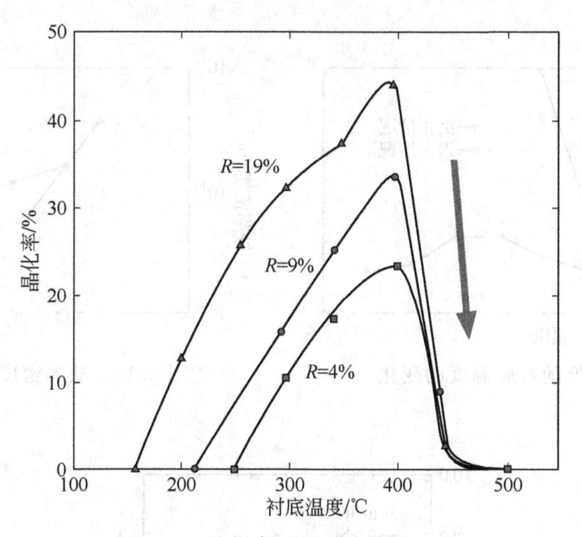


图 3.8　晶化率随衬底温度的变化

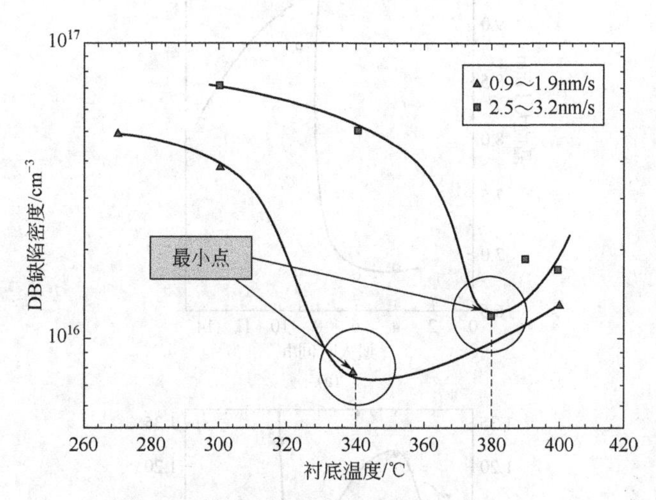


图 3.9　缺陷密度随衬底温度的变化（DB）

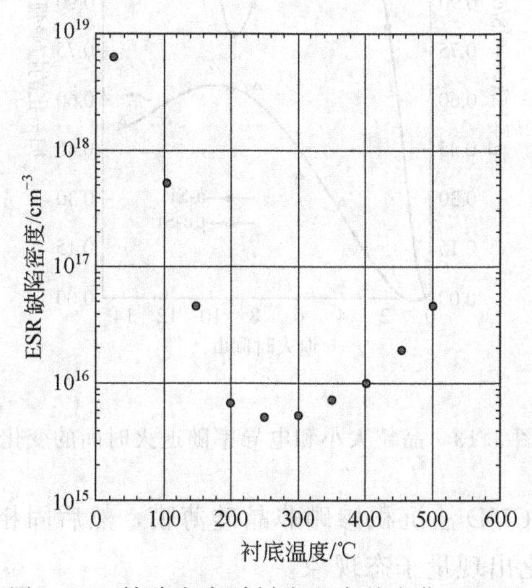


图 3.10　缺陷密度随衬底温度的变化（ESR）

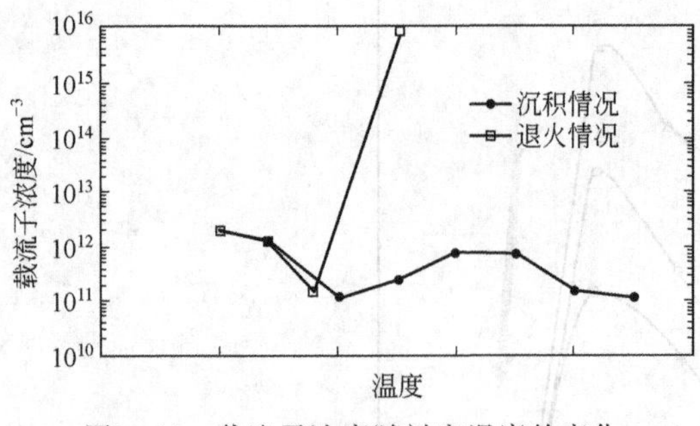


图 3.11 载流子浓度随衬底温度的变化

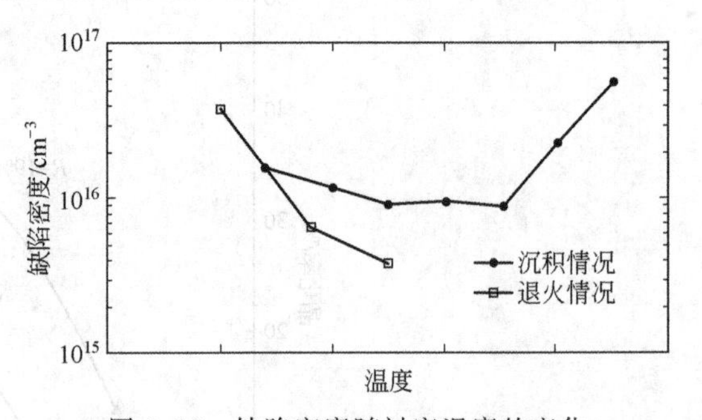


图 3.12 缺陷密度随衬底温度的变化

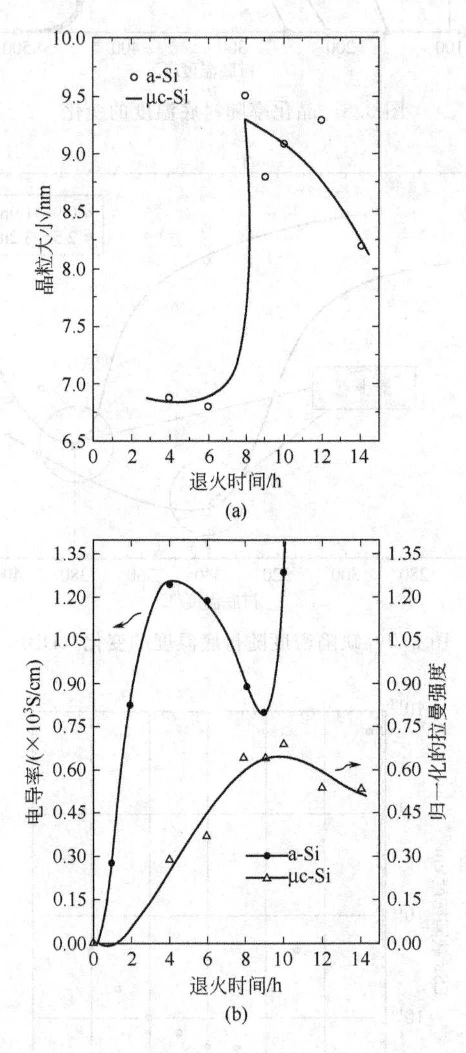


图 3.13 晶粒大小和电导率随退火时间的变化

（7）南开大学在用 PECVD 法沉积掺硼非晶硅薄膜，然后固相晶化的研究中发现，平均晶粒大小随退火温度的变化出现量子态现象。

（8）汕头大学在用 PECVD 法高速沉积非晶硅薄膜的过程中发现，晶粒大小、暗电导率随衬底温度的变化出现量子态现象。

### 3.2.2　随氢稀释比变化的量子态现象

（1）美国国家电力公司研究表明，电池开路电压、填充因子和最大功率随氢稀释比的变化出现量子态现象（图 3.14 和图 3.15）。

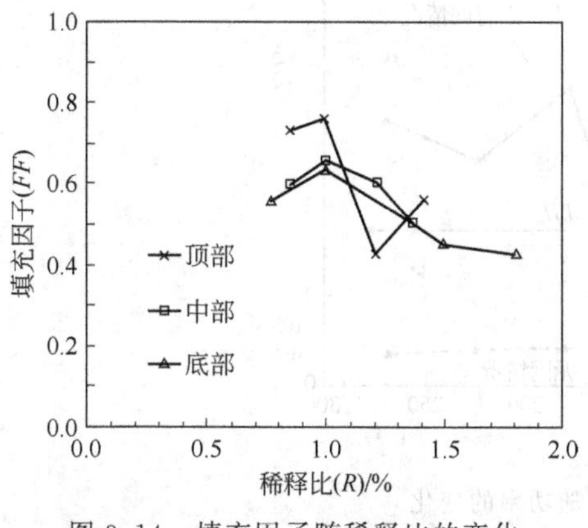


图 3.14　填充因子随稀释比的变化

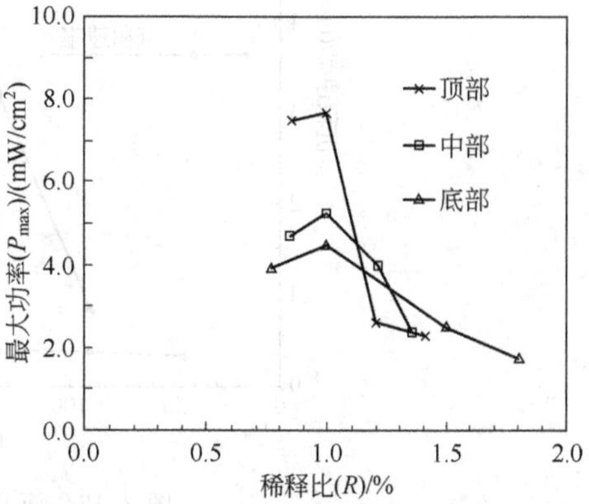

图 3.15　最大功率随稀释比的变化

（2）中国台湾“清华大学”用 ECR-CVD 法沉积硅膜的实验显示，晶粒大小随氢稀释比的变化出现量子态现象（图 3.16）。

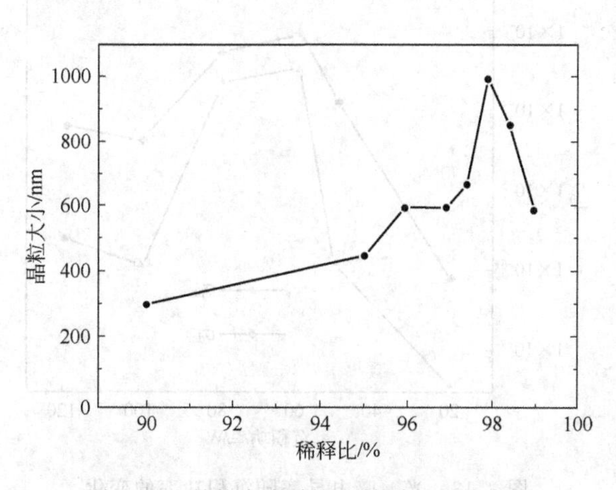


图 3.16　晶粒大小随沉积的稀释比的变化

（3）南开大学在用 PECVD 法沉积制作非晶硅材料的研究中发现，光、暗电导率随氢稀释比的变化出现量子态现象。

### 3.2.3　随功率变化的量子态现象

（1）AIST 研究所在用 PECVD 法沉积微晶硅薄膜的过程中发现，在不同情况下，沉积速率随功率的变化均出现量子态现象（图 3.17）。

（2）AIST 研究所在用 PECVD 法沉积微晶硅薄膜的过程中发现，沉积速率随射频功率（和甚高频）的变化出现量子态现象。

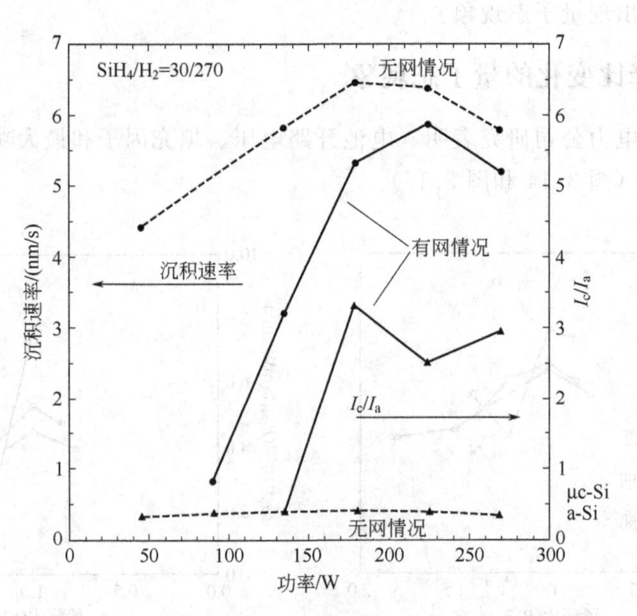


图 3.17 沉积速率随功率的变化

（3）南开大学在沉积微晶硅薄膜过程中发现，薄膜的光、暗电导率随沉积功率的变化出现量子化的特征，薄膜的激活能随掺杂浓度的变化出现量子态现象（图 3.18）。

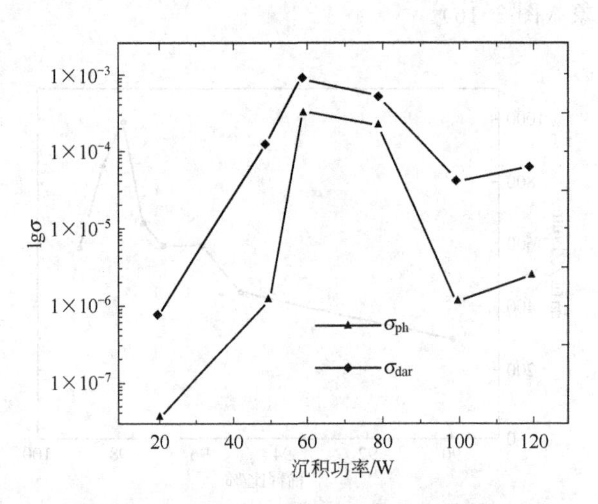


图 3.18 光、暗电导率随沉积功率的变化

（4）南开大学在用 VHF-PECVD 法高速率沉积氢化非晶硅薄膜过程中发现，沉积速率随功率的变化出现量子态现象。

（5）南开大学在用 PECVD 法沉积制备非晶硅材料的研究中发现，光敏性随温度和功率的变化出现量子态现象（图 3.19）。

（6）汕头大学在用 PECVD 法低温制备晶化硅薄膜的过程中发现，沉积速率随射频功率的变化出现量子态现象。

（7）华中科技大学在用 PECVD 法沉积硅膜的过程中发现，晶粒大小和平均暗电阻率随退火的微波功率的变化出现量子态现象（图 3.20）。

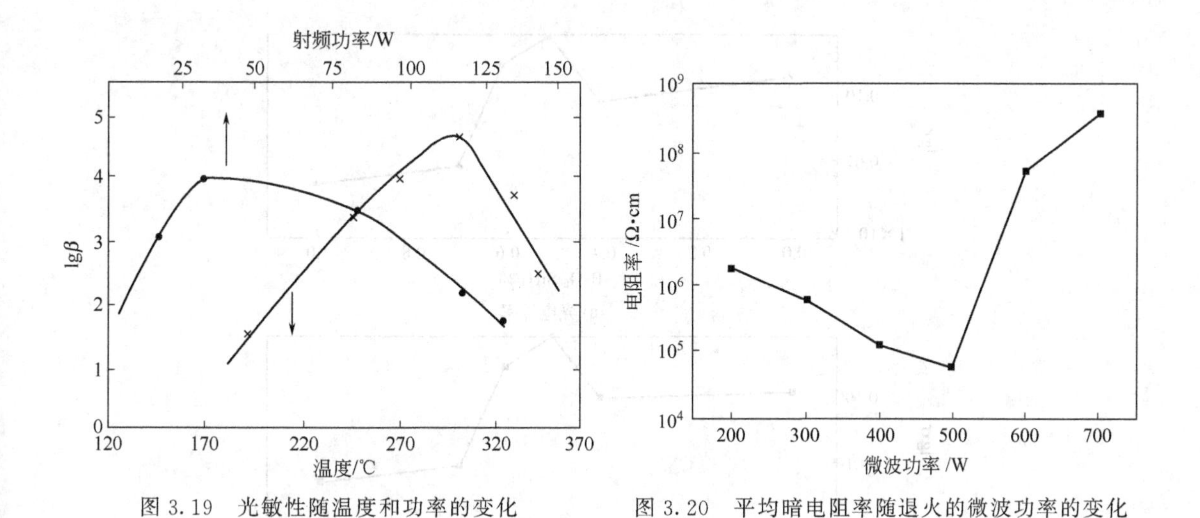


图 3.19 光敏性随温度和功率的变化

图 3.20 平均暗电阻率随退火的微波功率的变化

### 3.2.4 随其他情况变化的量子态现象

(1) 暨南大学在用 PECVD 法沉积弱硼掺杂的氢化微晶硅薄膜过程中发现，光敏性、暗电导率与激活能随硼掺杂浓度的变化出现量子态现象。

(2) 韩国 Seoul 国立大学在用 PECVD 法沉积非晶硅薄膜，然后再用激光晶化过程中发现，硅膜平均晶粒大小随激光能量密度的变化出现量子态现象（图 3.21）。

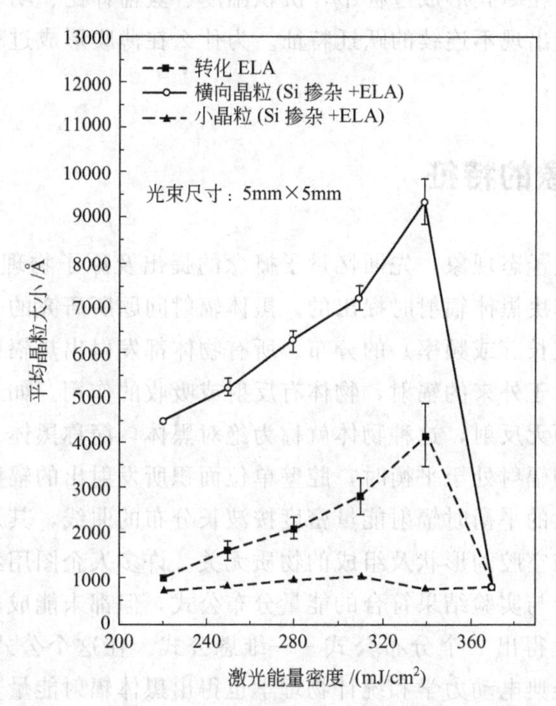


图 3.21 平均晶粒大小随激光能量密度的变化

(1Å=0.1nm)

(3) 南开大学在沉积微晶硅薄膜过程中发现，薄膜的光、暗电导率随掺杂浓度的变化出现量子态现象（图 3.22）。

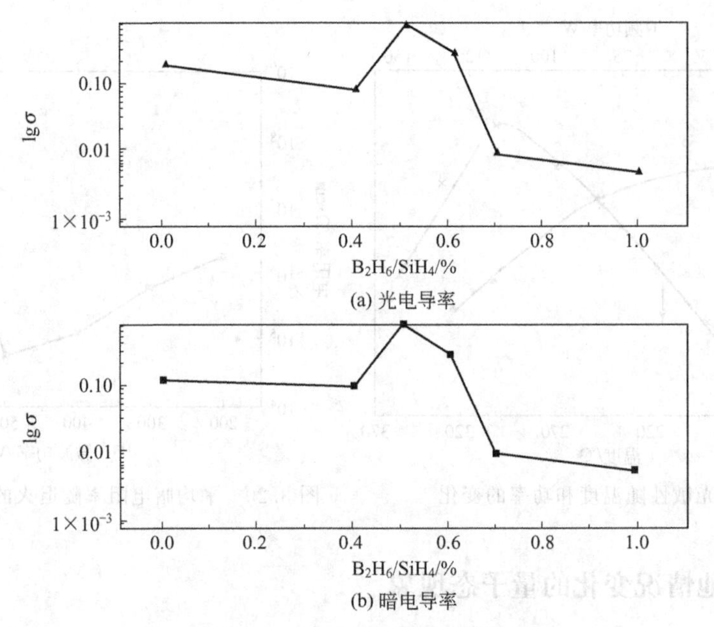


(a) 光电导率

(b) 暗电导率

图 3.22 光、暗电导率随掺杂浓度的变化

总之，国内外大量的实验结果表明，在沉积非晶硅薄膜和制备多晶硅薄膜的过程中存在量子态现象。

量子态现象显示，在薄膜形成过程中，沉积温度、氢稀释比、功率等是连续变化的，可是对薄膜的作用结果却出现不连续的跃迁特征。为什么在薄膜形成过程中出现这种量子态现象？下面进行深入分析。

## 3.3 量子态现象的特征

为了进一步说明量子态现象，先回忆量子概念的提出及原子物理中量子态概念的特征。量子概念是普朗克在解决黑体辐射时提出的。黑体辐射问题所研究的是辐射与周围物体处于平衡状态时的能量按波长（或频率）的分布。所有物体都发射出热辐射，这种辐射是一定波长范围内的电磁波。对于外来的辐射，物体有反射或吸收的作用。如果一个物体能全部吸收投射在它上面的辐射而无反射，这种物体就称为绝对黑体，简称黑体。一个空腔可以看成是黑体。当空腔与内部的辐射处于平衡时，腔壁单位面积所发射出的辐射能量和它所吸收的辐射能量相等。实验得出的平衡时辐射能量密度按波长分布的曲线，其形状和位置只与黑体的热力学温度有关，而与空腔的形状及组成的物质无关。许多人企图用经典物理学来说明这种能量分布的规律，推导与实验结果符合的能量分布公式，但都未能成功。维恩由热力学的讨论并加上一些特殊假设得出一个分布公式——维恩公式。在这个公式中长波部分与实验不符。瑞利和金斯根据经典电动力学和统计物理学也得出黑体辐射能量分布公式，他们得出的公式在长波部分与实验结果较符合，而在短波部分则完全不符。普朗克假定，黑体以 $h\nu$ 为能量单位不连续地发射和吸收频率为 $\nu$ 的辐射，而不是像经典理论所要求的那样可以连续地发射和吸收辐射能量。能量单位 $h\nu$ 称为能量子，$h$ 是普朗克常数。

量子态的概念首先在原子物理中提出，在研究原子核外电子的电磁辐射时，按照经典电动力学，当带电粒子有加速度时，就会辐射；而发射出来的电磁波的频率等于辐射体运动的频率，原子中电子的轨道运动具有向心加速度，它就应连续辐射，但这样的推论与事实不符。实际上发射出来的电磁波是不连续的。这也表明核外的电子只能在一系列一定大小的、彼此分隔的轨道上运动；这样的轨道是量子化的。具体地说，它的半径和角动量是量子化的，相应的一系列原子能量值也是一定的、不连续的，即能量值也是量子化的，量子化是原子物理的基本特征。

然后，1914 年弗兰克和赫兹用电子碰撞原子的方法证明了量子化的存在，弗兰克和赫兹在玻璃容器中充以要测量的气体。电子由热阴极发出。在阴极与栅极之间加电场使电子加速，在栅极与接收极之间有一个反电压，当电子通过阴极与栅极之间，进入栅极与接收极空间时，如果仍有较大能量，就能冲过反电场而达到接收电极，成为通过电流计的电流，如果电子在阴极与栅极空间与原子碰撞，把自己的一部分能量给了原子，使后者被激发，电子剩下的能量就可能很小，以致通过栅极后已不足以克服反电势，那就达不到接收电极，因而也不流过电流计，如果发生上述情况的电子很多，电流计中的电流就要显著地降低。而这一变化体现出量子化的特征（图 3.23）。

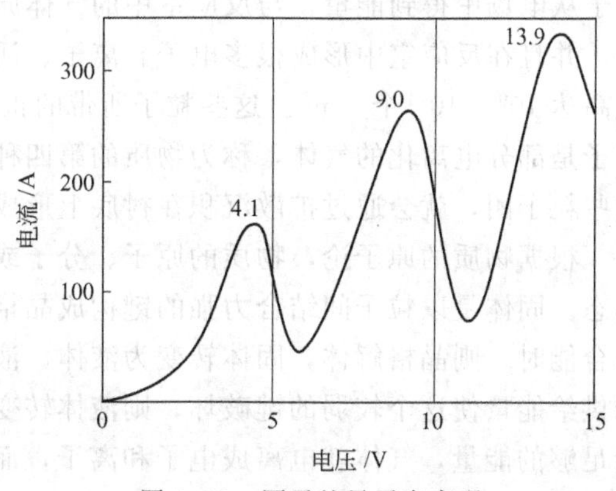


图 3.23　原子的量子态表现

同样，在用 PECVD 法沉积非晶硅薄膜，然后退火制备多晶硅薄膜的过程中，硅膜的性质（例如晶粒大小）与衬底温度、氢稀释比、放射功率等因素之间同样存在类似微观量子态的现象。这种现象的主要特征表现为出现一些极值点。例如，随着衬底温度的单调连续变化，晶粒大小出现不单调连续的变化，存在一些极值点；再例如，电导率随着氢稀释比的变化同样出现一些极值点。这是量子态现象的主要特征。

量子态现象的另一个特征是：存在类似量子力学中的隧道贯穿效应。例如，在退火过程中，当退火温度达不到某一个量子态时（例如在 850℃退火较好），在相对低的温度下通过延长退火时间也可以达到相应的晶化效果。

量子态现象的第三个特征是：影响量子态的各因素之间存在关联性。例如，PECVD 法沉积时各因素（衬底温度、氢稀释比、射频功率等）之间互相产生影响。

与原子物理中量子态表现不同的是，产生原子物理中核外电子的量子态的原因比较简单，而在制备多晶硅薄膜的过程中，因为实验工艺非常复杂、影响因素多种多样，可以是沉积温度、退火温度，也可以是氢稀释比等。即使同样用 PECVD 法沉积，在不同的实验仪器上也会有不同的结果。

## 3.4　量子态现象的原因分析

深入分析在 PECVD 法沉积硅膜的过程中显示量子态现象的原因如下。

PECVD 法是在低压化学气相沉积过程进行的同时，利用辉光放电等离子体对过程施加影响的技术。在 PECVD 装置中，工作气压约为 5～500Pa，电子和离子密度达 $10^9$～$10^{12}$ 个

$/cm^3$，平均电子能量达 1～10eV。采用 $H_2$ 和 $SiH_x$ 为反应气体，在 $H_2$ 和 $SiH_x$ 稀释比及反应气压一定的条件下，其薄膜的生长主要取决于衬底温度和射频功率两个工艺参数。由于沉积膜层表面吸附着大量的氢原子，不利于纳米相的 Si:H 膜层形成，因此在生长过程中必然同时伴随着脱氢过程的发生。它直接关系到硅晶核的形成、分布、大小以及膜层生长速率。$SiH_x$ 的表面吸附速率及表面黏附系数的大小是表面化学反应中的两个重要参数。生成膜中的最后氢含量取决于表面层中氢的释放以及表面同反应基吸附之间的细致平衡过程。低温下薄膜沉积及所有过程均低于 600℃，所有的薄膜沉积技术在此温度范围内都需要额外的能量来源（如等离子体、离子辅助、热丝等）来加快沉积，或者依靠固态晶化法将最初非晶态的硅晶化。外界通入氢气和硅烷气体，气体的稀释比和流量通过调节阀控制，混合气体进入预先抽到高真空的反应室内，高真空的取得利用机械泵和扩散泵达到。调节气体流量，可以使反应室的气压达到所要求的数值。在系统的两个电极之间加上电压时，由阴极发射出的电子从电场中得到能量，与反应室中的气体原子或分子碰撞，使其分解、激发或电离产生辉光，并且在反应室中形成很多电子、离子、活性基以及亚稳的原子和分子等，其中电子的密度高达 $10^9$～$10^{14}$个$/cm^3$。这些粒子所带的正电荷和负电荷总数相等，是一种等离子体，等离子是部分电离化的气体，称为物质的第四种状态，它能激励薄膜的沉积，组成等离子体的这些粒子团，就会通过扩散沉积在衬底上形成薄膜。

根据物质的原子论，物质的原子、分子或分子团相互以不同的作用力相互构成不同的聚集态。固体是以粒子间结合力强的键构成晶格的；而当其粒子的平均动能大于粒子在晶格的结合能时，则晶格解体，固体转变为液体，液体的粒子间由结合力较弱的键联系，如果进一步供给能量使这个较弱的键破坏，则液体转变为粒子间没有作用键的气体；如果再对气体供给足够的能量，气体就电离成电子和离子，而成为等离子体。实际上只要部分粒子电离，并不需要整个物质每个粒子都电离，就能呈现等离子特征。有些固体和液体也呈现等离子体特征。固体金属中晶格正离子和运动的自由电子构成固态等离子体，半导体中电子和空穴也构成固态等离子体。电解质溶液内部有数目相同的运动着的正离子和负离子也能导电，所以这种溶液也应属于等离子体范畴。

由薄膜气相沉积成核的热力学理论可知，薄膜成核是朝着薄膜自由能减小的方向进行的。晶核形成前后的自由能变化为：

$$d\phi = -(4\pi r^3/3\Omega)\Delta\mu + 4\pi r^2\alpha$$

式中，$r$ 是晶核半径；$\Omega$ 是单个原子的体积；$\Delta\mu$ 是一个原子由气相转变为固相时引起自由能的降低值；$\alpha$ 是比界面能。总的来说，上式第一项是形成体积为 $4\pi r^3/3$ 的晶核引起的自由能的降低；第二项是形成表面积为 $4\pi r^2$ 的界面引起的自由能的升高。两个互相矛盾的因素决定着成核初期的生长情况，即晶核的自由能先随着核的增大而上升，达到峰值后随核的增大而下降。

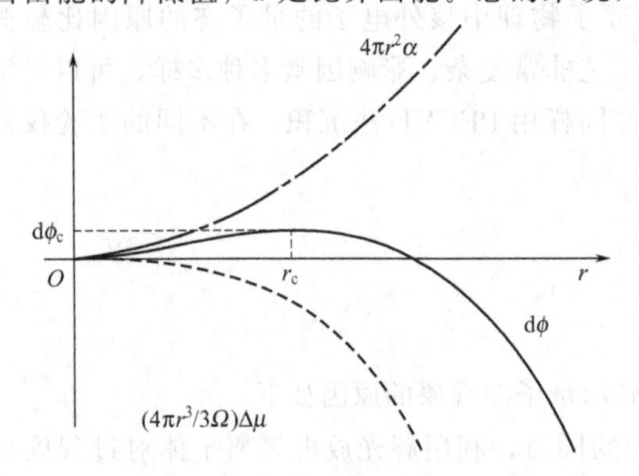

图 3.24 薄膜自由能随成核半径 $r$ 的变化

由图 3.24 可知，薄膜成核过程中，存在一个临界半径 $r_c$，在 $r_c$ 处对应的薄膜自由能最大。因此，薄膜成核过程中，晶核半径小于 $r_c$ 时，晶粒越小薄膜自由能越小，晶粒具有自发萎缩的趋势；而在晶核半径大于 $r_c$ 时，晶粒越大薄膜自由能越小，晶粒具有自发长大的趋势。由此得出，晶粒长大过程需要越过一个自由能势垒，在越过势垒之前晶粒很不容易长大；在越过势垒之后晶粒则非常容易长大。此能量势垒的值也可以理解为成核功，通常由外界加热提供，因此能量势垒就可以理解为能量量子态。当达不到此值时，晶粒很不容易长大；高于此值时，晶粒则非常容易长大。

温度本质上是粒子运动的体现，氢稀释比是硅原子和氢原子运动情况的体现，辐射功率的大小直接体现了对粒子运动情况影响的程度。因此从本质上说，这些宏观现象是微观现象在不同角度的体现，具有一定的关联性。这类似量子力学中量子态的不同表象。

粒子的量子态在坐标表象中用 $\psi(r)$ 描述，粒子的同一量子态在动量表象中的表示也可以用它的傅里叶变换 $\varphi(p)$ 描述，还可以用其他方式描述，所有这些描述方式彼此完全等价，存在确定的变换关系。换言之，它们所描述的都是同一个量子态，但表象不同。这犹如一个矢量可以采用不同的坐标系来表示一样。

从更深入的角度分析，出现这种情况是因为薄膜的生长过程本质是一种力的相互作用，而自然界存在四种作用力：强作用力、弱作用力、电磁作用力和引力作用。强作用力存在于原子核内部，弱作用力存在于基本粒子的衰变过程，引力太弱，以上三种力在薄膜形成过程中不起主要作用，主要表现的力为电磁作用力，这是量子作用模型的本质。也正因为如此，在薄膜形成过程中出现类似电磁作用的量子态。

虽然宏观现象与微观现象不同，但是宏观现象是微观现象的表现，是由微观现象决定的。这正如宏观物体尽管有不同的性质和表现，但本质上都是由基本粒子组成，并受其规律决定的一样。薄膜的形成过程是原子、分子之间结构的变化组合，原子、分子之间的运动，表现为原子、分子之间的振动、转动及电子的跃迁，体现在化学键的分裂组合上，而原子、分子的作用和能量状态存在量子化的特征。影响量子态的各因素尽管不同，但都通过电磁作用表现出来，所以各因素之间存在关联性。

总之，薄膜的生长过程的动力学机制决定了在制备多晶硅薄膜过程中必然出现量子态的现象。

## 3.5 量子态现象的物理思想

量子态是物质自身的一种客观存在状态，具有普遍性和差别性，两者是辩证统一的。

### 3.5.1 量子态作为物质能态的普遍性

物质能态的普遍性是客观存在的，一切物质都普遍具有能态，能态是物质的基本形态，或者说是物质以某种能级的状态存在。量子态作为物质能态的存在形式是客观存在的。从本质上讲，能态或“态”这个概念已把物质所有基本形态都统一起来了，这是物理学乃至自然科学一个最普遍的概念。物质与能态是相互联系的。在自然界，一切物质都具有能态或以其特定的能态而存在；反之，一切能态又都是物质的一种存在形式和表现。没有无能态的物质，也没有无物质的能态。小到各种微观粒子，大到各种宏观物体和宇观天体，都具有其能态，这是物质的一种基本属性，是宇宙间的一种普遍现象。从宏观到微观，晶体、分子、原子、等离子体、基本粒子等，都是物质在不同能态的表现。量子力学表明，微观粒子都具有自己的量子能态，而宏观物体都是由微观粒子组成的，因此，由微观粒子所组成的各种宏观物体必然具有相应的能态。自然界一切物体或宇宙万物都具有能态，都以其特定能态而存在，这就是物质能态的普遍性。

### 3.5.2 量子态的差别性

量子态的差别性就是指物质能态具有高低差别。由于不同的类量子态具有不同的能量，因此决定了物质类量子态的差别性。对微观粒子来说，粒子有不同量子存在状态，这些状态之间存在跃迁，这种差别性决定了物质的不同的运动现象及不同的变化规律。这种差别性决定了不能用粒子物理中夸克的性质简单地等同或代替原子核外电子的性质，因为它们的量子态是不同的。同样的道理，薄膜生长过程中量子态现象也有不同的能态和内在规律。

### 3.5.3 量子态现象——从微观量子态到宏观物质能态

在物理学中对微观世界的描述用量子力学，物体的能量状态是不连续的量子态；对宏观物体的描述用经典力学，是连续的能态。而宏观物体都是由微观粒子组成的，因此，如何由微观的不连续性到各种宏观物体的连续性是一个有意思的问题。而类量子态现象中，一边是不单调连续变化的类量子态，一边是单调连续变化的宏观态，对这一问题的探索将对进一步认识自然界有一定的借鉴意义。

微观现象的量子态是与普朗克常数相联系。宏观现象的能态也是由相对微观的粒子决定的，也就是说，宏观现象从某个角度观察都存在相应的量子态。形象地说，就像上楼梯就存在一级一级楼梯的分离“量子”态一样。

宏观现象与微观现象的区别只是因为从不同的角度观察得出的，本质上它们都是同一个客观对象。例如一个茶杯是一个宏观现象，但从更小的尺寸来观察，它就是由一个一个原子组成的，是微观现象，宏观现象是大量微观现象的统计结果，本质上它们都是同一个茶杯。所以从物理本质上说，宏观与微观没有本质上的区别。但是为了描述的方便，对宏观物体来说把它看成是连续的。把宏观问题根据不同的能级可分为不同的状态。不同能级的物质都有其特有的属性。微观粒子的量子态与其组成的宏观物体的能态具有相对应的一致性。一定能态的微观粒子必然决定相对应的一定能态的宏观物体。反之，宏观物体的量子态也必然是由相对应的微观粒子量子态所决定的。这就是宏观（包括宇观）与微观的内在对应性。

在这一问题上可进一步考虑：物质结构在层次上怎样划分微观世界与宏观世界？微观世界与宏观世界的划分是否存在一个客观的标准？

微观世界具有量子特性，能量是不连续的，相互作用是一份一份的。在微观世界，特别是原子中，电子等微观客体直接看不见，电子、原子只能通过原子发光及发光频率来推测和检验，在讨论问题时如果仍然借用宏观世界经典力学质点抽象方法，把电子当成质点，那么这个质点就具有宏观质点完全不同的性质。

在宏观世界通常被看成是连续的，能量的变化也是连续的。在宏观经典力学中，客体被简化为一个几何点质点。客体具有的动量、能量、位置和时间都赋予这个几何点——质点。这样经典力学中的质点就具有实体的性质，质点运动的背景空间都是虚的。

其实，微观世界与宏观世界的划分一定程度上是人为的划分。世界只有一个，不存在一个微观世界，一个宏观世界，作用本质是一样的。区别只是尺寸的区别——一定程度上说是人为的。

关于空间和时间是物质存在的客观形式，没有无物质的空间和时间，也没有无空间和时间的物质，微观时空与宏观时空本质上是一致的。

在阐述物质类量子态时，还必须谈一下物质类量子态的同一性及其与差别性的辩证关系。物质类量子态既存在宏观与微观的差别性，同时也存在类量子态在相互转化中的统一性。物质量子态的这种差别性与统一性是对立统一的。这种对立统一，既是自然界物质基本形态千变万化而相互区别的基础，同时又是自然界物质基本形态统一的根源。整个物质既是纷繁复杂的，又是根本统一的，统一性在于它客观实在的物质性。这种辩证关系普遍而深刻地体现在物质能态的普遍性与差别性以及相互转化的关系上。

## 3.6 等能量驱动原理

如果一个物理现象符合量子态现象，也就是说，在这一物理过程中，出现一些宏观单调连续变化的因素导致不单调连续的类量子态，作用结果体现不单调连续的跃迁特征，那么，如何处理这一现象呢？因为一边是不单调连续的类量子态，所以所需要的驱动能也是不连续的，有跃迁特征，而不是像宏观现象那样单调连续地提供能量，能量的提供遵循等能量驱动原理。

当宏观单调连续变化的因素导致不连续的类量子态情况时，物质能态从一种能态转换到另一种能态，需要吸收或放出能量，吸收或放出的能量等于两个能态能量差时最优，称为等能量驱动原理。这本质上是能量守恒在类量子态现象中的应用。提供的能量小于这一能量时很难发生能态转化；提供的能量大于这一能量时造成能量浪费，甚至起到相反的效果。对类量子态现象在实践中的应用，应该从等能量驱动原理进行考虑、处理。

具体方法如下。

① 检验该过程是否符合类量子态现象，即一些宏观单调连续变化的因素导致不单调连续的量子态。

② 找出组成这一能态转化过程的各量子态。

③ 计算出各类量子态之间的能量差。

④ 根据等能量驱动原理，控制外界提供的能量，依次满足能态转化过程所需的能量。

具体到多晶硅薄膜的制备，从非晶态薄膜到多晶态薄膜，是一种能态转换到另一种能态，需要吸收能量。根据等能量驱动原理，当提供的驱动转化的能量正好等于薄膜从非晶态到多晶态各过程所需要的能量时，是最佳方案。

总之，多晶硅薄膜的制备过程中出现了量子态现象。量子态具有普遍性，是物质不同能态的存在方式。物质从一种能态转换到另一种能态时，吸收或放出能量等于两个能态能量差时最优。

应重点研究制备多晶硅薄膜的量子态现象。制备多晶硅薄膜的核心是非晶态薄膜再晶化到多晶态薄膜。在一定温度下加热非晶硅或纳晶硅薄膜，硅原子获得能量迁移重组，使其朝着能量降低的结晶形式的规则化方向生长，最终转变成晶化率较高的多晶硅薄膜。根据等能量驱动原理，外界提供晶化所需要的能量用高温炉退火、快速光退火的方法达到。

根据量子态现象，设想在这一过程中应该存在一个（或几个）较佳退火温度点和退火时间点。并且两者之间存在一定的关联性。

最后需要说明的是，这种类量子态现象不仅出现在制备多晶硅薄膜过程中，而且也出现在制备太阳电池所用的 ZAO 透明导电薄膜的过程中（图 3.25）。

用磁控溅射法在玻璃衬底上制备 ZAO 透明导电薄膜也出现类似的情况。具体如下：系统的本底真空为 $10^{-3}$ Pa，溅射压力为 1Pa，溅射电流调为 1A，溅射的衬底温度保持在

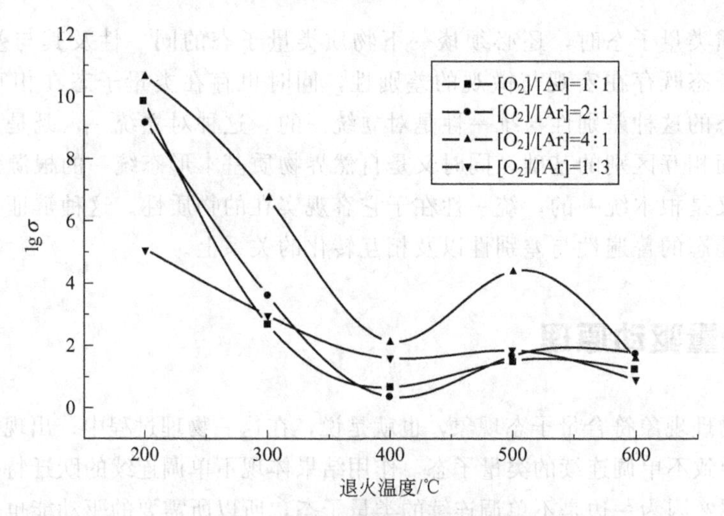


图 3.25 薄膜的电阻随退火温度的变化

200℃左右，溅射时间为 1h，所通入的气体是氧气和氩气。将以上不同氧氩比下制备的 ZAO 薄膜分别进行不同温度的空气中退火，退火时间为 1h，对退火后的薄膜测量其电阻，实验发现，ZAO 薄膜的电阻率随退火温度的变化是明显的，随着退火温度的升高，电阻率急剧下降，到 400℃时降至最低，在 400℃存在一个极值点，500℃时又出现了一个极值点。

另外，在溶胶-凝胶法制备光伏玻璃减反膜过程中，发现溶胶陈化时间与透过率的关系有类似现象（图 3.26）。在 PECVD 法制备二氧化硅薄膜过程中，也发现薄膜应力与沉积温度有类似现象（图 3.27）。

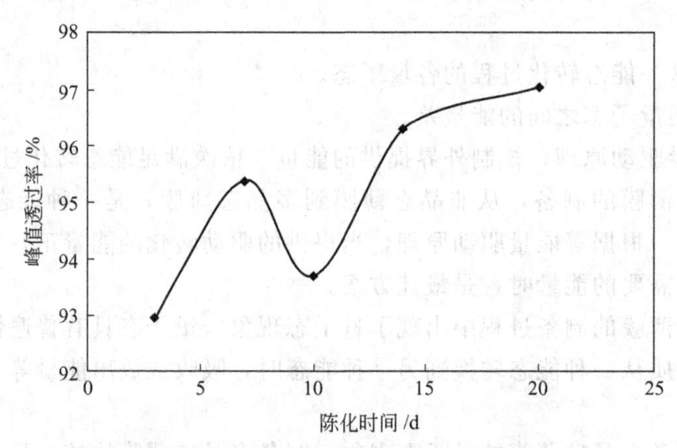


图 3.26 溶胶陈化时间与透过率的关系

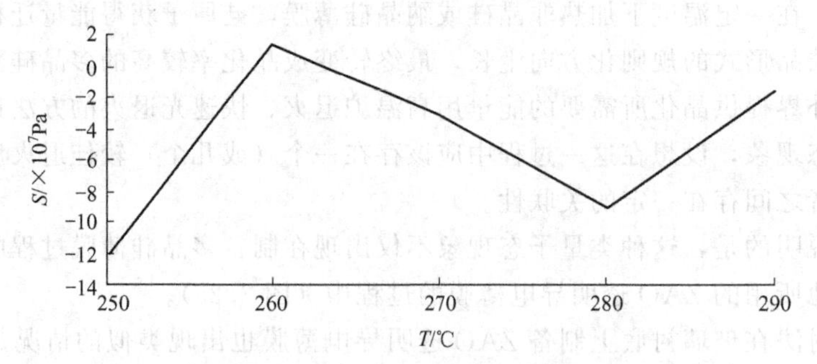


图 3.27 薄膜应力与沉积温度的关系

# 参 考 文 献


[1] Akihisa Matsuda. Microcrystalline silicon growth and device application [J]. Journal of Non-Crystalline Solids, 2004, 338-340: 1-3.

[2] 吴自勤，王兵. 薄膜生长 [M]. 北京：科学出版社，1988：175-181.

[3] 吴自勤，张人佶. 物理学进展 [M]. 北京：科学出版社，1994：435.

[4] Akihisa Matsuda. Microcrystalline silicon growth and device application [J]. Journal of Non-Crystalline Solids, 2004, 338-340: 5-6.

[5] Akihisa Matsuda, Madoka Takai, Tomonori Nishimoto, et al. Control of plasma chemistry for preparing highly stabilized amorphous silicon at high growth rate [J]. Solar Energy Materials & Solar Cells, 2003, 78: 3-26.

[6] Michio Kondo, Hiroyuki Fujiwara, Akihisa Matsuda. Foundamental aspects of low-temperature growth of microcrystalline silicon [J]. Thin Solid Films, 2003, 430: 130-134.

[7] Dewarrat R, Robertson J. Surface diffusion of $SiH_3$ radicals and growth mechanism of a-Si:H and microcrystalline Si [J]. Thin Solid Films, 2003, 427: 11-16.

[8] Kitagawa T, Kondo M, Matsuda A. In situ observation of low temperature growth of crystalline silicon using reflection high-energy electron diffraction [J]. Journal of Non-Crystalline Solids, 2000, 266-269: 64-68.

[9] Akihisa Matsuda. Growth mechanism of microcrystalline silicon obtained from reactive plasmas [J]. Thin Solid Films, 1999, 337: 1-6.

[10] Akasaka T, Shimizu I. In situ real time studies of the formation of polycrystalline silicon films on glass grown by a layer-by-layer technique [J]. Appl Phys Lett, 1995, 66 (25): 3441-3443.

[11] Collins R W, Ferlauto A S. Advances in plasma-enhanced chemical vapor deposition of silicon films at low temperatures current opinion [J]. Solid State and Materials Science, 2002, 6: 425-437.

[12] Kondo M, Ohe T, Saito K, et al. Morphological study of kinetic roughening on amorphous and microcrystalline silicon surface [J]. Journal of Non-Crystalline Solids, 1998, 227-230: 890-896.

[13] Anderson D A, William Paul. Transport properties of a-Si:H alloys prepared by r. f. sputtering [J]. Philosophical Magazine B, 1982, 45 (1): 1-23.

[14] 孔光临. 光膨胀效应 [J]. 物理，1998，27 (5)：257-258.

[15] Singh R, Fakhruddin M, Poole K F. Rapid photo thermal processing as a semiconductor manufacturing technology for the 21th century [J]. Applied Surface Science, 2000, 168: 198-203.

[16] Akihisa Matsuda. Microcrystalline silicon Growth and device application [J]. Journal of Non-Crystalline Solids, 2004, 338-340: 7-12.

[17] Hideki Matsumura, Hironobu Umemoto, Atsushi Masuda. Cat-CVD how different from PECVD in preparing amorphous silicon [J]. Journal of Non-Crystalline Solids, 2004, 338-340: 19-26.

[18] Akihisa Matsuda, Madoka Takai, Tomonori Nishimoto, et al. Control of plasma chemistry for preparing highly stabilized amorphous silicon at high growth rate [J]. Solar Energy Materials & Solar Cells, 2003, 78: 3-26.

[19] Michio Kondo. Microcrystalline materials and cells deposited by RF glow discharge [J]. Solar Energy Materials & Solar Cells, 2003, 78: 543-566.

[20] Rojas-Lopez M, Gayou V L, Perez-Blanco R E, et al. Raman studies of aluminum induced microcryatallization of $n^+$ Si:H films produced by PECVD [J]. Thin Solid Films, 2003, 445: 32-37.

[21] 王恩哥，薄膜生长中的表面动力学 [J]. 物理学进展，2003，23 (1)：1-56.

[22] 于振瑞，耿新华，孙云等. 掺硼非晶硅材料固相晶化的研究 [J]. 太阳能学报，1994，15 (2)：

132-136.
[23] 余楚迎，林璇英，姚若河等. Si:H 薄膜结构对多晶硅薄膜性能的影响 [J]. 功能材料，2000，31 (2)：157-158.
[24] Subhendu Guha，Jeffrez Zang，Arindam，et al. High qualitz amorphous silicon materials and cells grown with hydrogen dilution [J]. Solar Energy and Solar Cells，2003，78：329-347.
[25] Hwang H L，Wang K C，Hsu K C，et al. Microstructure evolution of hydrogenated thin films at different hydrogen incorporation [J]. Applied Surface Science，1997，113-114：741-746.
[26] 张晓丹，朱峰，侯国付等. VHF-PECVD 沉积微晶硅薄膜的电学特性和结构特性研究 [J]. 2005，20 (2)：114-117.
[27] Suzuki S，Kondo M，Matsuda A. Growth of device grade μm-Si film at over 50A/s using PECVD [J]. Solar Energy Materials and Solar Cells，2002，74：489-496.
[28] 朱锋，赵颖，张晓丹等. P-nc-Si:H 薄膜材料及在微晶硅薄膜太阳电池上应用 [J]. 光电子·激光，2004，15 (4)：381-384.
[29] 杨恢东，吴春亚，黄君凯等. VHF-PECVD 法高速率沉积氢化微晶硅薄膜 [J]. 太阳能学报，2004，25 (2)：127-131.
[30] 耿新华，于振瑞，孙钟林等. 多晶硅薄膜后晶化的研究 [J]. 光电子技术，1995，15 (2)：154-159.
[31] 余云鹏，林璇英，林舜辉等. PECVD 法低温制备晶化硅薄膜及其机制浅析 [J]. 汕头大学学报：自然科学版，2004，19 (2)：13-17.
[32] 饶瑞. a-Si 薄膜的低温晶化机理及其在 TFT 中的应用研究 [D]. 武汉：华中科技大学博士学位论文，2001：35-38.
[33] 黄君凯，杨恢东. 弱硼掺杂补偿对氢化微晶硅薄膜制备与特性的影响 [J]. 半导体学报，2005，26 (6)：1164-1167.
[34] Min-Cheol Lee，Kee-Chan Park，In-Hyuk Song，et al. Effects of selective Si ion implantation on laser annealing of dehydrogenated a-Si film [J]. Journal of Non-Crystalline Solids，2002，299-302：715-720.
[35] 陈光华，邓金祥等. 新型电子薄膜材料 [M]. 北京：化学工业出版社，2002：67.
[36] 褚圣麟. 原子物理学 [M]. 北京：高等教育出版社，1979：42.
[37] Huawei Chen，Ichiro Hagiwara，Tian Huang，et al. Quantitative evaluation about property of thin-film formation [J]. Applied Surface Science，2006，252：3553-3560.
[38] 熊华山. 溶胶-凝胶法制备 $SiO_2$ 增透膜的研究 [D]. 成都：四川大学硕士学位论文，2004.
[39] 孙俊峰，石霞. PECVD $SiO_2$ 薄膜内应力研究 [J]. 半导体技术，2008，33 (5)：397-400.

# 第4章

# 太阳电池技术

太阳能清洁环保，无任何污染，利用价值高，照射在地球上的太阳能非常巨大，约40min照射在地球上的太阳能，便足以供全球人类一年能量的消费。可以说，太阳能是取之不尽、用之不竭的能源，而且太阳能发电绝对干净，不产生公害。所以太阳能发电是理想的能源。

太阳能的主要利用形式有太阳能的光热转换、光电转换以及光化学转换三种主要方式。太阳电池就是通过光电转换把太阳光中包含的能量转化为电能。图4.1为太阳电池的应用实例。

(a)

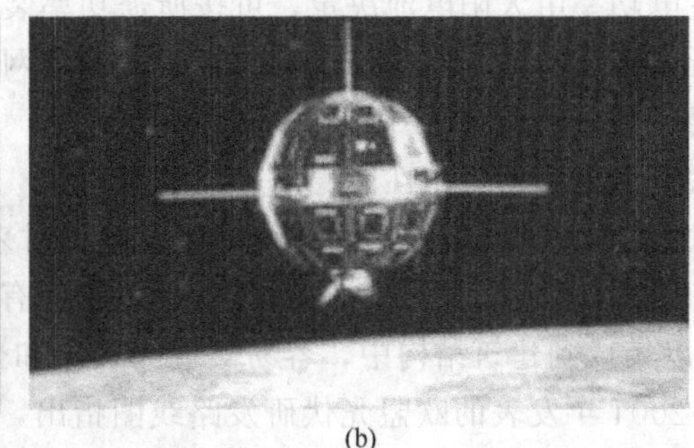
(b)

图4.1 太阳电池的应用

## 4.1 太阳电池简介

太阳电池发展历史可以追溯到1839年，当时的法国物理学家Alexander-Edmond Becquerel发现了光伏特效应（photovoltaic effect）。在1954年，科学家将硅制太阳电池的转换效率提高到6%左右。随后，太阳电池应用于人造卫星。1973年能源危机之后，人类开始将太阳电池转向民用，最早应用于计算器和手表等。1974年，Haynos等利用蚀刻特性，蚀刻出许多类似金字塔的特殊几何形状，有效降低太阳光从电池表面反射损失，这使得当时的太阳电池能源转换效率达到17%。1976年以后，如何降低太阳电池成本成为业内关心的重点。

1990年以后，电池成本降低使得太阳电池进入民间发电领域，太阳电池开始应用于并网发电。要使太阳能发电真正达到实用水平，一是要提高太阳能光电转换效率并降低其成本，二是要实现太阳能发电同现在的电网联网。

2011年5月29日，德国总理默克尔领导的执政联盟磋商后，就放弃核电的时间问题达成明确共识。根据淘汰核电的时间表，日本福岛核电站事故后被暂时关闭的7座1980年以前投入运营的核电站将永久性停运，德国其余的10座核电站原则上都将于2021年前关闭，只有其中3座核电站可能将在新能源无法满足用电需求的情况下“超期服役”一年。弃核计划的背后，展现了德国政府致力于清洁可再生能源的决心与计划，德国环境部长诺贝特·罗特根曾向外界宣布：“到2050年德国的能源消耗几乎可以全部来自可再生能源。”这是迄今世界上已出炉的最宏大的可再生能源发展目标。德国在太阳能热利用和光伏发电领域处于世界领先地位，2008年德国太阳能发电装置装机总量达到1300MW，几乎占当年全球新增装机量的一半。目前德国已有将近1%的家庭使用太阳能发电装置，居民白天把屋顶太阳能转换成电能高价卖给电网，晚上平价买电使用，居民成为电能的生产者和消费者。德国许多城市还建立了大功率太阳能发电站。

中国在太阳电池技术领域技术并不落后，成为全球新能源科技的中心之一。我国制定全国统一的太阳能光伏发电标杆上网电价，目前上网电价按不同建设时段和地区分为1元/(kW·h)和1.15元/(kW·h)两挡，这一政策将促使国内光伏市场快速启动。

太阳能光伏发电具有的许多优点是未来能源非常需要的。

① 它不受地域限制，有太阳光就可发电。

② 发电过程是简单的物理过程，无任何废气、废物排出，对环境基本上没有任何影响。

③ 太阳电池静态运行，无运转部件，无磨损，可靠性高，没有任何噪声。

④ 发电功率由太阳电池决定，可按所需功率装配成任意大小。

⑤ 既便于作为独立能源，也可与别的电源联网使用。

⑥ 寿命长（可达20年以上）。

⑦ 太阳电池重量轻、性能稳定、灵敏度高。

⑧ 太阳寿命达60亿年，因而太阳能发电相对来说是无限能源。它是一种通用的电力技术，可以用在许多或大或小的领域，可用于任何有太阳光的地方，可以安装到任何物体表面，也可以集成到建筑结构中，容易实现无人化和全自动化。

根据2004年发表的欧盟光伏研发路线图指出，2000年常规能源和核能在能源结构中的比例约为80%，可再生能源的比例为20%。在可再生能源中主要是生物能，太阳能占的比例很小，但到2050年，常规能源和核能的比例将下降到47%，可再生能源上升到53%。在可再生能源中，太阳能（包括太阳能热利用和太阳能发电）将占据首位，占总能源的29%。特别值得指出的是，其中仅太阳能发电就占总能源的25%。

太阳能发电有更加激动人心的计划（图4.2）。一是利用地面上沙漠和海洋面积进行发电。根据测算，到2050年、2100年，即使全用太阳能发电供给全球能源，占地也不过为186.79万平方公里、829.19万平方公里，才占全部海洋面积的2.3%或全部沙漠面积的51.4%，甚至才是撒哈拉沙漠面积的91.5%。因此这一方案是有可能实现的。二是天上发电方案。早在1980年美国宇航局和能源部就提出在空间建设太阳能发电站设想，准备在同步轨道上放一个长10km、宽5km的大平板，上面布满太阳电池，这样便可提供500万千瓦电力。但这需要解决向地面无线输电问题。现已提出用微波束、激光束等各种方案。目前虽已用模型飞机实现了短距离、短时间、小功率的微波无线输电，但离真正实用还有漫长的路程。

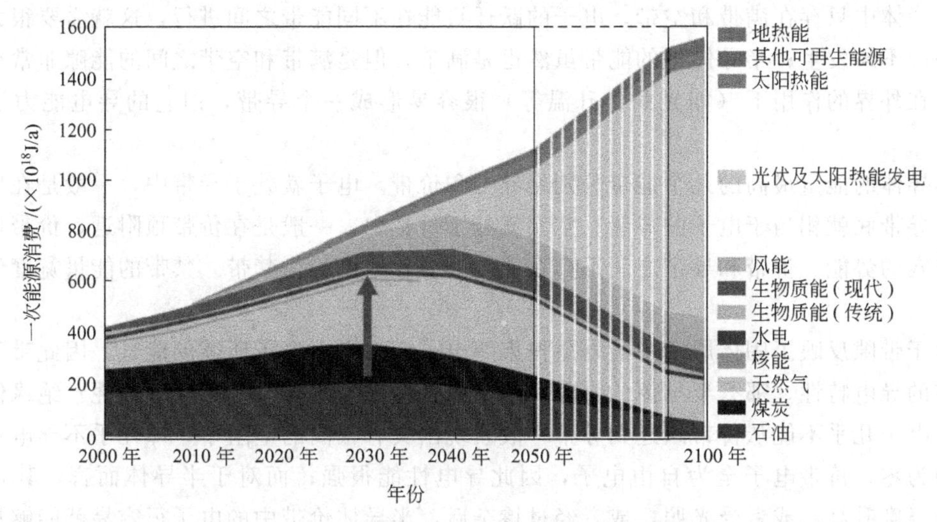


图 4.2　2000～2100 年太阳能发电在能源市场预测

# 4.2 光伏效应

利用光伏效应直接将光能转换成电能的电池称为太阳电池。所谓光伏效应是用适当波长的光照射到半导体上时，系统吸收光能后两端产生电动势的现象。

## 4.2.1　半导体简介

为了说明光伏效应这一概念，就从半导体说起。固体材料按照导电性能，可分为绝缘体、导体和半导体。通俗地讲，能够导电的称为导体；不能导电的称为绝缘体；介于导体与绝缘体之间的称为半导体。

固体材料是由原子组成的，原子是由原子核及其周围的电子构成的，一些电子脱离原子核的束缚，能够自由运动时，称为自由电子。金属之所以容易导电，是因为在金属体内有大量能够自由运动的电子，在电场的作用下，这些电子有规则地沿着电场的相反方向流动，形成了电流。自由电子的数量越多，或者它们在电场的作用下有规则流动的平均速度越高，电流就越大，把这种运载电量的粒子，称为载流子。在常温下，绝缘体内仅有极少量的自由电子，因此对外不呈现导电性。半导体内有少量的自由电子，在一些特定条件下才能导电。半导体的导电能力介于导体与绝缘体之间。

从能带的角度解释，半导体的导电性介于导体和绝缘体之间原因在于半导体能带的带隙。自由空间的电子所能得到的能量值基本上是连续的，但在半导体中，因为量子效应，孤立原子中的电子占据非常固定的一组分立的能线，当孤立原子相互靠近，由于各原子的核外电子相互作用，本来在孤立原子状态是分立的能级扩展，相互重叠，变成带状，称为能带。

在 0K 时电子在能带中所占据的最高填充能级称为费米能级。能带中电子按能量从高到低的顺序依次占据能级。与最外层价电子能级对应的能带称为价带。价带上方是未被电子占据的空能带。价电子到达该空能带后将能参与导电，该空能带又称导带。能带被价带占据的方式决定了介质的导电性能。导体中存在部分被电子占据、能参与导电的导带，导带中的电子在本带内跃迁所需的能量非常小，使得电子的动量发生连续改变，因而形成宏观定向移动；绝缘体中只存在满带和空带，电子的跃迁只能在不同能带之间进行，这就需要很大的能量，一般不易发生；半导体中的能带虽然也是满带，但是满带和空带之间的能隙非常小或有交叠，在外界的作用下（如光照、升温等）很容易形成一个导带，但它的导电能力远不及导体。

半导体的能量最高的几个能带分别是导带和价带。电子就处于导带中，一般是在导带底附近，导带底就相当于电子的势能；空穴就处于价带中，一般是在价带顶附近，价带顶就相当于空穴的势能。价带和导带之间不存在能级的能量范围称为禁带。禁带的能量宽度便称为带隙。

由于带隙反映了固体原子中最外层被束缚电子变为自由电子所需的能量，因此带隙决定了固体的导电特性。那么半导体的带隙和绝缘体、金属的带隙又有什么区别呢？绝缘体的带隙宽，电子几乎不能从价带跃迁到导带，故表现出具有很高的电阻率，即几乎不导电；金属的带隙为零，价带电子全为自由电子，因此导电性能很强；而对于半导体而言，其带隙较窄，当温度升高，或者受光照，或者经过掺杂后，半导体价带中的电子很容易就能够从价带跃迁到导带，此时半导体的载流子数量大量增加，其导电性能也就大大增加了。

半导体材料是一类具有半导体性能，可用来制作半导体器件和集成电路的电子材料，其电导率在 $10^{-9}\sim10^{-3}$S/cm 范围内。半导体材料的电学性质对光、热、电、磁等外界因素的变化十分敏感，在半导体材料中掺入少量杂质可以控制这类材料的电导率。首先，掺入微量的杂质可以使半导体的导电能力大大增强。其次，通过控制温度可以控制半导体性质。当环境温度升高时，半导体的导电能力就会显著地增加；当环境温度下降时，半导体的导电能力就会显著地下降。这种特性称为半导体的“热敏性”。热敏电阻就是利用半导体的这种特性制成的。此外，很多半导体对光十分敏感，当有光照射在这些半导体上时，这些半导体就像导体一样。

### 4.2.2 电子-空穴对

纯净半导体称为本征半导体。以硅原子的简化原子模型来说明。在温度为 $T=0$K 和没有外界激发时，每一个电子均被共价键所束缚。在室温条件下，或者从外界获得一定的能量(如光照、升温、电磁场激发等)，部分价电子就会获得足够的能量而挣脱共价键的束缚，成为自由电子，这称为本征激发。理论和实验表明，在常温（300K）下，硅共价键中的价电子只要获得大于电离能（1.1eV）的能量便可激发成为自由电子，自由电子在外加电场的作用下移动。自由电子移动后在原来共价键中留下的空位称为空穴。

当空穴出现时，相邻原子的价电子比较容易离开它所在的共价键而填补到这个空穴中来，使该价电子原来所在共价键中出现一个新的空穴，这个空穴又可能被相邻原子的价电子填补，再出现新的空穴。价电子填补空穴的这种运动无论在形式上还是效果上都相当于带正电荷的空穴在运动，而且运动方向与价电子运动方向相反。为了区别于自由电子的运动，把这种运动称为空穴运动，并且把空穴看成是一种带正电荷的载流子。

在空穴和自由电子不断地产生的同时，原有的空穴和自由电子也会不断地复合，形成一种平衡。所以半导体中导电物质就是自由电子和空穴。在本征半导体的晶体结构中，每一个原子与相邻的四个原子结合。每一个原子的价电子与另一个原子的一个价电子组成一个电子对。这对价电子是每两个相邻原子共有的，它们把相邻原子结合在一起，构成所谓共价键的结构，如图4.3所示。

在本征半导体内部自由电子与空穴总是成对出现的，因此将它们称为电子-空穴对。当自由电子在运动过程中遇到空穴时可能会填充进去从而恢复一个共价键，与此同时消失一个电子-空穴对，这一相反过程称为复合。在一定温度条件下，产生的电子-空穴对和复合的电子-空穴对数量相等时，形成相对平衡，这种相对平衡属于动态平衡，达到动态平衡时，电子-空穴对维持一定的数目。与金属导体中只有自由电子不同，在半导体中存在自由电子和空穴两种载流子，这也是半导体与导体导电方式的不同之处。

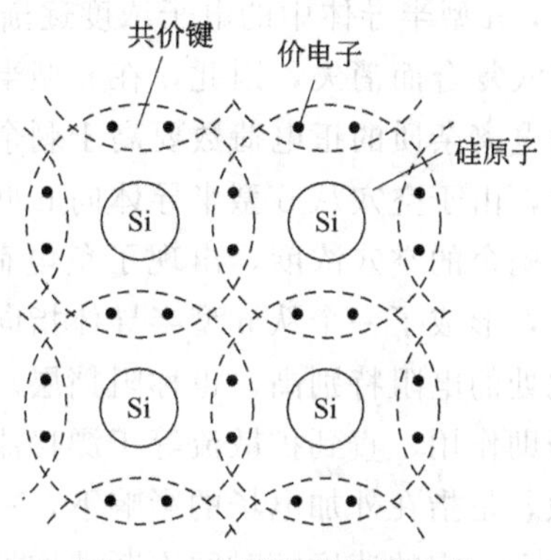

图4.3 本征硅共价键结构

如果对半导体施加外界作用（如光照），破坏了热平衡条件，使半导体处于与热平衡状态相偏离的状态，则称为非平衡状态。处于非平衡状态的半导体，其载流子比平衡状态时多出来的那一部分载流子称为非平衡载流子。

## 4.2.3 p-n结

在本征半导体材料中掺入Ⅴ族杂质元素（如磷、砷等），杂质提供电子，则使得其中的电子浓度大于空穴浓度，就形成n型半导体材料（图4.4），杂质称为施主；此时电子浓度大于空穴浓度，为多数载流子，而空穴的浓度较低，为少数载流子。同样，在半导体材料中掺入Ⅲ族杂质元素（如硼等），则使得其中的空穴浓度大于电子浓度，晶体硅成为p型半导体（图4.5）。如以硅为例，在高纯硅中掺入一点硼、铝、镓等杂质就是p型半导体；掺入一点磷、砷、锑等杂质就是n型半导体。在n型半导体中，把非平衡电子称为非平衡多数载流子，非平衡空穴称为非平衡少数载流子。对p型半导体则相反。在半导体器件中，非平衡少数载流子往往起到重要的作用。

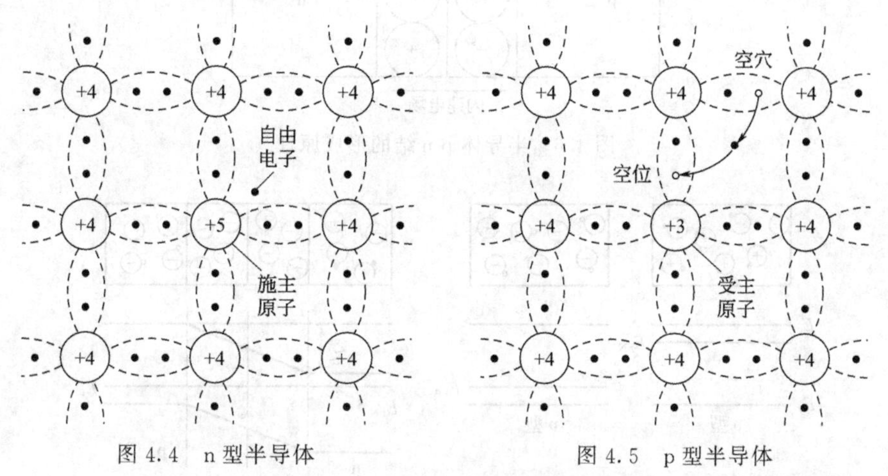

图4.4 n型半导体　　图4.5 p型半导体

无论是n型半导体材料，还是p型半导体材料，当它们独立存在时，都是电中性的，电离杂质的电荷量和载流子的总电荷数是相等的。当两种半导体材料连接在一起时，对n型半导体材料而言，电子是多数载流子，浓度高；而在p型半导体中，电子是少数载流子，浓度低。由于浓度梯度的存在，势必会发生电子的扩散，即电子由高浓度的n型半导体材料向浓度低的p型半导体材料扩散，在n型半导体和p型半导体界面形成p-n结。在p-n结界面附近，n型半导体中的电子浓度逐渐降低，而扩散到p型半导体中的电子和其中的多数载流子空穴复合而消失，因此，在n型半导体靠近界面附近，由于多数载流子电子浓度的降低，使得电离杂质的正电荷数要高于剩余的电子浓度，出现了正电荷区域。同样的，在p型半导体中，由于空穴从p型半导体向n型半导体扩散，在靠近界面附近，电离杂质的负电荷数要高于剩余的空穴浓度，出现了负电荷区域。此区域就称为p-n结的空间电荷区，正、负电荷区，形成了一个从n型半导体指向p型半导体的电场，称为内建电场，又称势垒电场。由于此处的电阻特别高，也称阻挡层。此电场对两区多子的扩散有抵制作用，而对少子的漂移有帮助作用，直到扩散流等于漂移流时达到平衡，在界面两侧建立起稳定的内建电场。所谓扩散，是指在外加电场的影响下，一个随机运动的自由电子在与电场相反的方向上有一个加速运动，它的速度随时间不断地增加。除了漂移运动以外，半导体中的载流子也可以由于扩散而流动。像气体分子那样的任何粒子过分集中时，若不受到限制，它们就会自己散开。此现象的基本原因是这些粒子的无规则的热速度。随着扩散的进行，空间电荷区加宽，内建电场增强，由于内建电场的作用是阻碍多子扩散，促使少子漂移，所以当扩散运动与漂移运动达到动态平衡时，将形成稳定的p-n结。p-n结很薄，结中电子和空穴都很少，但在靠近n型一边有带正电荷的离子，靠近p型一边有带负电荷的离子。由于空间电荷区内缺少载流子，所以又称p-n结为耗尽层区。

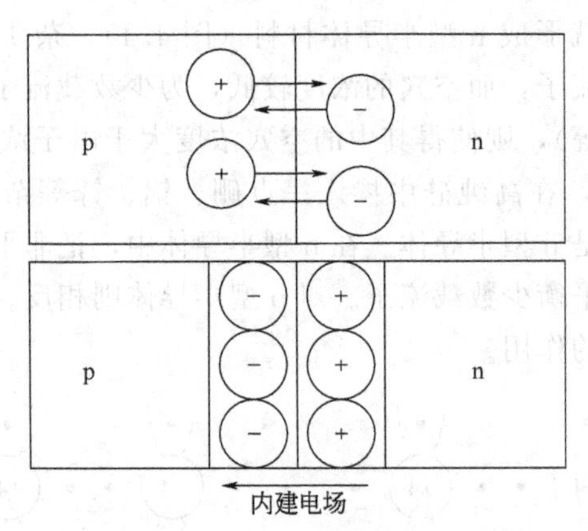


图 4.6 半导体p-n结的形成原理

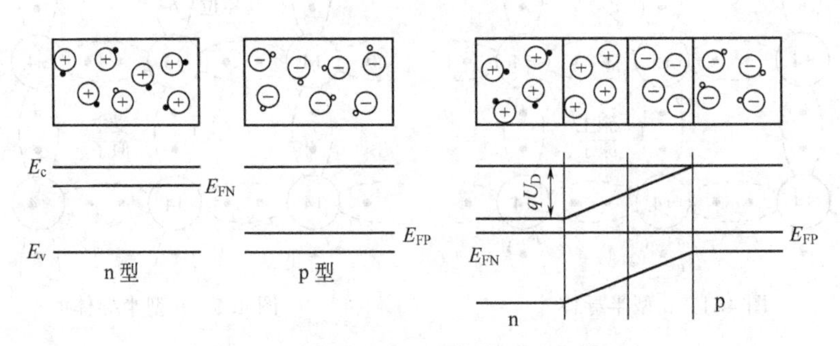


图 4.7 热平衡下p-n结模型及能带图

当具有p-n结的半导体受到光照时，其中电子和空穴的数目增多，在结的局部电场作用下，p区的电子移到n区，n区的空穴移到p区，这样在结的两端就有电荷积累，形成电势差。

半导体 p-n 结的形成原理如图 4.6 所示。热平衡下 p-n 结模型及能带图如图 4.7 所示。

如果太阳电池处在开路状态，那么被内建电场分离的光生电子和光生空穴分别在空间电荷区的两侧积累起来的 p 区和 n 区，形成光生电压。若接上负载，就有“光生电流”通过，这样就将光能转化为电能。这就是太阳电池的工作原理。

## 4.3 太阳电池的分类

在太阳电池的整个发展历程中，人们先后开发出各种不同结构和不同材料的电池。从结构方面分，主要有同质 p-n 结电池、肖特基（MS）电池、MIS 电池、MINP 电池、异质结电池等，其中同质 p-n 结电池自始至终占主导地位；从材料方面分，主要有硅系太阳电池、多元化合物薄膜太阳电池、有机半导体薄膜太阳电池、纳米晶化学太阳电池等；从材料外形特点方面分，分为体材料电池和薄膜材料电池。

### 4.3.1 晶体硅太阳电池

晶体硅太阳电池分为单晶硅太阳电池和多晶硅太阳电池。

(1) 单晶硅太阳电池　是太阳电池中转换效率最高、技术最为成熟的太阳电池。这是因为单晶硅材料及其相关的加工工艺成熟稳定，单晶硅结构均匀，杂质和缺陷含量少，电池的转换效率高。为了产生低的接触电阻，电池的表层区域要求重掺杂，而高杂质浓度会增强这一区域少数载流子的复合速率，使该层的少数载流子寿命极低，所以称为“死层”。而这一区域恰好又是最强的光吸收区，紫光和蓝光主要在这里吸收，通常采用将太阳电池 $n^+$ 层的厚度减薄为 0.1～0.2μm，即采用“浅结”技术，并且将表面磷浓度控制在固溶度极限值以下，这样制成的太阳电池可以克服“死层”的影响，提高电池的蓝-紫光响应和转换效率，这种电池称为“紫电池”。另外，在电池基体和底电极之间建立一个同种杂质的浓度梯度，制备一个 $p\text{-}p^+$ 或 $n\text{-}n^+$ 高低结，形成背电场，可以提高载流子的有效收集，改善太阳电池的长波响应，提高短路电流和开路电压，这种电池称为“背场电池”。20 世纪 80 年代，Green 小组集以上技术于一身开发了“刻槽电池”。该电池用激光刻槽技术，进行二次重掺杂，与印刷法相比，此法对电池效率提高了 10%～15%。从 80 年代开始，发展了表面钝化技术，从 PESC 电池的薄氧化层（<10nm）到 PERC、PERL 电池的厚氧化层（约 110nm），热氧化表面钝化技术可以把表面态密度降到 $10^{10}cm^{-2}$ 以下，表面复合速率降到低于 100cm/s。各种技术的使用促使单晶硅电池的转换效率提高到了 24.7%，根据计算预测，单晶硅电池的极限效率为 29%。为了降低电池的成本，在提高转换效率的同时，目前人们正在探索减薄电池厚度，即实现薄片化。

(2) 多晶硅太阳电池　一般采用专门为太阳电池使用而生产的多晶硅材料。目前应用最广的多晶硅制造方法是浇铸法，也称铸造法。多晶硅太阳电池一般采用低等级的半导体多晶硅，采用的多晶硅片大部分是从控制或者铸造的晶硅锭切割而成。多晶硅锭是以半导体工业的次品硅、废次单晶及冶金级硅粉等为原材料熔融浇铸而成。目前，随着太阳电池产量的爆炸式发展，上述原料已经不能满足太阳电池产业的需要，现在正在形成专门为多晶硅太阳电池作为目标的生产产业，这一点将在后面讲述。

为了减少硅片切割时的损失，采用直接由熔融的硅制备太阳电池所需多晶硅片，用此法制备的电池一般称为带硅电池。制备带硅有两种方法：一种称为 EFG“定边喂膜法”，工业应用中先生长八面多晶硅管，再把每面切成硅片；另一种称为“蹼状结晶法”，Evergreen Solar公司采用此法，方法是用细炭棒把熔融的硅限制并从熔池拉出，限制在两细棒中的硅液冷却凝固生成硅带。与单晶硅太阳电池相比，多晶硅太阳电池成本较低，而且转换效率与单晶硅太阳电池比较接近，因此，近十年来多晶硅高效电池的发展很快，其中比较有代表性的电池是Geogia Tech电池、UNSW电池、Kyocera电池等。在近年来生产的太阳电池中多晶硅太阳电池超过单晶硅太阳电池占52%，是太阳电池的主要产品之一。

### 4.3.2 薄膜太阳电池

根据制备太阳电池的材料，薄膜太阳电池可以分为多元化合物薄膜太阳电池、有机半导体薄膜太阳电池、染料敏化纳米薄膜太阳电池、非晶硅薄膜太阳电池和多晶硅薄膜太阳电池。其中，多元化合物薄膜太阳电池主要可以分为铜铟硒薄膜电池、碲化镉薄膜电池和砷化镓薄膜电池。在以后的章节将做详细的分析论述。

## 4.4 太阳电池现状和发展

### 4.4.1 硅材料地位的确定

电池成本主要是由原料成本、生产规模的大小、技术和管理水平决定的。成本问题是制约太阳电池大规模应用的瓶颈，降低生产成本是走向大规模应用必须解决的主要问题。目前我国太阳光伏电池生产成本呈下降趋势，太阳电池的价格逐渐从2000年的40元/W降到2003年的33元/W，2004年已经降到27元/W。要真正使太阳能大规模产业化，太阳电池的发电成本必须接近常规发电方式的成本，必须降至1美元/Wp（峰瓦）以下（1Wp=1kW/$m^2$日照强度下电池所能产生的功率）。

从材料方面考虑，理想太阳电池材料的要求如下。

① 带隙在1.1～1.7eV之间，接近1.4eV可达到最大光电转换效率。

② 资源丰富，无毒、无污染。

③ 易于大规模生产，特别是能适合大面积、薄膜化生产。

④ 高的光伏转换效率。

⑤ 具有长期稳定性。硅在材料的选择方面有独特的优势。

#### 4.4.1.1 硅材料的资源优势

太阳电池产品需要高纯的原料，目前对于太阳电池要求硅材料的纯度是99.99999%，即在通常所说的（6～7）N。而对半导体技术要求的纯度还要高几个数量级。高纯硅材料是以优质石英砂为原料一步一步制备获得的。硅是地球上含量很丰富的元素，占第二位（25.8%），仅次于占第一位（49.5%）的氧元素。硅资源是指水晶、脉石英、石英砾石（砾石型石英）、天然硅砂等，属于非金属矿藏，主要化学成分为$SiO_2$，在自然界蕴藏丰富。我国高氧化硅含量的石英和硅石矿物储藏量丰富，分布很广，全国各地几乎都发现有高品位的含氧化硅矿，二氧化硅的含量大都在99%以上。我国是石英砂矿的出产大国，拥有大量的矿产资源，在世界冶金级硅的产量中我国就占了1/3，这是我国大力发展硅太阳电池的极为有利的资源条件。

#### 4.4.1.2 硅材料的性能优势

太阳电池对不同波长光的灵敏度是不同的，这就是光谱特性。光谱响应峰值所对应的入射光波长是不同的，硅材料光电池波长在0.8μm附近，光谱响应波长范围为0.4～1.2μm，相比其他来讲，硅材料太阳电池可以在很宽的波长范围内得到应用。晶体硅材料是间接带隙材料，带隙的宽度（1.2eV）与1.4eV有较大的差值，从这个角度讲，硅不是最理想的太阳电池材料。但人们对硅材料研究得最多，加工技术最成熟，而且性能稳定、无毒。它是制作半导体器件的主要材料，而半导体器件的发展又取决于信息技术的发展，信息技术和光伏产业的发展共同推动着硅材料技术与生产的大发展。虽然单晶硅太阳电池成本高，但是由于性能稳定，光电转换效率最高，技术也比较成熟，太阳能级单晶硅和浇铸多晶硅仍是当前全世界太阳电池最重要的材料来源。所以无论从资源还是从技术方面看，硅太阳电池具有其他材料无法比拟的优势。

从近几十年光伏工业生产状况看，硅太阳电池中的单晶硅和多晶硅太阳电池因丰富的原材料资源和成熟的生产工艺而占据现阶段太阳电池工业生产的主要份额，占90%以上。其实，关于半导体和光伏工业的材料选择多年前就有讨论，从近几十年光伏工业和半导体生产状况来看，选择硅材料是正确的。

### 4.4.2 体材料与薄膜材料的对比

作为体材料的晶体硅太阳电池所用的硅材料主要来自半导体硅材料的次品和单晶硅的头尾料，目前，工业生产的单晶硅电池采用的技术生产工艺所需的硅片是由直拉单晶硅棒切割而成的，制锭和切片的耗费都很大，硅片加工成本占20%，硅材料成本占太阳电池成本的50%～70%。因为硅材料价格比较高和太阳电池制备过程比较复杂，所以这种技术工艺大幅度降低成本是比较困难的。当然，不排除硅材料成本因为工艺革命性的改进，成本大幅度降低的可能。

另外，从提高太阳电池效率降低成本的前景来看，太阳能级单晶硅技术目前已经比较成熟，技术水平再提高的空间较小。现在单晶硅电池的转换效率为24.7%，与单晶硅电池的极限效率为29%相差不多，想通过提高效率使单晶硅太阳电池价格下降到与常规能源竞争的价格是非常困难的。

与单晶硅太阳电池相比，多晶硅电池成本有所降低。采用浇铸多晶硅制作太阳电池，省去了拉单晶硅这道工序，并且浇铸多晶硅生长简便，易于长成大尺寸方锭，生长能耗低，硅片成本低，从而降低了太阳电池的生产成本。但多晶硅电池光电转换效率很长时间无法突破20%，而单晶硅电池早在20多年前就已经达到，这是因为多晶硅材料与单晶硅材料相比存在明显缺陷，这些晶粒界面和晶格错位，造成多晶硅电池光电转换效率一直比单晶硅电池低。近年来多晶硅太阳电池的技术水平提升很快，其实验室电池转换效率最高已经达到20%以上，工业生产的多晶硅太阳电池组件的转换效率仅比单晶硅电池低1～2个百分点。从性价比上说，与单晶硅电池相比，多晶硅电池有更大的市场潜力。可是，无论单晶硅电池或是多晶硅电池，硅材料所占的成本都很大，并且太阳电池正处在高速发展时期，硅材料的生产能力存在巨大的缺口，因此要真正达到地面大规模利用太阳电池的目标，使太阳电池成为民用电池，降低硅材料的使用量就成为必需的发展方向。

太阳电池成为民用电池的目标价格是1美元/W，这个是可以与常规能源竞争的价格。多年来各国科学家为了避开拉制单晶硅或浇铸多晶硅、切片等昂贵工艺和浪费材料的缺点，发展了多种硅带制备技术，直接从硅溶液中拉制出适合太阳电池制备的具有适当形状、宽度及厚度的硅带，但并未大规模工业化生产，也就是说，现在尚未获得光伏工业的认可。

薄片化技术是指在保持太阳电池效率的前提下尽量减小晶体硅电池基片的厚度，但是这种技术仍然无法避免拉制单晶硅过程的昂贵工艺，不能从根本上大幅度减少硅材料的使用成本。另一种发展趋向是所谓的层转移技术，它是先在昂贵的单晶硅衬底上沉积高质量的硅膜，然后将硅膜从单晶硅片上分离下来并转移到玻璃或塑料薄膜等廉价衬底上，单晶硅衬底重复使用。它的优点是非常明显的，几十微米厚的高质量单晶硅膜保证了电池的高效率，廉价衬底有利于降低成本，单晶硅衬底重复使用不会增加多少附加成本。但是这种工艺太复杂，很难实现大规模的工业化生产。

目前，国际和国内太阳电池等级的多晶硅大都采用单晶硅棒纯度略低的头尾料，或单晶硅的锅底剩料来进一步熔炼、掺杂、勾兑并再次熔融铸锭而成。由于单晶硅产量的限制和价格大幅度上涨的影响，太阳电池等级的多晶硅成本相对较高。目前，世界多晶硅生产技术最先进的国家是美国、德国、日本和意大利等少数发达国家，以上四个国家产量占世界多晶硅产量总和的 90%以上，其核心技术多是德国西门子公司的改良技术，属于化学提纯法。

近来，采用物理提纯技术生产太阳电池等级的多晶硅正在进入产业化阶段。物理提纯法的基本思路是将纯度自下而上地提高（bottom up），与目前世界上的主要生产方式——改良型德国西门子化学提纯法纯度自上而下（top down）的模式迥然不同。这将在下面的章节介绍。物理提纯法的优点是价格低廉，虽然产品纯度比化学提纯法要低，但经过努力，作为太阳电池级多晶硅产品还可以，这是降低太阳电池材料成本的另一个重要方向。

### 4.4.3　薄膜太阳电池对比

薄膜材料在降低成本上具有如下潜力。

① 电池薄膜材料厚度从几微米到几十微米，是单晶硅和多晶硅电池的几十分之一，并且直接沉积出薄膜，没有切片损失，可大大节省原料。

② 可采用集成技术依次形成电池，省去组件制作过程。

③ 可采用多层技术等。因此，薄膜太阳电池具有大幅度降低成本的潜力，实现光伏发电与常规发电相竞争的目标，从而成为可替代能源。

由于薄膜太阳电池耗费硅材料较少，按 M. A. Green 计算的硅太阳电池极限效率的结果，$80\mu m$ 厚就可以达到硅太阳电池的峰值效率 29%，即使减小到 $1\mu m$ 仍可达到 24%。总之，与晶体硅材料相比，薄膜硅材料电池虽然效率偏低，电池板占地面积大，工艺欠成熟，但是主要优点是：耗费材料少，是单晶硅和多晶硅电池的几十分之一，成本低。因此，高效低成本的薄膜太阳电池成为太阳电池工业的发展方向之一。下面就来分析各种薄膜太阳电池。

对薄膜太阳电池一般的要求如下。

① 要有较高的光电转换效率。

② 材料本身对环境不造成污染。

③ 便于工业化生产且材料性能稳定。

现从以下几个方面进行分析。

#### 4.4.3.1　薄膜材料的资源分析

在各种薄膜太阳电池的组成元素中，镓（Ga）、铟（In）和碲（Te）属于稀散金属，这一组元素之所以称为稀散金属，一是因为它们之间的物理及化学性质等相似，它们常以类质同象形式存在于有关的矿物当中，难以形成独立的具有单独开采价值的稀散金属矿床；二是它们在地壳中平均含量较低，以稀少分散状态伴生在其他矿物之中，只能随开采主金属矿床时在选冶中加以综合回收、综合利用。也就是说，这些元素存在一个资源提供不足的问题。例如铜铟硒薄膜电池的生产，如果所有的电池都由铜铟硒来制备，全世界已探明的In储量还不够一年使用。因此，铜铟硒薄膜电池不会实现大规模产业化的发展目标。砷化镓电池成本也太高，约是传统电池成本的10倍，主要用在航天领域。而多晶硅薄膜原材料丰富，可供大规模的工业化应用，具有资源优势。

#### 4.4.3.2 对环境的影响

碲化镉太阳电池中，镉是重金属，有剧毒。镉在自然界中多以硫镉矿存在，并且常与锌、铅、铜、锰等矿物共存，虽然镉的化合物没有毒性，但在工业化生产和使用过程中，就有可能游离出有毒镉。镉的毒性很强，可在人体的肝、肾等组织中蓄积，造成各种脏器组织的破坏，尤以对肾脏损害最为明显，还可以导致骨质疏松和软化。其主要影响如下。

① 含有镉的尘埃通过呼吸道对人类和其他动物造成危害。

② 生产废水、废物排放所造成的污染。

砷化镓太阳电池的原料砷具有金属与非金属的性质，砷的化合物均有剧毒。砷多以三价（无机砷）和五价（有机砷）形态存在，三价砷化合物比其他砷化物毒性更强。砷化物易在人体内积累，造成急性或慢性中毒。慢性砷中毒会出现疲乏和失去活力等症状；较严重的砷中毒会出现胃肠道黏膜炎、肾功能下降、水肿倾向、多发性神经炎等。砷的氧化物三氧化二砷俗称砒霜，其剧毒无比。因此，从长远的环保角度看，碲化镉太阳电池和砷化镓太阳电池的大规模工业应用不为人们所接受。而多晶硅薄膜无毒性、无污染，在环境影响方面比较有优势。

#### 4.4.3.3 稳定性分析

碲化镉薄膜太阳电池工艺的产业化，尚有若干问题有待于进一步解决。首先，碲化镉的成膜方法不统一，有六七种之多，其中许多方法已做出转换效率大于12%的太阳电池。可是，不同工艺或同一工艺但不同人员所做的电池效率差别很大，按工业化的要求来看，这些成膜方法均不成熟。其次，组件的稳定性也存在问题，不同的研究者制备出的电池其稳定性差别很大，有的经过一段时间老化，表现出明显的衰退迹象。目前尚不能说明造成衰退的原因是碲化镉材料本身的质量问题，还是掺杂元素在界面上相互扩散的原因，或者是由于人们还没有认识到的其他问题。总之，碲化镉太阳电池稳定性机理尚不十分清楚，但可以肯定与电池材料和制作工艺密切相关，这将成为商品化的最大隐患。因此，这种电池与工业化生产有很大距离。

铜铟硒薄膜电池原子配比及晶格匹配往往依赖于制作过程中对主要半导体工艺参数的精密控制，即便是在很低的温度下，Se的含量、金属的扩散、杂质引入都难以控制，工艺的重复性差，不稳定。另外，Cu等元素可发生再反应，薄膜的亚稳性有待进一步探讨。

有机半导体薄膜太阳电池具有工艺简单、重量轻、价格低、便于大规模生产的优点。虽然电池转换效率较低，而且有机物的退化影响电池的稳定性，但是仍然有一定的研究价值。世界各国的研究机构一直在积极致力于提高有机薄膜太阳电池转换效率的研究实验。2007年7月，美国加利福尼亚大学在科学杂志《Science》上发表了“单元转换效率全球最高达6.5%”的文章。日本的住友化学公司也于2009年2月宣布，该公司的有机薄膜太阳电池的转换效率达到了6.5%。提高转换效率的关键在于，施主材料通过在聚合物骨架中导入提高其与受主材料之间能隙的结构，实现了约1V的高开放电压。另外，还导入可形成最佳发电层结构的取代基，兼顾了短路电流和电压的高水平。以期2015年前后使转换效率达到7%。而且研究刚刚起步，有机半导体体系的电流产生机制仍有许多值得探讨的地方，稳定性不是很好，转换效率还比较低，基本上还处于探索阶段。

非晶硅薄膜太阳电池低温生产，成本低，便于大规模生产。但是，非晶硅电池作为地面电源应用的最主要问题是效率较低、稳定性较差。引起效率低、稳定性差的主要原因是光诱导衰变，研究发现，非晶硅电池长期被光照射时，电池效率会明显地下降，这就是所谓的S-W效应，即光致衰退。另外，由于它的光学带隙为1.7eV，使得材料本身对太阳辐射光谱的长波区域不敏感，限制了它的转换效率。为了解决这些问题，人们主要从以下几个方面进行研究。

① 提高掺杂效率，增强内建电场，提高电池的稳定性。

② 提高本征非晶硅材料的稳定性（包括晶化技术），改善非晶硅电池内部界面，减少晶界少子复合。

③ 制造双结、多结电池，提高转换效率和电池的稳定性。

从上面对各种薄膜电池薄膜材料的资源分析、对环境的影响和稳定性的对比分析可以看出，多晶硅薄膜电池兼具单晶硅电池的高转换效率和高稳定性以及非晶硅薄膜电池材料制备工艺相对简化等优点，受到人们的注意。多晶硅薄膜电池既具有节省硅原料用量和简化硅片制造工艺的特点，又具有晶体硅电池转换效率高和稳定性好的优点。它的效率不仅优于非晶硅薄膜电池，而且已接近晶体硅电池。此外，多晶硅薄膜太阳电池的硅层即使薄到10$\mu$m，仍可以取得比较高的效率。由于多晶硅薄膜电池将晶体硅电池优异的光电性能与薄膜电池的低成本优势集于一身，因此被认为是第二代太阳电池的最有力的候选者之一。虽然多晶硅薄膜电池具有上述优点，但是也有下面问题需要考虑。

① 多晶硅薄膜电池比非晶硅薄膜电池的材料要厚，因此在沉积薄膜时需要更长的时间，这需要提高沉积速率。

② 与非晶硅薄膜电池相比加入了退火工艺，需要消耗能量，因此如何尽可能减少退火时消耗的能量是需要认真研究的问题。

③ 退火的温度高就需要耐高温的玻璃，温度越高玻璃的价格就越高，因此在退火时要求在形成相对高质量的多晶硅薄膜情况下采用尽可能低的退火温度。

从以上对各种太阳电池的描述可以看出，薄膜电池除了节省材料外，还有诸多优势和发展潜力，在提高效率和降低成本的要求下，太阳电池势必走向薄膜化。硅材料因其资源丰富、无毒性、有合适的光学带隙、研究较充分、便于大批量工业化生产被当成制备薄膜电池的主要材料。多晶硅薄膜兼具晶体硅的高迁移率、高稳定性及非晶硅的节省原料、工艺简便、便于大面积组件、结构灵活的优点，被认为是最有应用前景的太阳电池材料。现在薄膜电池在走向工业化的过程中，主要存在设备的批量化生产和设备一次性投入较高等问题。

总之，对晶体硅电池来说，其优势地位在较短时间内还难以被取代，尤其是制备成本比单晶硅电池降低了却仍然拥有良好性能的多晶硅电池，并且它们正朝着薄层化方向发展。同时原材料的成本也随着新技术的发展和大规模商业化而不断降低。

太阳电池分类及性能对比见表4.1。

表 4.1　太阳电池分类及性能对比

| 太阳电池类型 | 材料 | 材料成本与工艺 | 电池效率 | 环保性 | 稳定性 |
|---|---|---|---|---|---|
| 硅太阳电池 | 单晶硅 | 成本高,工艺烦琐 | 最高 | 清洁 | 很高 |
| | 多晶硅 | 成本较高,工艺较单晶硅简单 | 较高 | 清洁 | 高 |
| | 多晶硅薄膜 | 成本低,工艺复杂 | 较高 | 清洁 | 较高 |
| | 非晶硅薄膜 | 成本低,工艺较复杂 | 一般 | 清洁 | 不高 |
| 多元化合物薄膜太阳电池 | 砷化镓 | 成本低,工艺复杂 | 最高 | 砷有剧毒 | 高 |
| | 碲化镉 | 成本较低,易于规模生产 | 较高 | 镉有剧毒 | 较高 |
| | 铜铟锡 | 原材料铟资源稀少 | 较高 | 较清洁 | 较高 |
| 染料敏化化学太阳电池 | — | 成本低,工艺复杂 | 一般 | 清洁 | 一般 |
| 有机材料薄膜太阳电池 | — | 成本低,工艺不成熟 | 较低 | 清洁 | 较差 |

## 参　考　文　献

[1] 秦桂红，严彪，唐人剑. 多晶硅薄膜太阳能电池的研制及发展趋势 [J]. 上海有色金属，2004，25 (1)：38-42.

[2] 赵玉文. 太阳电池新进展 [J]. 物理，2004，33 (2)：99-105.

[3] Chopra K L，Paulson P D，Dutta V. Thin film solar cells：an overview prog [J]. Photovolt：Res Appl，2004，12：69-92.

[4] Shah A V，Schade H，Vanecek M，et al. Thin-film silicon solar cell technology prog [J]. Photovollt：Res Appl，2004.

[5] 段启亮. ZAO 导电膜的制备及特性研究 [D]. 郑州：郑州大学硕士学位论文，2005.

[6] Lechner P，Schade，H. Photovoltaic thin-film technology based on hydrogenated amorphous silicon [J]. Prog Photovoltaics，2002，10：85-98.

[7] Ayra R R，Carlson D E. Amorphous silicon PV module manufacturing at BP solar [J] . Prog Photovoltaics，2002，10：67-68.

[8] Mokoto Konagai. Thin film solar cells program in Japan [J] . Technical Digest of the International PVSEC-14. Bangkok，Thailand，2004：657-660.

[9] 卢景霄. 硅太阳电池稳步走向薄膜化 [J]. 太阳能学报，2006，27 (5)：444-450.

# 第5章

# 非晶硅薄膜太阳电池

以硅片为载体的晶体硅太阳电池理论极限效率约为29%，按目前技术路线，提升效率的难度已经非常大；另外，在晶体硅太阳电池中硅材料成本占主要部分。而硅薄膜太阳电池的厚度不到1μm，不足晶体硅太阳电池厚度的1/100，这就可以大大降低制造成本。硅薄膜太阳电池包含多晶硅薄膜太阳电池和非晶硅薄膜太阳电池，其中非晶硅薄膜太阳电池是目前应用最广泛的硅薄膜太阳电池。下面以常用的玻璃为衬底原料，介绍生产非晶硅薄膜太阳电池的生产过程。

## 5.1 透明导电氧化物薄膜

在太阳电池应用方面，因为薄膜太阳电池的厚度很薄，横向电阻很大，所以它的电极就不能像晶体硅电池一样，使用栅线来收集光生电子或空穴电荷，而必须采用面接触的形式把电荷引出来，这样就必须使用导电材料来作为电极。另外，光必须通过这种导电材料，照到薄膜太阳电池才能发电，所以这种导电材料透光率要高；同时，因为要长期在不同条件下应用，所以还必须很稳定。

透明导电氧化物（transparent conductive oxide，TCO）薄膜主要包括金属元素铟、锑、锌和镉的氧化物及其复合多元氧化物薄膜材料，具有禁带宽、可见光谱区光透射率高和电阻率低等特性，广泛地应用于太阳电池、平面显示、特殊功能窗口涂层及其他光电器件领域。早期透明导电薄膜以掺锡氧化铟（indium tin oxide，ITO）为代表，这种材料的主要参数如下：可见光波段的透过率为85%，电阻率为$10^{-3}\Omega \cdot cm$。

ZAO（掺铝氧化锌）则是近年来才出现的新型透明导电材料，它是在纯ZnO中，通过一定的手段，掺入很少量的杂质Al而制成的。它具有可与ITO相媲美的光学、电学性能，因此在薄膜太阳电池上得到了广泛的应用，被认为是最有发展潜力的材料之一。当然，人们还开发了$Zn_2SnO_4$、$In_4Sn_3O_{12}$、$MgIn_2O_4$、$CdIn_2O_4$等多元透明氧化物薄膜材料。TCO薄膜的制备工艺以磁控溅射法最为成熟，为进一步改善薄膜性质，各种高新技术不断被引入，制备工艺日趋多样化。

### 5.1.1　ZAO 薄膜的特性

TCO 薄膜为晶粒尺寸数百纳米的多晶层，晶粒取向单一。一般具有高载流子浓度（$10^{18}\sim10^{21}cm^{-3}$），但迁移率不高，电阻率最高达 $10^{-4}\Omega\cdot cm$ 数量级，可见光透射率为 80%～90%。TCO 薄膜的低电阻率特性由载流子浓度决定，但由于多晶膜的导电机理比较复杂，低电阻率成因尚待进一步研究。

纤锌矿型 ZnO 的 X 射线衍射谱图如图 5.1 所示。

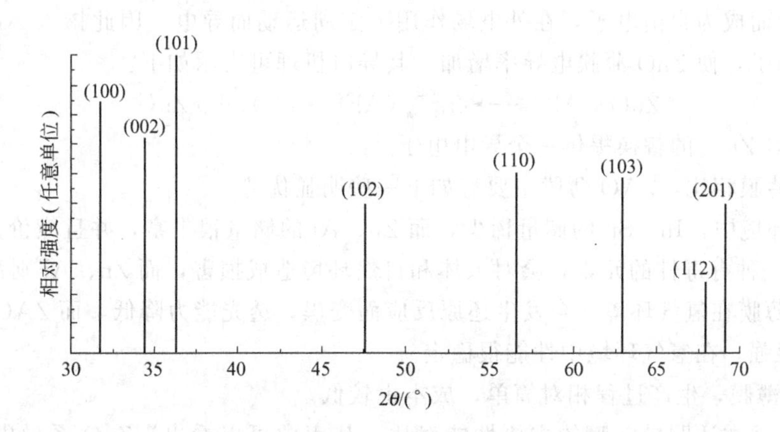


图 5.1　纤锌矿型 ZnO 的 X 射线衍射谱图

ZnO 是一种新型的Ⅱ-Ⅵ族宽禁带氧化物半导体材料，为六方纤锌矿结构，属于六角晶系点群，可以视为由沿着 $c$ 轴方向的 Zn-O 原子偶层构成，即一层 Zn 原子与一层 O 原子紧靠在一起的重复排列结构。Zn 原子和 O 原子各自按六方密堆方式排列，每一个 Zn 原子位于 4 个相邻的 O 原子所形成的四面体间隙中，但其只占据氧原子半数的四面体间隙，$Zn^{2+}$ 和 $O^{2-}$ 两套晶格在空间相互套构形成晶胞。一个负离子氧空位与其周围带正电的 $Zn^{2+}$ 作用，使其正电荷正好抵消，但是这两个电子不是填充在原子（或离子）的满壳层上，故容易被激发成为自由电子，即变成导带的电子，因而负离子氧起施主作用。同理，正离子锌留下两个空穴（即两个正电荷），空穴可以激发到价带成为自由空穴，起受主作用。此外，在一定的温度下，晶格格点的 Zn 原子或 O 原子会由于热振动，偏离格点的位置而位于晶格的间隙，形成锌填隙 $Zn_i$ 或氧填隙 $O_i$，这些自间隙原子对 ZnO 的导电性能也有影响。

ZnO 薄膜材料，尤其是 $c$ 轴取向占优势的 ZnO 薄膜，具有很好的光学和电学特性。其光学禁带宽度在 3.1eV 以上，大于可见光的能量，对可见光的透射率很高（≥85%），紫外区截止，对红外线的反射率在 80%以上。在 ZnO 薄膜中掺入 Al 元素之后，并没有改变 ZnO 薄膜的晶体结构，而是取代了 Zn 的替位掺杂，只是薄膜的性质会发生一些变化，相应的导电机理也会发生变化。ZAO 薄膜具有 $c$ 轴高度取向的六方纤锌矿结构，配位数为 4。对 ZAO 电子能谱分析表明，薄膜中 Al 以 $Al^{3+}$ 的形式存在，Zn 以 $Zn^{2+}$，O 以 $O^{2-}$ 的形式存在。俄歇能谱分析表明，薄膜中 Zn 与 O 的原子比在整个厚度中基本保持不变，其值大于 1，说明薄膜中处于缺氧状态。在 ZAO 薄膜中，$Al^{3+}$ 对 $Zn^{2+}$ 的部分取代使 ZAO 薄膜的晶格常数 $c$ 发生了变化，但薄膜仍然保持 $c$ 轴的高度择优取向。

ZnO 薄膜是直接带隙半导体，薄膜的光电特性与其化学组成、能带结构、氧空位数量及结晶密度密切相关。纯 ZnO 薄膜的导电性主要源自氧缺位和填隙锌原子，掺入 Al 元素之后，ZAO薄膜的导电性则主要来自氧缺位和Al离子对Zn离子的置换所提供的导电电子。当ZnO中掺入少量的Al时，由于Al的离子半径（$R_{Al}=0.060$nm）比Zn的离子半径（$R_{Zn}=0.096$nm）小，所以Al原子容易成为替位原子占据Zn原子的位置。由于Al原子是三价的，而Zn原子是二价的，Al原子趋向于以$Al^{3+}+3e^-$的方式发生固溶，$Al^{3+}$占据晶格中$Zn^{2+}$的位置，Al原子的三个价电子中有两个参与同氧的结合，第三个电子$e^-$不能进入现已饱和的键，它从杂质原子上分离开去，形成一个正电荷中心和一个多余的电子，此电子的能级位于能隙中稍低于导带底处，在常温下，此电子就能够获得足够的能量从施主能级跃迁到导带上而成为自由电子，在外电场作用下定向运动而导电。因此掺入Al原子的结果是增加了净电子，使ZnO薄膜电导率增加。其导电机理可表示如下：

$$ZnO+Al^{3+}\longrightarrow Zn_{1-x}^{2+}(Al^{3+}\cdot e^-)_x+xZn^{2+}$$

即每个$Al^{3+}$对$Zn^{2+}$的替换提供一个导电电子。

与ITO薄膜相比，ZAO薄膜主要有如下一些明显优势。

① 自然环境中，In、Sn的储量稀少，而Zn、Al的储量很丰富，并且廉价。

② In是一种有毒性的元素，会对人体和自然环境造成损害，而Zn、Al则没有毒性。

③ ITO薄膜在氢气环境下会发生还原反应而变黑，透光能力降低，而ZAO薄膜抵抗氢还原的能力很强，在氢气环境中性能很稳定。

④ ZAO薄膜，生产过程相对简单，成本也较低。

表5.1是几类透明导电膜的主要性能对比，从表中可以看出，ZnO系导电薄膜（包括ZnO掺Al形成的ZAO导电膜）拥有与其他类型导电膜类似的光电性能，是一种理想的透明导电膜材料。

**表5.1 几类透明导电膜的主要性能对比**

| 性能 | $In_2O_3$ | $SnO_2$ | ZnO |
|---|---|---|---|
| 禁带宽度$E_g$/eV | 3.75 | 3.7 | 3.4 |
| 熔点/℃ | 约2000 | >1930 | 1975 |
| 密度/(g/cm³) | 7.12 | 6.99 | 5.67 |
| 电子有效质量$m^*/m_e$ | 0.3 | 0.28 | 0.28 |
| 掺杂元素 | Sn,Ti,Zr,F,Cl | Sb,As,P,F,Cl | B,Ga,Al,In,Si,Sn,F,Cl |
| 晶体类型 | 立方 | 金红石 | 纤锌矿 |
| 晶格常数/nm | $a=1.012$ | $a=0.474, c=0.319$ | $a=0.325, c=0.521$ |
| 直流电阻率/Ω·cm | $10^{-4}\sim10^{-2}$ | $10^{-4}\sim10^{-2}$ | $10^{-4}\sim10^{-1}$ |
| 折射率 | 2.0～2.1 | 1.8～2.2 | 1.85～1.9 |

## 5.1.2 太阳电池对TCO镀膜玻璃的性能要求

### 5.1.2.1 透光率

所谓透光率是指透过透明或半透明体的光通量与其入射光通量的百分率。为了能够充分地利用太阳光，TCO镀膜玻璃一定要保持相对较高的透光率。目前，产量最多的硅薄膜电池是双结非晶硅电池，并且已经开始向非晶/微晶复合电池转化，非晶/微晶复合叠层能够吸收利用更多的太阳光，提高转换效率，这就要求TCO镀膜玻璃一定要保持相对较高的透光率。

#### 5.1.2.2 光陷阱

对于光面的太阳电池反射光强约是入射光强的0.32倍，做光陷阱就是为了减少光的反射。硅光电池结构从对光子的作用可大致分为光子透明体和光子吸收体两部分，前者主要指玻璃这类载体，后者主要指硅体。光陷阱结构有金字塔绒面、多孔硅、压花法、溶胶-凝胶等。不论采用何种光陷阱结构，都必须使其与太阳电池的制造工艺相互兼容。在一般情况下，普通镀膜玻璃要求膜层表面越光滑越好，为了增加薄膜电池半导体层吸收光的能力，太阳电池用TCO玻璃需要提高对透射光的散射能力，一般用漫射的光通量与透过材料的光通量之比的百分率表示。

#### 5.1.2.3 导电性能

制作薄膜太阳电池，需要电阻率低、导电能力强的导电膜作为透明电极层。TCO导电膜的导电原理是：在原本导电能力很弱的本征半导体中掺入微量的其他元素，使半导体的导电性能发生显著变化，导电能力增强，电阻率降低。具有代表性的TCO材料半导体的能隙都在3eV以上，只有波长在350～400nm（紫外线）以下的光才能将价带的电子激发到导带。因此，在可见光范围内不会发生由电子在能带间迁移而产生的光吸收，TCO对可见光是透明的。这些材料的电阻率约为$10^{-3}$～$10^{-1}\Omega\cdot cm$。如果进一步在$In_2O_3$中加入Sn，在$SnO_2$中加入Sb、F，或在ZnO中加入In、Ga或Al等掺杂物，可将载流子的浓度增加到$10^{20}$～$10^{21}cm^{-3}$，使电阻率降低到$10^{-4}$～$10^{-3}\Omega\cdot cm$。

#### 5.1.2.4 激光刻蚀性能

薄膜电池在制作过程中，需要将表面划分成多个长条状的电池组，这些电池组被串联起来用于提高输出能效。TCO玻璃在镀硅薄膜之前，必须要对表面的导电膜进行刻划，被刻蚀掉的部分必须完全除去氧化物导电膜的膜层，以保持绝缘。由于刻蚀的线条要求很细，刻蚀一般用激光，TCO薄膜必须满足激光刻蚀沟槽均匀、剔除干净的特点。激光刻蚀用来分立电池单元和互联线的隔离作用，它在电池面板生产阶段，在每一层沉积的薄膜上都刻蚀多达数百条的刻膜线条。一般来讲，透明导电膜TCO的膜层一般为$SnO_2$或者ZnO等，行业内通常称此道工序为P1，用波长为1064nm的激光器刻划。中间产生光电效应的Si膜层（P2），用波长532nm的绿色激光器刻划；背电极Al膜层（P3），也用波长532nm的绿色激光器刻划；最后面板周边绝缘清边（P4），用较大功率的波长为1064nm的激光器刻划。

#### 5.1.2.5 耐候性与耐久性

光伏电池在安装上以后，尤其是光伏一体化建筑安装在房顶和幕墙上时，不适宜进行经常性的维修与更换，这就要求光伏电池具有良好的耐久性，目前，行业内通用的保质期是20年以上，因此，TCO玻璃的保质期也必须达到20年以上。

### 5.1.3 ZAO导电膜的研究现状及制备方法

#### 5.1.3.1 ZAO的国内外研究现状

国外对ZAO导电膜的研究开始于20世纪80年代早期，最早是Chopra等报道的。利用热喷涂的方法制备ZAO导电膜，所使用的原料是乙酸锌和少量$AlCl_3$的混合溶液，加热后喷涂在基片上，溶液受热分解，就生成了一层ZAO导电膜。20世纪在80年代中期Minami等将ZAO、$SnO_2$和ITO导电膜置于氢气环境下进行热处理，通过对热处理前后性能的对比发现，经过热处理之后，$SnO_2$和ITO导电膜都发生了还原反应，还原出了相应的金属单质，而ZAO导电膜则没有发生明显的改变，这就说明，ZAO导电膜比其他类导电膜具有更好的抗还原能力，这是一个优势。Ghosh 对 ZAO 薄膜的载流子散射机理做了研究，他认为，较低温度下以晶界散射为主，而较高温度下则以电离杂质散射和声子散射为主，进而导出了薄膜霍尔迁移率的计算公式，并且制备出霍尔迁移率 $1.28cm^2/(V \cdot s)$，最小电阻率为 $3.81 \times 10^{-4} \Omega \cdot cm$ 的薄膜。Islam 等对 ZAO 导电膜做了 XRD 和 XPS 分析，结果发现，ZAO 与 ZnO 的空间点阵结构很相似，但是晶格常数（$c$、$a$）比 ZnO 的要大一些，XPS 分析还发现有过量的 Zn 原子存在。Sernelins 等分析了 ZAO 的光学性能，计算出了薄膜的禁带宽度并做了解释，制备出了厚度为 300nm 的 ZAO 薄膜，其可见光透过率在 90%以上。Zafar 等认为，薄膜的组织结构和电离杂质散射对薄膜的导电性能起到至关重要的作用，还制备出了具有优良光电性能的大面积 ZAO 薄膜，最低电阻率达到 $10^{-3} \Omega \cdot cm$ 数量级。Igasaki 在蓝宝石衬底上制备了 ZAO 薄膜，分析了沉积速率、基片温度与组织结构对薄膜光电性能的影响，基片温度在 200～350℃范围内，经过分析测试，证明薄膜是单晶体薄膜。Wendt 等对溅射制备过程中热能的变化、离子能量对成膜质量的影响、溅射工艺参数（例如气体流量、氧分压、溅射功率等参数）对薄膜组织结构以及光电性能的影响做了较为深入的分析，认为，氧分压对薄膜的光电性能影响较大，是较难控制的参数；另外，通过对射频溅射与直流溅射工艺的对比，认为射频源的存在更有利于高质量膜的沉积生长，高能离子对基片的碰撞和加热作用有利于提高薄膜的载流子密度和迁移率。Park 等以 $ZnO+Al_2O_3$ 的混合陶瓷靶作为靶材，以射频磁控溅射工艺制备出了光电性能良好的 ZAO 导电膜；在利用 XRD 测定薄膜的晶体结构时发现，薄膜的衍射谱线中只有［002］晶面衍射峰，说明薄膜的 $c$ 轴取向很好，薄膜的生长垂直于衬底表面，还发现衍射峰位会随靶材中 Al 含量的改变而发生微小的移动，他们认为，这是因为锌离子和铝离子的半径不同，相差比较大，所以随着薄膜中铝含量的不同，$c$ 轴的长度也会发生改变；沉积速率随衬底温度的升高而减小并在某一个温度达到饱和值；工作气压增大时，溅射出的靶材离子与氩离子的碰撞概率增加，动能损失增大，在衬底上的迁移受到限制，薄膜的表面变得粗糙。Kluth 等利用射频磁控溅射（ZAO 陶瓷靶）和直流磁控溅射设备（锌铝合金靶）制备了 ZAO 导电膜，样品在可见光区的透射率超过 83%，电阻率达到 $2.7 \times 10^{-4} \Omega \cdot cm$，随后将样品置于稀盐酸溶液中进行腐蚀，发现不同组织结构的薄膜，腐蚀后的表面形貌也有所不同；溅射气压越低，薄膜的抗腐蚀能力越强；绒面的光散射效果可以通过控制腐蚀时间来调控；只要导电膜没有被完全腐蚀掉，仍然可以保持良好的导电性能。腐蚀后，ZAO 导电膜作为电极材料制备薄膜电池，取得了较高的光电转换效率。Schuler 和 Tang 用溶胶-凝胶法制备 ZAO 薄膜，并且研究薄膜的光电特性和晶体结构，这种制备方法成本低，设备简单，较容易实现大面积镀膜。A. F. Aktaurzzaman 应用溅射法制备 ZAO 薄膜，其电阻率约 $10^{-3} \Omega \cdot cm$，可见光透过率约 85%，在氢气中性能稳定。

#### 5.1.3.2 ZAO 的制备方法

（1）溅射法　溅射法采用 Zn＋Al 合金靶或是 $ZnO+Al_2O_3$ 陶瓷靶，以 Ar 和 $O_2$ 的混合气体作为反应气体。溅射镀膜过程中，使放电气体 Ar 电离成高能粒子轰击靶材。当使用合金靶时，溅射出的 Zn、Al 原子与 $O_2$ 发生反应，形成 ZAO 薄膜；当采用陶瓷靶时，溅射出的靶材分子到达衬底，形成薄膜。溅射法包括电子束溅射、磁控溅射、射频溅射、直流溅射等多种方法。由于溅射的能量较高，因而可制备出结构较为致密、均一、$c$ 轴取向良好的 ZAO 薄膜，所以各种溅射方法，尤其是磁控溅射方法是人们普遍使用的制备 ZAO 薄膜的方法。

(2) 化学气相沉积法　使用具有挥发性，在高温下能够分解的金属有机化合物或氧化物作为反应物，在高温下与$O_2$、$H_2O$或$H_2O_2$发生氧化反应，生成金属氧化物。在使用化学气相沉积法制备ZAO薄膜时，使用乙酸锌和氧化铝的混合溶液，在高温下与$O_2$发生反应，在衬底上生成ZAO薄膜。

(3) 热分解法　是将硝酸锌或乙酸锌与氧化铝的有机溶液或水溶液以压缩气体为载体，喷射沉积到加热的衬底上，衬底上的溶液在高温下分解形成ZAO薄膜。这种方法的优点是无须高真空环境，但薄膜的均匀性和致密性不够理想。

(4) 脉冲激光沉积法　脉冲激光沉积法是高功率的脉冲激光束经过聚焦之后，通过窗口进入真空室照射靶材，激光束在短时间内使靶表面产生很高的温度并使其气化，产生等离子体，其中所包含的中性原子、离子、原子团等以一定的动能到达衬底，从而实现薄膜的沉积。由于激光束能量高，因此这种制备方法沉积速率较高，膜的质量高，而且沉积温度低。但是薄膜中易生成一些小颗粒。

(5) 分子束外延法　是在超高真空中，以慢沉积速率蒸发镀膜的方法。采用和气态蒸镀材料运动方向几乎相同的中性分子流（即分子束）来控制薄膜的生长。通过控制分子束流的种类和强度，可以精确地控制晶体生长速率、杂质浓度比、化合物成分比等。并且由于分子束外延的沉积薄膜的速率非常慢，因而可以很好地控制膜厚。但缺点是沉积速率太慢。

(6) 锌膜氧化法　是一种较为简单的ZnO薄膜的制备方法。制备时先用溅射或其他镀膜的方法制备一层Zn膜，然后将样品置于氧气炉中氧化，一般生成多晶ZnO薄膜。利用此法制得的薄膜由于退火温度的不同使结晶状况及其成分有较大的差别，只有在较高的温度下退火，Zn才会被完全氧化，并且得到结晶状况相对较好的薄膜。

(7) 电泳法　将荧光粉溶解于异丙醇中，在外加电场的作用下使ZnO荧光粉颗粒沉积到阴极衬底上。电泳法较重力沉淀法而言，可以制备相对光滑、致密均匀的荧光层，并且可以由电泳的时间来控制荧光层的厚度。但是荧光层的附着性能仍旧较差，薄膜内容易出现小洞、凹坑等缺陷。

(8) 溶胶-凝胶法　溶胶-凝胶技术制备ZAO薄膜时，一般先将锌的可溶性无机盐或有机盐如$Zn(NO_3)_2$、$Zn(CH_3COO)_2$等与$Al(NO_3)_3$或$AlCl_3$混合，在催化剂冰醋酸及稳定剂乙醇胺的作用下，溶解于乙二醇甲醚等有机溶剂中形成溶胶。然后采用浸渍提拉或旋涂的方法将溶胶均匀涂于衬底上，再在一定工艺处理下生长ZAO薄膜。溶胶-凝胶法的优点是成膜均匀性好，对衬底的附着力强，可精确控制薄膜的掺杂水平，而且无须真空设备，成本低，适于批量生产等，从而越来越受到研究人员的关注。

磁控溅射工艺制备ZAO导电膜是目前主流的工艺，下面做重点介绍。磁控溅射工艺，使用比较便宜的Zn/Al合金靶材，在平板玻璃上溅射制备ZAO导电膜。

### 5.1.4　磁控溅射镀膜的物理过程

#### 5.1.4.1　磁控溅射结构

溅射镀膜的方法多种多样，按照电极的结构、电极的相对位置以及溅射镀膜的过程，可分为二极溅射、三极溅射（包括四极溅射）、磁控溅射、对向靶溅射、离子束溅射、吸气溅射等。按照溅射方式的不同，可分为直流溅射、射频溅射（13.56MHz）、偏压溅射和反应溅射等。下面以CS-300型磁控溅射镀膜机直流溅射为例具体说明。该磁控溅射镀膜机钟罩尺寸为$\phi$300mm×300mm，4个靶位，极限真空度小于等于$5\times10^{-4}$Pa，恢复真空度小于等

于 $5\times10^{-3}$Pa，抽气时间为 30min，工作烘烤温度在 0～700℃可调，最大电功率为 8kW，设备重量为 250kg。

该镀膜机主要由镀膜室、真空系统电控部分、反应气体接口和冷却水接口等部分构成。下面就镀膜室以及真空系统做一简要介绍。

(1) 镀膜室　镀膜室形似反扣的钟罩，顶上开盖，用不锈钢制成，内、外壁机械抛光，盖板与翻转机构相连，两者之间用 O 形氟橡胶圈密封，盖板预紧力依靠盖板重量，盖板密封依靠大气压力。盖板上有观察窗，可以观察工作情况。在观察窗外侧装有磁力耦合的溅射预挡板。

镀膜室侧壁装有 4 个磁控靶靶位，其夹角为 90°，靶材中装有永磁体，与靶材接触处采用紫铜，便于靶材散热。靶座中心通水冷却，进、出水管分上、下两个（下进上出），由不锈钢制作。它也是靶的电极，基片被夹具装于六角形样品架上。样品架置于镀膜室中心托盘的中轴上，中轴上装滚珠。样品架由抽气口侧面的带有伞形齿轮的电机通过磁力耦合带动而转动，转速 15r/s。挡板为圆筒形，筒壁开有一长方形的窗口，由于设备的温度较高，在筒内加了两层屏蔽，在筒底部和顶部各有两层屏蔽，置于同轴的弹子盘上，此挡板由盖板上的一组磁力耦合带动，用手拨动方位，只有窗口对着的加电靶，其靶材才能溅射到基片上。

镀膜室底部抽气口侧向装有四个接口，左侧用于装高、低真空测量仪，右侧装有一个反应气体进入接头，供反应气体输入，并且由内部结构将气体输送至镀膜室顶部。

基片加热采用 $\phi1.5$mm 的钼丝加热器，用绝缘陶瓷固定。加热丝的外侧为固定基片的样品架，内侧为两层温度屏蔽罩，中心为反应气体导入管，底板上装有一个引线法兰，供热电偶等使用。磁力耦合传动及引线座的应用，确保了真空密封性，还避免了转轴密封的油污染，提高了真空气氛纯度。

(2) 真空系统　真空系统主要由机械泵、涡轮分子泵及金属波纹管、管道、高真空阀、电磁阀和规管组合接头等组成。整个真空系统全由不锈钢制成，焊缝均用氩弧焊。法兰均采用金属密封圈，活动密封处均采用氟橡胶 O 形圈。所有截止阀都采用不锈钢波纹管高真空阀。所有大气至真空的轴（转动轴、电极引线）均采用无油真空密封，从而可获得清洁的真空环境。

#### 5.1.4.2 溅射操作程序

溅射操作程序如下。

① 打开放气阀，充入干燥氩气，打开盖板，迅速将玻璃片状物置于样品架上，装入镀膜室，置于旋转架上。

② 放下盖板，关好充气阀，打开机械泵及闸板阀抽气，并且打开通往涡轮分子泵的冷却水。

③ 抽至 15Pa，开涡轮分子泵电源。待真空度达到所需工作真空度。

④ 开基片加热电源，将温度调至所需工作温度，达到所需工作温度后，稳定一段时间。

⑤ 关闭涡轮分子泵闸板阀，然后再开到 2～3 圈，打开质量流量计，调节所需充气量，若真空度太高或太低，可调节闸板阀的启闭程度，稳定在所需工作真空度。

⑥ 打开通往靶的冷却水，拨动高压电源的波段开关至所需的工作靶位。拨动挡板，挡住此靶。

⑦ 开磁控溅射电源，调节变压器电压，使之启辉并使溅射电流达到所需最佳值，预溅射 1～2min，清洁玻璃基片、靶和室内部件，以便得到附着牢固且取向良好的薄膜。待电

压、电流稳定后，打开旋转机构，拨动挡板，使该窗口对准该靶，该靶材即被溅射到基片上，根据膜厚需要，调节溅射功率和时间。

⑧ 需要镀另一靶材时，须将磁控溅射调零，拨动波段开关至所需的靶位，再重复步骤⑦。

⑨ 溅射完毕，关基片加热电源，关质量流量计，然后全部打开涡轮分子泵阀，使温度处于不妨碍基片质量时，再关闭闸板阀及分子泵电源。

⑩ 全部镀完取出基片后，放下盖板，关好放气阀，打开机械泵抽至15Pa，开分子泵电源，抽至高真空，然后关机。

## 5.1.5 TCO结构性能指标分析

### 5.1.5.1 透光率

为了能够充分地利用太阳光，TCO镀膜玻璃一定要保持相对较高的透光率。图5.2是一般情况下ZAO薄膜的可见光透光率，薄膜的平均透光率在85%以上，是一种理想的透明电极材料。

### 5.1.5.2 结构分析

ZAO薄膜的导电能力与自身的结晶状况密切相关，结晶状态好，薄膜内部因断键、成分起伏等引起的载流子复合作用就弱，因此导电能力就好；而结晶状态差的ZAO薄膜的导电能力就很差。X射线衍射方法可以对物质的结晶状况、晶体的晶面取向以及晶粒大小进行分析。

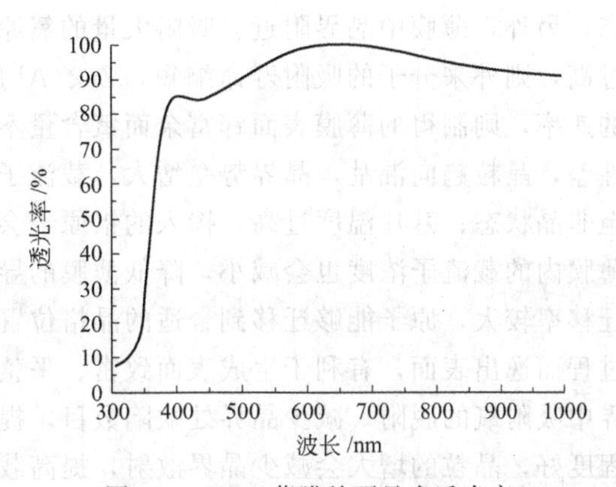

图5.2 ZAO薄膜的可见光透光率

### 5.1.5.3 电阻分析

ZAO导电薄膜就是将铝元素掺杂到氧化锌中，提高电导率。制作薄膜太阳电池，需要电阻率低、导电能力强的导电膜作为透明电极层，有必要对制得薄膜的导电性能进行测试。对于n型半导体材料ZAO，其电阻率为：

$$\rho=(nq\mu_n)^{-1} \tag{5.1}$$

材料的电阻率与载流子的浓度 $n$ 及载流子的迁移率 $\mu_n$ 密切相关。对一般的 $n$ 型半导体而言，电子的浓度 $n$ 约为施主的浓度 $N_D$。ZAO薄膜的导电性能主要来自薄膜中的氧空位和锌填隙，此外，还由于铝离子替代了一部分锌离子，这样就多出了一些自由电子，提高了薄膜的导电能力。对于薄膜材料，常用方块电阻 $R_\square$（Ω）来表征其导电性能。

$$R_\square=\rho l/s=\rho l/lx_j=\rho/x_j \tag{5.2}$$

方块电阻的大小与膜层的平均电阻 $\rho$ 成正比，与膜层的厚度 $x_j$ 成反比，而与正方形的边长 $l$ 无关。

方块电阻一般采用四探针法来测量，装置如图5.3所示。四根由钨丝制成的探针排成直线，彼此相距为 $s$。测量时将针尖压在薄膜样品的表面上，外面两根探针通电流 $I$，测量中间两根探针的电压 $V$。如果被测样品的长度和宽度比探针间距

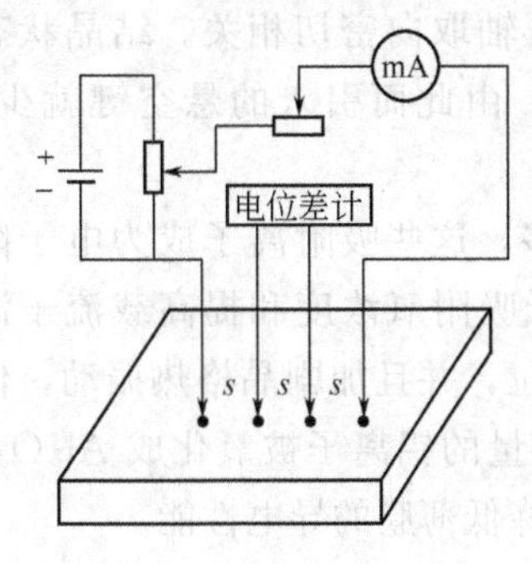

图5.3 四探针法测量薄膜方块电阻装置

大很多时，薄膜的方块电阻可以表示为：

$$R_{\square}=4.53V/I \tag{5.3}$$

如果样品的面积较小时，上式中的系数必须加以适当的修正。

#### 5.1.5.4　厚度测量

薄膜厚度是利用薄膜的干涉效应来测量的。当光束入射到薄膜表面上时，将在薄膜内产生多次反射，并且从薄膜的两个表面有一系列的平行光射出，对出射光束做类似多光束干涉的计算，就可以得到薄膜厚度 $h$ 的数值。

### 5.1.6　影响TCO薄膜性能的主要因素

#### 5.1.6.1　衬底温度的影响

（1）衬底温度对薄膜结晶的影响　衬底温度的不同直接影响衬底表面吸附原子的迁移率、再蒸发和结晶状况，从而对薄膜的特性有很大影响。在较低的衬底温度下，衬底表面吸附原子的迁移率较低，外来分子或原子即使有较高的能量也容易被衬底迅速“冷却”，使其表面扩散长度大为减小，迁移成核困难，这样形成的薄膜表面较为粗糙，为多晶或非晶状态；另外，薄膜中晶界附近会吸附大量的氧原子，形成电子陷阱降低载流子浓度。衬底温度过高，则外来分子的吸附寿命缩短，Zn、Al原子与O原子的结合速率小于ZAO分子分解的速率，则制得的薄膜表面锌富余而氧含量不足，就会引入大量的氧空位，导致薄膜的致密性差，晶粒趋向混乱，晶界势垒增大，载流子浓度降低，薄膜的表面也较为粗糙，为多晶甚至非晶状态；基片温度过高，掺入的铝原子会与氧结合成为 $Al_2O_3$，替位铝原子相对减少，薄膜内的载流子浓度也会减小，降低薄膜的导电能力。而在适当的衬底温度下，吸附原子的迁移率较大，原子能够迁移到合适的晶格位置成核，而与衬底吸附力弱的原子将由于再蒸发过程而逸出表面，有利于生成表面致密、平整的薄膜，应力小，导电性能好；还会有利于晶界中吸附氧的脱附，减少晶界处缺陷数目，提高载流子浓度；另外，衬底温度高，薄膜晶化程度好，晶粒的增大会减少晶界散射，提高载流子迁移率。

（2）衬底温度对薄膜电阻率的影响　衬底温度不但对制得薄膜的结晶特性有影响，对薄膜的电阻率也会有影响。薄膜结晶状态的好坏，直接影响薄膜电阻率的大小。结晶状态好，薄膜电阻率就小，反之就大。对于未掺杂的n型半导体材料ZnO，这些载流子是由氧空位和锌填隙所形成的施主所提供的；而掺有铝元素的ZAO薄膜中的载流子的提供者除了上述两者之外，还有替位铝原子和填隙铝原子，而替位铝原子对薄膜的导电性能起到决定作用。因此，薄膜中氧空位、锌填隙和铝替位原子的数目越多，薄膜的导电性能越好，膜层电阻率越小。另外，半导体薄膜材料的导电性能与薄膜的结晶质量、$c$ 轴取向密切相关。结晶状态好、$c$ 轴取向一致的薄膜，薄膜内部的晶界和位错等缺陷就少，由此而引入的悬空键就少，俘获的载流子就少，薄膜的电阻率就低。

衬底温度过低时，沉积的薄膜中晶界附近吸附的氧离子较多，这些吸附离子成为电子陷阱，降低载流子浓度。提高衬底温度有利于吸附氧的脱附，降低吸附氧浓度和提高载流子浓度。如果衬底温度过高，虽然会使一部分氧原子脱附，增加氧空位，并且加剧晶格热振动，使更多的锌原子脱离原位形成自填隙原子，但同时也会使薄膜中大量的铝离子被氧化成 $Al_2O_3$，减少替位铝原子，$Al_2O_3$ 还会散射载流子，降低载流子迁移率，降低薄膜的导电性能。

（3）衬底温度对沉积速率的影响　在制备薄膜时，衬底温度对薄膜的沉积速率也会有影响。因为衬底温度会影响薄膜表面附近原子的反应活性、原子在衬底表面的迁移率和再蒸发速率，这些都会对薄膜的沉积速率产生影响。薄膜的沉积速率是随着温度的上升而逐渐下降的。温度的升高，虽然会增强衬底表面氧和锌、铝原子反应的概率，加快反应速率，提高分子在衬底表面的迁移率，并且提高沉积原子与衬底的黏附系数，但是同时也增加了从衬底表面上热脱附的原子数目；而脱附原子数随着温度的上升提高得更快一些，所以沉积速率就会随着温度的升高而下降，有可能会在某一个更高的温度下达到最低，这时会存在一个动态的平衡，即单位时间内沉积在衬底表面的原子数等于从衬底表面脱附的原子数。

#### 5.1.6.2　反应气压的影响

（1）反应气压对薄膜结晶的影响　在溅射过程中，反应气压对制得的薄膜的结晶度也有一定的影响。在反应溅射过程中，反应气体中除了氩气之外，还要加入活性气体氧气，以使溅射原子与活性气体在基片上反应而生成化合物薄膜。反应室内的气压，直接影响溅射出的原子的平均自由程；不同的气压，必然会造成溅射原子到达基片时所具有的动能不同，直接影响薄膜的结晶状态。

（2）反应气压对薄膜沉积速率的影响　在其他反应条件不变的情况下，改变反应气压，实际上就是在改变反应室单位体积内的氧、氩原子数目。单位体积内氩原子数目的变化，将影响单位时间内从靶上溅射出来的锌、铝原子数目，对溅射出来的靶材原子的自由程和动能都会有影响；氧原子数目的变化，将会对薄膜的成分和生长速率产生影响。在反应室气压比较低时，反应室内氩离子数目较少，单位时间从靶材表面溅射出来的锌、铝原子也少；反应室内氧原子的密度低，溅射出来的锌、铝原子与氧原子结合的概率也小。因此单位时间沉积在衬底表面的 ZAO 分子就少，薄膜的成长就慢；而反应室内气压过高时，虽然有利于增加单位时间被溅射出来的靶材原子数目，并且提高与氧原子的结合概率，但同时也提高了与氩离子碰撞的概率，降低原子的动能，因此薄膜的成长速率也不快。只有在一定的气压下，从靶材表面溅射出来的锌、铝原子，在经过与氩离子的碰撞之后，沉积在衬底表面，同时仍具有足够的动能成核长大，这时薄膜的沉积速率达到最大。

#### 5.1.6.3　氧氩流量比的影响

（1）氧氩流量比对薄膜电阻率的影响　在反应溅射过程中，反应室内除了通入惰性气体氩气之外，还要通入氧气，氧与溅射出来的锌、铝原子反应，在衬底表面形成 ZAO 薄膜。改变氧氩流量比，将会改变反应室中氧原子和氩原子的数量比，影响薄膜的结构状态，也会对薄膜的电阻率有影响。这是因为：在溅射电流一定的条件下，单位时间内电离出的氩离子的数目是一定的，在电场的作用下，单位时间内到达靶上的氩离子的个数以及由氩离子溅射出的锌、铝原子的个数可以看成是一定的。如果反应室内气压不变，则可以将反应室内气体分子的平均自由程视为恒定，那么单位时间内到达衬底的靶材原子数目也是一定的。再加上衬底温度不变，可以认为衬底附近氧原子活性也不变。当反应气氛中氧的含量相对减少时，单位体积内氧的含量减少，于是溅射到衬底上的锌、铝原子与氧原子结合的概率就会相应降低，薄膜中就会出现缺氧的现象，从而增加氧空位，减少晶界吸附的氧原子个数，提高载流子浓度，相应就降低了薄膜的电阻率。反之，当反应气氛中氧的含量较多时，薄膜中氧的含量就会相应增加，降低载流子浓度，提高电阻率。另外，氧的含量过多时，有可能使合金靶表面发生氧化，产生靶中毒的现象，使靶的导电性能变差，从而降低氩离子溅射的速率，严重时使靶的表面发生打火现象。

（2）氧氩流量比对薄膜沉积速率的影响　在反应气压不变的条件下，改变氧氩流量比，实际上就是在改变反应室内氧原子和氩离子的个数比。当氧的含量相对减少，而氩的含量相对增加的时候，由于氩含量的提高，将会增加单位时间内从靶材表面溅射出来的锌、铝原子数目，但同时也缩短了这些原子在到达衬底之前的平均自由程，降低了这些原子的动能；再加上氧原子含量的相对减少，单位时间内形成的ZAO分子数目减少，薄膜的沉积速率就低。当氧的含量相对增加而氩的含量相对减少时，单位时间溅射出来的锌、铝原子数目减少，因而单位时间内形成的ZAO分子也少，薄膜沉积速率也不高。只有在一个很狭窄的氧氩流量比范围内，薄膜的沉积速率才会达到最理想的数值。

**5.1.6.4 退火温度的影响**

(1) 退火温度对薄膜结构特性的影响 适当的退火处理可以引起薄膜的重结晶，从而改善薄膜的结晶状况、改变薄膜中的化学配比，有可能得到电阻率低的薄膜。第一，退火处理使薄膜的结晶质量得以改善，退火温度越高，薄膜的结晶质量越好。第二，退火处理使薄膜中的锌和氧的比例偏离了化学配比，薄膜中的氧含量相对减少，晶面间距 $d$ 在退火之后有所增加，这是薄膜中锌和氧的比例偏离化学配比所致。在薄膜退火过程中，表面原子的蒸发速率得到提高，表面吸附的氧原子更容易从薄膜表面脱附出去，发生如下反应：

$$ZnO = Zn^{2+} + 2e + 0.5O_2\uparrow$$

使得薄膜中的氧含量相对减少。

(2) 退火温度对薄膜电阻率的影响 退火处理对薄膜的电阻率同样也有一定影响，在退火过程中，薄膜的晶化状态得到改善，化学配比发生改变，因此薄膜的电阻率也必将随之改变。

总之，经过退火处理后，薄膜的致密性、均匀性得到了改善，并且增加了薄膜中的氧空位和填隙锌、铝原子的浓度，从而提高了薄膜的载流子浓度，薄膜的结晶状况以及 $c$ 轴取向得到了一定改善，薄膜电阻率也有所降低。

**5.1.6.5 ZAO薄膜在酸溶液腐蚀前后表面形貌的变化**

图5.4为ZAO薄膜表面在酸溶液腐蚀前后的扫描电镜照片，腐蚀液是0.5%的HCl溶液。可以看到，腐蚀前，薄膜实际上由很多直径在十几纳米到几十纳米的小颗粒构成，排列很紧密；腐蚀后，薄膜的表面布满了深浅、大小不一的小坑，形成了绒面结构，这种绒面结构应用于太阳电池，可以有效提高电池的光吸收。

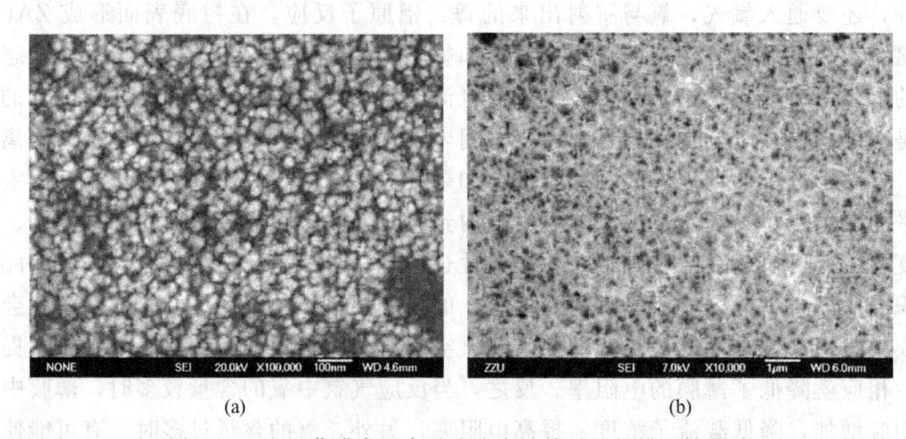


图5.4 ZAO薄膜表面在酸溶液腐蚀前后的扫描电镜照片

ZAO薄膜中的ZnO、$Al_2O_3$ 会与HCl溶液发生反应，反应式如下：

$$ZnO + 2HCl = ZnCl_2\text{(可溶于水)} + H_2O$$

$$Al_2O_3 + 6HCl = 2AlCl_3\text{(可溶于水)} + 3H_2O$$

当然，上面主要讲的是原理性的内容。对具体工业生产，设备和工艺细节要根据具体情况做一些调整，摸索出优化的工艺参数。另外，还要添加一些前期工艺。一般有以下一些过程。

首先，对玻璃基板进行预处理，以便进行下道透明导电薄膜的生长。其包括玻璃基板装载、玻璃基板激光刻编号、玻璃基板边部研磨、玻璃基板初次清洗和玻璃基板检查。

① 将玻璃基板装载到传送带上，进行激光刻编号；此编号为玻璃基板唯一编号，在生产过程中的有关此编号的信息将与编号一起被传输和处理。

② 对玻璃基板的各边棱角进行倒角研磨，去除尖锐的边角。以降低玻璃基板在生产过程中因边部棱角的尖锐造成破损和机器损坏。

③ 玻璃基板初次清洗，去除玻璃基板表面的有机物和尘埃等颗粒。

④ 玻璃基板检查，以检查出划伤、异物等缺陷。并对有缺陷的玻璃基板进行剔除。

然后，才是磁控溅射沉积透明导电 ZAO 薄膜。设备可以是星形设备、直线设备，也可以是其他形状的设备，各有利弊。无论哪种方式，都要先经过装卸载腔室。装卸载腔室一般分为两层，下层为内外界真空交换室，内外各有关闭门，从外界放入的玻璃基板水平进入后，在下层抽真空，然后由滑架将玻璃基板从下层放入上层，预热至合适温度。然后进入沉积室，对预热好的玻璃基板进行薄膜沉积。至于磁控溅射沉积室分为几个腔室、几个磁控管和供能功率，根据设计要求而定。在整个生产过程中要对装卸载腔室、沉积室和玻璃基板移送室进行抽真空，以使各室保证合适的真空度。各室可以为独立真空泵独立抽取真空，也可以根据需要做一定连接。

另外，对沉积室产生的废气进行抽取，以保证稳定的化学反应进行；对沉积室反应产生的废气进行燃烧和湿法处理，以保证废气对大气不产生污染。

## 5.2 非晶硅薄膜太阳电池的生产

在制备好 TCO 薄膜后，下一步就是沉积硅薄膜做太阳电池了。在第 2 章太阳电池分类部分已经介绍，硅薄膜太阳电池泛指晶粒大小在几（十）纳米到厘米级的硅薄膜为材料制备的硅薄膜太阳电池。根据制备工艺的不同，硅薄膜晶粒大小从非晶、纳晶、微晶到多晶。其中，非晶硅太阳电池技术成熟，并且已经工业化生产。

制备硅薄膜太阳电池方法有电子回旋共振法、直流辉光放电法、射频辉光放电法、溅射法和热丝法等。其中射频辉光放电法由于其低温过程（0～200℃），易于实现大面积和大批量连续生产，现成为国际公认的成熟技术，已经应用于生产。

在非晶硅薄膜太阳电池材料研究方面，a-SiC 窗口层、梯度界面层、μC-SiC p 层等的研究，明显改善了电池的短波光谱响应。因为非晶硅太阳电池光生载流子的生成主要在 i 层，入射光到达 i 层之前部分被 p 层吸收，对发电是无效的。而 a-SiC 和 μC-SiC 材料比 p 型 a-Si 具有更宽的光学带隙，因此减少了对光的吸收，使到达 i 层的光增加；加之梯度界面层的采用，改善了 a-SiC/a-Si 异质结界面光电子的输运特性。在材料方面其中的关键是硅薄膜的性能。

### 5.2.1 非晶硅薄膜材料性能的表征

#### 5.2.1.1 拉曼光谱和 X 射线衍射

拉曼（Raman）光谱可以提供分子振动频率的信息，对材料的拉曼散射光谱进行分析是了解材料分子结构的主要手段。各种材料都有自己的特征谱线，对硅薄膜来说，如单晶硅拉曼散射峰位于 $520cm^{-1}$ 处，而非晶硅的拉曼散射光谱显示两个不尖锐的宽峰，分别位于 $150cm^{-1}$ 和 $480cm^{-1}$ 处，通常以较强的 $480cm^{-1}$ 散射峰作为非晶硅的拉曼散射的标志。

对硅薄膜来说，X 射线与硅薄膜相作用，会产生衍射特征峰，Si（111）面是 Si 单晶的自然解理面，是一个为研究 Si 表面的合适晶面，在 28°处的特征峰代表（111）面的硅结晶峰，表明多晶硅薄膜的晶化情况。

#### 5.2.1.2 晶粒尺寸和晶化率分析

晶粒尺寸大小一般根据谢乐公式计算，$G_{size}=k\lambda/(B\cos\theta)$。式中，$G_{size}$ 是平均晶粒尺寸；$k$ 为常数（通常取 0.9～1）；$B$ 为衍射峰的半高宽；$\lambda$ 为射线波长；$\theta$ 为相应衍射峰对应的衍射角的一半。

晶化率的计算通过对拉曼光谱进行三峰高斯拟合得到。拟合的方法如图 5.5 所示，把拉曼光谱分解成三个峰，$480cm^{-1}$ 附近一个，$I_a$ 代表非晶相，$520cm^{-1}$ 附近一个，$I_c$ 代表晶相，$510\sim515cm^{-1}$ 之间一个，$I_m$ 代表中间相。则晶化率可由下列公式计算得到：

$$\chi_c=\frac{I_c+I_m}{I_c+I_m+\sigma I_a}$$

式中，$I_a$、$I_c$、$I_m$ 分别表示非晶相峰、晶相峰和中间相峰的积分强度；$\sigma$ 值取 1。

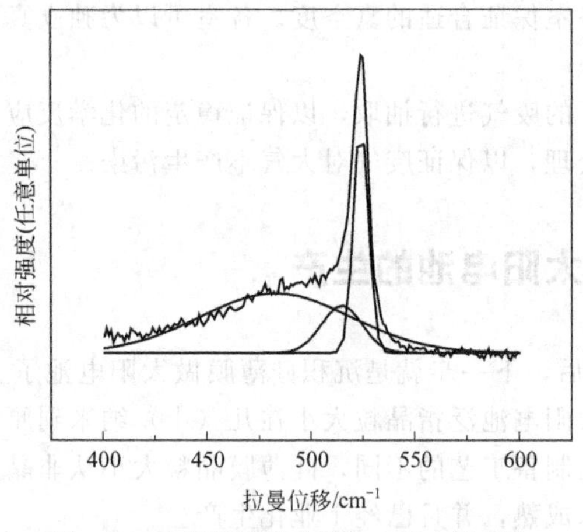


图 5.5 硅薄膜拉曼光谱的三峰高斯拟合

### 5.2.2 非晶硅薄膜太阳电池制备的基本方法

目前生产非晶硅薄膜太阳电池的主要生产工艺是使用 PECVD 法在 TCO 玻璃上生长非晶硅层（掺杂 B 的 p 层、本征层 i 层和掺杂 P 的 n 层），然后再经过背电极真空溅射、模块制作等工艺。把硅烷（$SiH_4$）等原料气体导入真空度保持在 10～1000Pa 的反应室中，由于射频（RF）电场的作用，产生辉光放电，原料气体被分解，在玻璃衬底上形成非晶硅薄膜材料。此时如果原料气体中混入硼烷（$B_2H_6$）即能生成 p 型非晶硅，混入磷烷（$PH_3$）即能生成 n 型非晶硅。仅仅用变换原料气体的方法就可生成 p-i-n 结，做成电池。为了得到重复性好、性能良好的太阳电池，避免反应室内壁和电极上残存的杂质掺入电池中，一般都利用隔离的连续等离子反应制造装置，即 p、i、n 各层分别在专用的反应室内沉积。

PECVD 法是化学气相沉积方法的一种，它是在低压化学气相沉积过程进行的同时，利用辉光放电等离子体对过程施加影响的技术。在 PECVD 装置中，工作气压约为 5～500Pa，

电子和离子密度达 $10^9$～$10^{12}$个/$cm^2$，平均电子能量达 1～10eV。

非晶硅太阳电池的制备原理如图 5.6 所示。

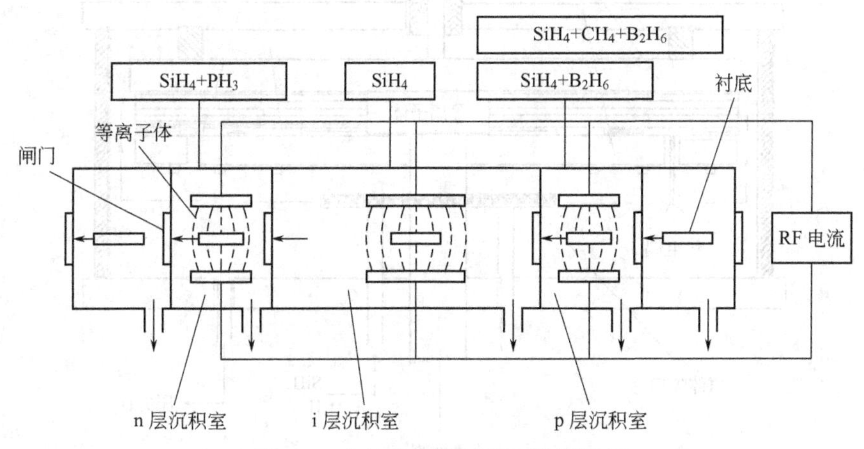


图 5.6　非晶硅太阳电池的制备原理

可以采用连续的分离反应室，沉积室共分为 P 室、N 室、I 室、J 室四室的 PECVD 仪器。其中 J 室为进样室，P 室为 p 层沉积室，N 室为 n 层沉积室，I 室为本征硅沉积室。当然，如果是工业生产，还要准备装卸载腔室（为玻璃基板进出 PECVD 的内外界真空交换室）和预热腔室（对玻璃基板进行均匀的加热至合适温度，以便于工作腔室进行薄膜沉积）。这里为了方便主要讲解原理。

在制备过程中 P 室、I 室、N 室保持较高的真空度，在这三室中均有上下两个极板用来电离混合反应气。下极板上有加热设备可以对衬底进行加热，并且下极板可以升降以改变极板间距。进样室中有一个机械手，样品盘置于机械手的托槽之中，在封闭状态下由机械手送入进行沉积的反应室中。反应室下极板上有 4 根支撑针，将样品盘置于其上，然后缓慢将针收进极板中，样品盘便置于反应室与进样室之间由挡阀分割。各室分别有一个机械泵和分子泵，在抽真空时是先用机械泵，再用分子泵。

PECVD 装置结构示意图如图 5.7 所示。

将氢气、硅烷和硼烷气体带入沉积室，在高能等离子体作用下，分离为硅原子与硼原子，硅原子与硼原子按照一定比例沉积到透明导电薄膜上，形成 p 型非晶硅层；同样，将氢气和硅烷气体带入沉积室，硅原子沉积到透明导电薄膜上，形成本征层 i 型非晶硅层；将氢气、硅烷和磷烷气体带入沉积室，形成 n 型非晶硅层。然后，使用磁控溅射设备生长背电极层薄膜，这样就制备出薄膜太阳电池。

当然这个过程还包括远程清洗装置。因为进行长时间的沉积后，在腔室内的阳极等位置会沉积到非晶硅薄膜层，造成设备的效率降低，所以在使用一段时间后，就需要对沉积室进行一次清理，其原理就是利用在沉积室里电离 $NF_3$，与硅原子反应生成 $SiF_4$ 气体，然后使用 Ar 将其排出沉积室。

设备有独立的气路，用气动阀控制开关。配有质量流量计可以直接观察气体流量。这样气路和沉积过程相分离，可以避免反应气体对仪器造成腐蚀。气体由一个喷洒头进入反应室中，在室中被电离、沉积。射频由射频功率仪控制，所以仪器又可称为 RF-PECVD。产品通过进样室依靠机械手向各个室内传递。这样既保证了反应室的清洁，又可使产品在各室中依次沉积，避免了样品在外界造成污染，可制备 p-i-n 型太阳电池，也可制备多级太阳电池。

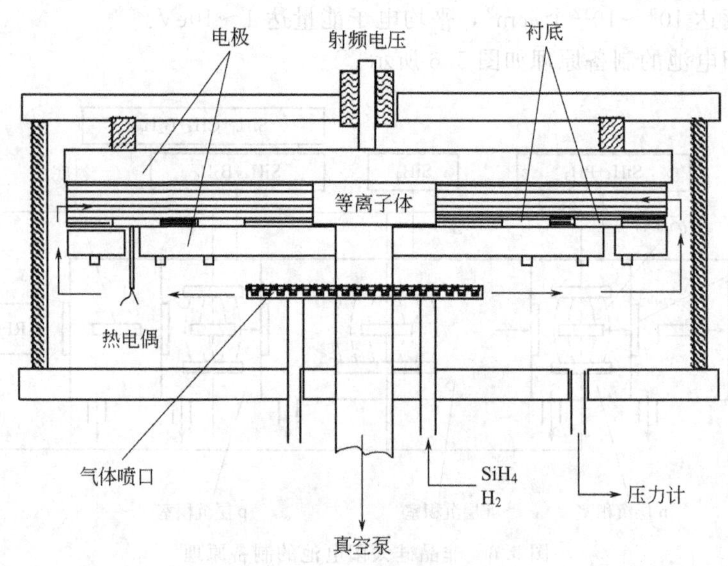


图 5.7　PECVD 装置结构示意图

生产高效硅薄膜太阳电池，制备优质硅薄膜是关键，这些要通过控制沉积及外部条件完成。

## 5.2.3　影响非晶硅薄膜性能的主要因素

### 5.2.3.1　$H_2$ 稀释的影响

$H_2$ 可以从几个方面影响薄膜的晶化状况：在气体反应过程中，$SiH_4$ 分解生成 $SiH_3$ 和 $SiH_2$ 等粒子，如图 5.8 所示，$SiH_3$ 是薄膜的主要生长粒子，而 $SiH_2$ 却对薄膜的质量有害，因为 $SiH_2$ 可以和 $SiH_4$ 进行聚合反应生成 $Si_2H_6$，$SiH_2$ 逐步和生成物反应生成 $Si_nH_{2n+2}$，最终形成粉末。粉末为红色，成分为非晶，这些粉末掉落到薄膜表面，不易破碎，不易迁移。影响薄膜的晶化效果和均匀性。$H_2$ 与 $SiH_2$ 的反应可以减少 $SiH_2$，并且重新生成可以用于反应的 $SiH_4$。在形核期，H 粒子对弱 Si—Si 进行轰击生成 H—Si—复合悬空键，产生压应力促进成核。在外延生长期，H 粒子轰击硅膜表面处于张弛状态的不规则 Si—Si 键，并且传递一定的能量使其重新组合成稳固的键，使薄膜趋向规则的结晶状态生长。

正是因为 $H_2$ 增强了晶化的作用，薄膜的有序性提高，使得薄膜的暗电导率提高。但大大减小了薄膜的沉积速率。

### 5.2.3.2　沉积温度的影响

沉积温度对薄膜的结晶状况影响很大。沉积温度过低，生长粒子 $SiH_3$ 具有较低的表面活性，不容易扩散找到能量最低的位置成键而结晶。在较高温度下，生长层内的 Si 原子也具有较大的活性，迁移结晶的能力也增强。此外，前面所提到的 $SiH_2$ 聚合反应是一放热反应，温度升高会降低其反应速率，阻止不容易扩散的大团簇或粉末的形成。但温度的进一步提高会使薄膜表面的 H 释放，将降低生长粒子 $SiH_3$ 的扩散能力。因此，温度对薄膜结晶状况的影响存在一个较好的极值点。

### 5.2.3.3　射频功率的影响

射频功率增大，就有更多的高能电子撞击 $H_2$ 生成高能的 H，这些大量的高能 H 可以对样品表面进行充分覆盖和对不规则 Si—Si 进行充分的规则重组，而且此时生成的 $SiH_3$ 的

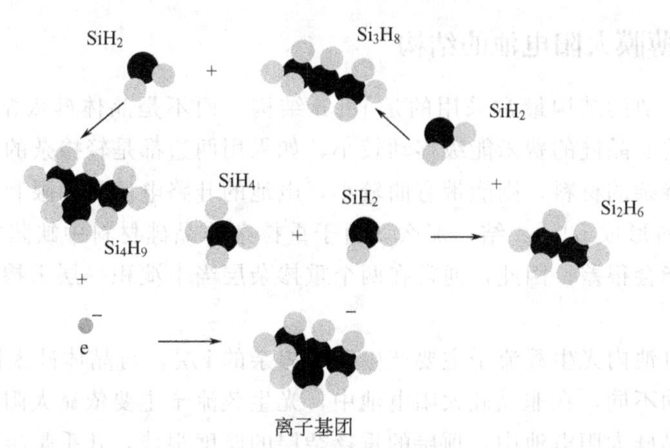

图5.8 $SiH_2$ 引起的聚合反应

能量也比较高，有利于它的表面扩散，这都会促进样品的晶化。如果射频功率进一步增大，会使 $SiH_4$ 发生分解生成的 $SiH_3$ 减少而 $SiH_2$ 增多（分解为 $SiH_3$ 和 $SiH_2$ 所需的能量分别为8.75eV、9.47eV），不利于薄膜的生长和晶化。在射频功率较大的时候离子能量很高将对薄膜进行过强的轰击，特别是那些大质量的离子，将对薄膜的晶化造成伤害。射频功率对薄膜的晶化的影响存在最佳极值点。

在具体的大规模的工业生产中，设备的规模和设计要经过中试等过程重新确定，例如腔室的个数和形状等，当然，其内在基本原理不变。在工业生产中也要加上以下一些工艺：和生产TCO薄膜一样需要加入装卸载腔室，为玻璃基板进出PECVD的内外界真空交换；加入预热腔室，能够对玻璃基板进行均匀加热的加热单元；对玻璃基板进行预热至合适温度，以便于工作腔室进行薄膜沉积；还要加入废气处理装置，对沉积室反应产生的废气进行燃烧和湿法处理，以保证废气对大气不产生污染；加入远程清洗装置工艺，对沉积室进行远程清理，由于进行长时间的沉积后，在腔室内的阳极等位置会沉积到非晶硅薄膜层，造成设备的效率降低。

另外，还需要激光划线设备。使用不同波长的激光对附着于玻璃基板表面的透明导电薄膜层、p、i、n层非晶硅、微晶硅层和背电极ZnO层进行刻蚀，分隔出各个独立的电池区。在一般情况下，激光头在设备上方安装，刻蚀目标基板下方有吸收装置，刻蚀的结果是在玻璃板上产生了一定宽度的间隔。基板固定在工作台上进行 $Y$ 轴向移动，激光头在横梁上进行 $X$ 轴向移动，使用压爪对玻璃基板的四边进行固定，在玻璃基板的中间使用细梁对玻璃基板进行支撑，支撑的位置避开划线的位置。激光划线的波长为：对ZAO层进行刻蚀使用1064nm波长；对p、i、n层非晶硅进行刻蚀使用532nm波长。

最后，使用磁控溅射设备生长背电极薄膜，使用边部研磨设备对电池边部绝缘区域的薄膜层进行研磨去除。

上面是一般的生产原理和过程，不同的公司可能根据具体情况有不同的选择，这些设备中一些设备在国内就能生产，如激光设备，武汉某公司就可以生产激光刻膜设备；另外在溅射靶材方面，常州某公司也可以生产。在这些生产过程中关键的因素是薄膜的质量。从生产薄膜的这些工艺参数中可以看出，硅烷、硼烷、磷烷和氢气稀释比例，射频功率，沉积温度，甚至沉积室的体积和形状等都会影响薄膜的结晶情况。对不同的设备可以摸索出优化的工艺参数，做出优质的非晶硅太阳电池。

### 5.2.4 非晶硅薄膜太阳电池的结构

非晶硅太阳电池的结构最常采用的是 p-i-n 结构，而不是晶体硅太阳电池的 p-n 结构。这是因为轻掺杂的非晶硅的费米能级移动较小，如果用两边都是轻掺杂的材料或一边是轻掺杂而另一边用重掺杂的材料，则能带弯曲较小，电池的开路电压受到限制；如果直接用重掺杂的 $p^+$ 和 $n^+$ 材料形成 $p^+$-$n^+$ 结，那么，由于重掺杂非晶硅材料中缺陷密度较高，少子寿命低，电池的性能会很差。因此，通常在两个重掺杂层当中淀积一层未掺杂的非晶硅 i 层作为有源集电区。

非晶硅太阳电池内光生载流子主要产生于未掺杂的 i 层，与晶体硅太阳电池中载流子主要由于扩散而移动不同，在非晶硅太阳电池中，光生载流子主要依靠太阳电池内电场作用作漂移运动。在非晶硅太阳电池中，顶层的重掺杂层的厚度很薄，几乎是半透明的，可以使入射光最大限度地进入未掺杂层并产生自由的光生电子和空穴。而较高的内建电场也基本上从这里展开，使光生载流子产生后立即被扫向 $n^+$ 侧和 $p^+$ 侧。在单结非晶硅太阳电池中，利用微晶硅来做掺杂层的电池结构也是较为常用的一种。微晶硅有较高的掺杂效率，在同样的掺杂水平下，其费米能级远离带隙中央的程度比非晶硅高。另外，微晶硅的带隙不会因为掺杂而有明显的降低，因此用微晶硅做太阳电池的接触层，既可减小串联电阻，也可增加开路电压，是理想的 $n^+$ 或 $p^+$ 材料。

在增加长波响应方面，采用了绒面 TCO 膜、绒面多层背反射电极（ZnO/Ag/Al）和多带隙叠层结构。绒面 TCO 膜和绒面多层背反射电极减少了光的反射和透射损失，并且增加了光在 i 层的传播路程，从而增加了光在 i 层的吸收。多带隙结构中，i 层的带隙宽度从光入射方向开始依次减小，以便分段吸收太阳光，达到拓宽光谱响应、提高转换效率的目的。

非晶硅薄膜太阳电池的类型和效率如图 5.9 所示。双结非晶硅薄膜太阳电池的结构如图 5.10 所示。

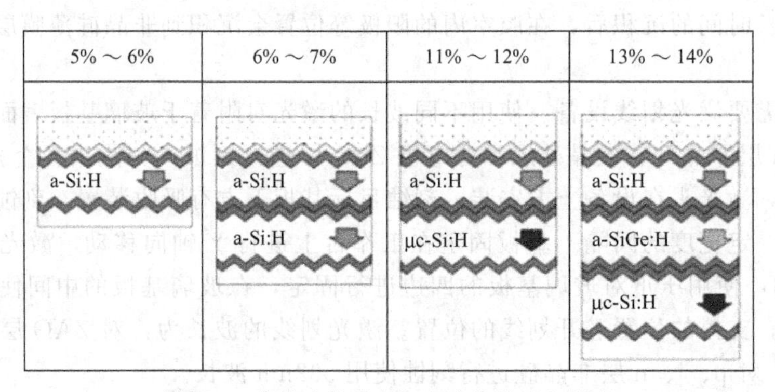


图 5.9 非晶硅薄膜太阳电池的类型和效率

#### 5.2.4.1 单结非晶硅异质结太阳电池

非晶硅太阳电池内光生载流子的生成主要在 i 层，入射光在到达 i 层之前，一部分被掺杂层所吸收。因为对于非晶硅材料，掺杂将会使材料带隙降低，造成对太阳光谱中的短波部分的吸收系数变大，研究表明，即使掺杂层厚度仅有 10nm，仍会将入射光的 20%左右吸收掉。从而削弱了电池对短波长光的响应，限制了短路电流的大小。为了减少入射方向掺杂层对光的吸收以使到达 i 层的光增加，人们提出了单结非晶硅异质结太阳电池结构。

所谓单结非晶硅异质结太阳电池，是指在迎光面采用宽带隙的非晶碳化硅膜来代替带隙

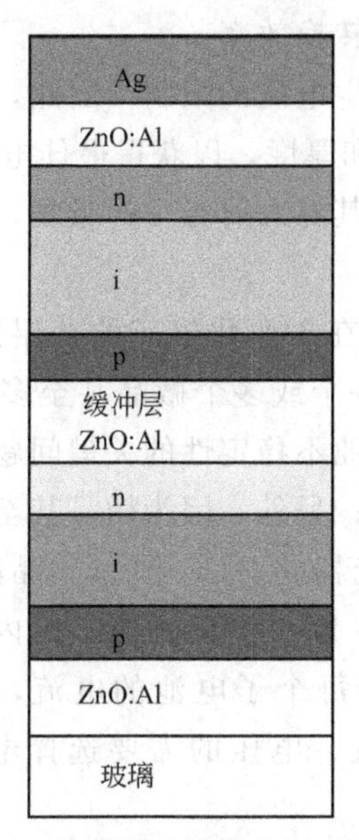


图5.10　双结非晶硅薄膜太阳电池的结构

较窄的非晶硅做窗口的结构。利用宽带隙的非晶碳化硅膜可以明显改善太阳电池在短波区域的收集效率。利用宽带隙材料做成异质结结构，不仅是通过窗口作用提高短路电流，还可以通过内建电势的升高提高开路电压。因为在p层中加碳，能隙变宽，p、i两层中的费米能级的相对位置被相应拉开，因而有利于提高内建电势。在非晶硅太阳电池的发展过程中，转换效率的一次幅度较大的提高就是用p型的非晶碳化硅膜代替p型的非晶硅的结果。对于带隙在1.7eV左右的i层，要求p层材料的带隙最好在2.0eV左右。当非晶碳化硅膜中碳的含量为20%～30%时，就能满足这一要求，而且并没有给电池的制造工艺增加多少麻烦，而电池的性能却得到很大改善。

**5.2.4.2　非晶硅叠层太阳电池**

对于单结太阳电池，即便是用晶体材料制备的，其转换效率的理论极限一般在AM1.5的光照条件下也只有25%左右。这是因为，太阳光谱的能量分布较宽，而任何一种半导体只能吸收其中能量比自己带隙值高的光子。其余的光子不是穿过电池被背面金属吸收转变为热能，就是将能量传递给电池材料本身的原子，使材料发热。这些能量都不能通过产生光生载流子变成电能。不仅如此，这些光子产生的热效应还会升高电池工作温度而使电池性能下降。

由于太阳光谱中的能量分布较宽，主要部分由0.3～1.5μm的波长范围组成。现有的任何一种半导体材料都只能吸收能量比其能隙值高的光子，即只能在一有限波段转换太阳光能量，所以单结太阳电池不可能完全有效地利用太阳能。采用分波段利用太阳光谱的叠层电池结构则是有效提高光电转换效率的有效方法之一。在提高叠层电池效率方面还采用了渐变带隙设计、隧道结中的微晶化掺杂层等，以改善载流子收集等。

为了最大程度地有效利用更宽广波长范围内的太阳光能量，人们把太阳光谱分成几个区域，用能隙分别与这些区域有最好匹配的材料做成电池，在沉积过程中加入适当比例的其他杂质，如锗等，改变硅薄膜能带宽度，使整个电池的光谱响应接近于太阳光谱，具有这样结构的太阳电池称为叠层电池。同时由于各个子电池是串联在一起的，总的开路电压比单个电池高很多，因而有可能大幅度提高转换效率。

叠层电池的转换效率主要受光生电流的限制，因此，叠层电池设计和实现的关键问题是合理选择各子电池i层的能隙宽度和厚度，以获得最佳电流匹配，使转换效率最大。同时也要控制各个掺杂层的厚度，以减少其对入射光子的吸收，也减少光生载流子在这些缺陷密度较高的薄层中的复合损失。

非晶微晶硅双结太阳电池是现在工业化生产的叠层薄膜太阳电池，是在制备的非晶硅p、i、n层单结太阳电池上再制备一个或多个微晶甚至多晶p、i、n层子电池。叠层太阳电池提高转换效率、解决单结太阳电池不稳定性的关键问题在于：它把不同禁带宽度的材料组合在一起，提高了光谱的响应范围；另外，因为微晶甚至多晶的存在提高了稳定性。

为减少串联电阻，通常用激光器将TCO膜、非晶硅膜和铝电极膜分别切割成条状，国际上采用的标准条宽约1cm，称为一个子电池，用内部连接的方式将各子电池串联起来，因此集成型电池的输出电流为每个子电池的电流，总输出电压为各个子电池的串联电压。在实际应用中，可根据电流、电压的需要选择电池的结构和面积，制成非晶硅太阳电池。

需要提及的是集成型非晶硅太阳电池，它是由若干分立小电池组合而成的，类似于太阳电池组合板。不过它与太阳电池组合板并不完全相同，其分立电池并非完全独立，而是共用一块衬底。实际上，它们原本是一个整体，是用光刻技术将它们组合而成的大面积太阳电池。这是因为所谓的"电池尺寸效应"，太阳电池的转换效率会随着面积的增大而衰减。引起这个效应的原因如下。

① 电池材料的横向不均匀性引起的旁路电导率随面积的增大而增大。

② 透明电极的横向电阻引起的串联电阻也随面积的增大而增大。

通过制成集成型太阳电池可以有效避免这个效应的影响。对一块有确定面积的集成电池衬底，其集成度越高，单个电池的面积就越小，整个透明电极的功率损耗也就越小，但有效电池面积的损失就越大，因此，将大面积电池分割为小面积电池必然存在一个最佳值。

目前研究人员在抑制a-Si电池衰退方面的主要研究成果是：采用织构的TCO技术，增加a-Si电池的光吸收，降低非晶层的厚度；采用氢稀释与窗口层技术，提高a-Si电池的稳定性与效率；采用叠层技术，减小非晶硅顶电池的厚度；采用中间层技术，提高顶电池与底电池的电流匹配。目前前三项技术已经在产业化中使用，而中间层技术尚处于实验室研究阶段，但是，中间层技术可有效地解决a-Si/mc-Si叠层电池中所遇到的困难。由于为了提高a-Si/mc-Si叠层电池的稳定性，应尽可能减小非晶硅顶电池的厚度，但是这容易造成顶电池的电流密度降低，影响顶电池与底电池的电流匹配。1996年，IMT研究组提出在顶电池与底电池之间插入一层透明导电膜，如ZnO，由于ZnO的折射率与硅层材料折射率的相差较大，这个透明导电层可以将短波光线发射回顶电池，提高顶电池的输出电流，同时，透过长波光，保证底电池光吸收。Yamamoto等使用溅射ZnO作为a-Si/mc-Si中间层技术，获得了14.7%的初始转换效率；Fukuda等在a-Si/a-SiGe/mc-Si三叠层电池中采用了中间层技术，获得了15.0%的初始转换效率。A. Lamberz与P. Buehlmann分别使用RF-PECVD与VHF-PECVD沉积$SiO_x$当成中间层，同样在不增加顶电池厚度的情况下，提高了顶电池的电流密度。Myong与Soderstrom使用LPCVD沉积ZnO：B当成中间层，也提高了叠层电池的稳定性。

### 5.2.5　工业化非晶硅薄膜太阳电池的生产设备和测试

大规模工业化生产就是在上面原理基础上根据生产需要增加有关设备。例如，某公司提供的产品尺寸1.1m×1.3m硅薄膜太阳电池生产线，前玻璃板类型为外购TCO玻璃板。具体情况见表5.2。

表5.2　硅薄膜太阳电池生产线

| 产品类型 | 非晶硅单结 | 非晶硅/微晶硅叠层 |
|---|---|---|
| 产品转换效率/% | 6.5 | 9.5 |
| 主要设备 | 1台PECVD<br>1台MOCVD<br>1台PVD<br>4台Lasers | 2台PECVD沉积非晶硅层<br>4台PECVD沉积微晶硅层<br>1台MOCVD<br>1台PVD<br>4台Lasers |
| 年产能/(MW/a) | 26 | 38 |

PECVD完成薄膜太阳电池最主要的p、i、n层的沉积，以及背电极反射膜ZnO的沉积。PECVD共有七个腔室，一个装卸载腔室，一个p层沉积室，一个MOCVD室，另外四个为i、n层沉积室。各腔室结构相似，L/L分为上下两层，L/L的下腔室完成玻璃板的装卸载，上腔室完成预热，之后进行p、i、n的沉积，根据p、i、n沉积速率及厚度的不同，设计六个p、i、n沉积室，最后有一个MOCVD腔进行ZnO反射膜的沉积。

沉积的过程为：TCO玻璃板通过门进入腔室，放置在支架上，支架上升与喷枪平齐，同时支架作为负极使用，混合气体通过气体伺服系统由Ar气体带入腔室中，通过旋转喷头（正电极）均匀地分布于腔室内，RF将腔室内气体电离并沉积于放置在支架上的玻璃板上，完成沉积，沉积结束后，气体伺服系统通入工程气体$H_2$，再将其电离，产生H离子，使残留在玻璃基板上的电荷释放，这样玻璃基板与支架分离开。然后将支架下降，打开腔门，由真空机器人将玻璃板取出。通入$H_2$的目的是产生H离子，避免玻璃板与支架粘贴紧密，下降时将玻璃板压碎。

由于进行长时间的沉积后，在腔室内其他位置会沉积到硅，造成设备的效率降低，因此在使用一段时间后（约5～6天的时间）就需要对沉积室进行一次远程清理，其方法就是利用在沉积室里电离$NF_3$，与硅原子反应生成$SiF_4$气体，然后使用Ar将其排出沉积室。

关于设备布局，不同公司会有不同设计，上面讲的多用星形结构，也有公司PECVD设备为链接式结构，各反应腔室在传送腔的一侧，传送腔室中有移送小车搬运玻璃基板。每一个反应腔室中只沉积一种薄膜（如p层、i层等）。一个PECVD设备中有反应腔室、装载腔室和卸载腔室。中间传送腔室有一台小车对玻璃基板进行搬运，小车上有两个玻璃基板位，一进一出设计。在传送腔室、装载腔室和反应腔室中均有加热装置对玻璃基板进行加热。以保证玻璃基板的均匀稳定。每个反应腔室均有一套独立的真空泵系统和反应射频发生器系统。这样设计的优点是每个腔室均可以单独停止检修；缺点是传送腔体积大，真空抽取时间长。当然，还有其他的设计方式。

虽然技术路线大同小异，但是不同公司的沉积工艺参数不同。在生产设备的选择中要考虑价格、性能和未来的改进空间等因素。另外，有的公司主要是做设备的，提供的工艺参数仍需进一步优化。当然，上述非晶硅薄膜太阳电池生产线，可以增加在TCO镀膜工序之后；另外，产品尺寸也可以增大。

以上面生产线制作出来非晶硅薄膜太阳电池原片，然后安装电极引线，与背玻璃板黏合在一起，再加上接线盒组成一个非晶硅薄膜太阳电池组件。这一工艺的主要设备有电极排列机、EVA膜供给铺设设备、玻璃板装载设备、层压机、高温高压釜、接线盒安装设备等。

关于非晶硅太阳电池电性能测试方法，从原则到具体程序都和单晶硅、多晶硅太阳电池电性能测试相同，但必须注意选用恰当的、专用于非晶硅太阳电池测试的非晶硅标准太阳电池来校准辐照度。否则，将会得到毫无意义的测试结果。当然，如果所选用的测试光源十分理想，那么，即使用单晶硅标准太阳电池校准辐照度也能获得正确的结果。在自制太阳模拟器的情况下，用于非晶硅太阳电池电性能测试的光源应尽可能选用波长在0.3～0.8μm范围内。

与晶体硅太阳电池相比，非晶硅太阳电池有如下优点。

① 生产能耗少。非晶硅太阳电池的制作需200℃左右，能耗少，而制作单（多）晶硅电池一般需要1000℃以上的高温。

② 价格低。非晶硅具有较高的光吸收系数，特别是在0.3～0.75μm的可见光波段，它的光吸收系数比单（多）晶硅要高出1个数量级。因而它比单（多）晶硅对太阳辐射的吸收率要高40倍左右，用很薄的非晶硅膜（约1μm厚）就能吸收90%有用的太阳能。这是非晶硅材料最重要的特点，也是它能够成为低价格太阳电池的最主要因素。

③ 使用灵活。可以设计成各种形式，利用集成型结构，可获得更高的输出电压和光电转换效率。非晶硅的禁带宽度比单晶硅大，随制备条件的不同约在1.5～2.0eV范围内变化，这样制成的非晶硅太阳电池的开路电压高，并且可以做成叠层电池，获得更高的输出电压和光电转换效率。

④ 适合工业生产。非晶硅薄膜太阳电池制作工艺简单，可连续、大面积、自动化批量生产。与硅体太阳电池不同，硅薄膜太阳电池直接在衬底上沉积薄膜电池，不需要像硅体太阳电池一样专门进行层压封装，一条生产线就可以连续生产出应用的太阳电池组件。

⑤ 原材料成本低。薄膜太阳电池材料消耗低，可在低成本基板上制作。薄膜材料是用硅烷 $SiH_4$ 等的辉光放电分解得到的，原材料价格低。它几乎可以淀积在任何衬底上，包括廉价的玻璃衬底，并且易于实现大面积化，薄膜电池的最大机遇是在建筑上应用，包括商业、工业和住宅市场。

⑥ 方便建筑一体化。由于薄膜技术固有的灵活性，能够以多种方式嵌入屋顶和墙壁，将电池集成到建筑材料有极大的降低成本的潜力。

⑦ 非晶硅太阳电池是弱光电池，可以应用在计算器、手表等荧光下工作的微功耗电子产品上。

⑧ 不易受温度影响。在户外较高的环境温度下，太阳电池性能会发生变化，取决于当时的温度、光谱以及其他相关因素。但由于非晶硅太阳电池比晶体硅电池具有相对小的温度系数，非晶硅较之更不易受温度影响等。

由于非晶硅没有晶体硅所需要的周期性原子排列，可以不考虑制备晶体所必须考虑的材料与衬底之间的晶格失配问题，因而它几乎可以淀积在任何衬底上。在各种衬底中，玻璃是良好的衬底，它有以下优点：优良的透光性；具有一定的强度，可以耐一定的高温；成本低廉；特别是它可以作为建筑材料，美观，是其他材料无法比拟的。

非晶硅/微晶硅电池的生产需要重点解决的技术难点如下。

① TCO 方面需要有高的电导率和宽的带隙要求，能使各种光能够很好地透过。

② p/i 层接触面需要减少复合概率。

③ 各种 TCO 面都需要光陷阱效应。

④ 非晶硅电池需要有高的沉积速率和较好的薄膜质量。

⑤ 背反射金属接触需要高的电导率和发射效应。

⑥ 非晶硅引起的光致衰退现象。

其中，现在叠层电池面临的技术问题是高的镀膜质量和高的沉积速率的矛盾。这需要减少等离子体破坏膜层，这就要求控制腔内主要的波的存在和彼此波的相位差，避免出现整个镀膜腔室内的驻波，避免引起放电不稳，损坏设备和镀膜效果。为了能够使腔内放电稳定高效，特殊的电极设计也是技术要点之一，如 U 形电极设计等。

另外，重点需要指出的是，直接沉积的硅薄膜主要是非晶硅，因为用氢气当稀释气体，会带来大量的悬挂键等问题，做成的非晶硅电池存在衰减现象，降低电池的稳定性及效率。这也是当今的一个突出难点。由于它的衰减现象直接影响了它的实际应用，可以设想随着研究的深入更多高效低成本的硅薄膜太阳电池会不断出现。

## 参　考　文　献


[1] Chopra K L, Major S, Pandya D K. Transparent conductors-A status review [J]. Thin Solid Films, 1983, 102: 1-46.

[2] Minami T, Nanto H, Sato H, Takata S. Effect of applied external magnetic field on the relationship between the arrangement of the substrate and the resistivity of aluminum-doped ZnO thin films prepared by rf-magnetron sputtering [J]. Thin Solid Films, 1988, 164: 275-279.

[3] Ghosh S, Sarkar A, Chaudhuri S, et al. Grain boundry scattering in aluminium-doped ZnO films [J]. Thin Solid Films, 1991, 205: 64-68.

[4] Islam M N, Ghosh T B, Chopra K L, et al. XPS and X-Ray diffraction studies aluminium-doped zinc oxide transparent conducting films [J]. Thin Solid Films, 1996, 280: 20-25.

[5] Sernelius B E, Berggren K F, Jin Z C, et al. Band-gap tailoring of ZnO by means of heavy Al doping [J]. Physics Review B, 1988, 37 (17): 10244-10247.

[6] Zafar S, Ferekides C S, Morel D L. Characterization and analysis of ZnO∶Al deposited by magnetron sputtering [J]. Vac Sci Technol, 1995, A13 (4): 2177-2182.

[7] Igasaki Y, Ishkawa M, Shimaoko G. Some properties of Al-doped ZnO transparent conducting films prepared by rf reactive sputtering [J]. Appl Sur Science, 1988, 33/34: 926-933.

[8] Wendt R, Ellmer K. Thermal power of substrate during ZnO∶Al thin film deposition in a planar magnetron sputtering system [J]. Applied Physics, 1997, 82 (5): 2115-2122.

[9] Ki Cheol Park, Dae Young Ma, Kun Ho Kim. The physical properties of Al-doped zinc oxide films prepared by RF magnetron sputtering [J]. Thin Solid Films, 1997, 305: 201-209.

[10] Kluth O, Rech B, Houben L, et al. Texture etched ZnO∶Al coated glass substrates for silicon based thin film solar cells [J]. Thin Solid Films, 1999, 351: 247-253.

[11] Schuler T, Agerter M A. Optical, Electrical and structural properties of sol-gel ZnO∶Al coatings [J]. Thin Solid Films, 1999, 351: 125-131.

[12] Tang W, Cameron D C. Aluminium-doped zinc oxide transparent conductors deposited by the sol-gel process [J]. Thin Solid Films, 1994, 238: 83-87.

[13] Aktuaruzzman A F, Sharma G L, Molhatra L K. Electrical, optical and annealing characteristics of

ZnO：Al films prepared by spray pyrolisis [J]. Thin Solid Films，1991，198：67-74.
[14] 陈猛. 透明导电氧化物半导体薄膜的制备、物化结构及其光学、电学特性研究 [D]. 沈阳：中国科学院金属研究所博士学位论文，1999.
[15] 裴志亮. 透明导电薄膜 ZnO：Al 的制备、组织结构及光电特性的研究 [D]. 沈阳：中国科学院金属研究所硕士学位论文，2000.
[16] Chen M，Pei Z L，Wang X，et al. Structural，electrical，optical properties of transparent oxide ZnO：Al films prepared by magnetron reactive sputtering [J]. Vac Scitechnol，2001，A19 (3)：963-970.
[17] 裴志亮，谭辉，陈猛等. 透明导电氧化物 ZnO：Al(ZAO) 薄膜的研究 [J]. 金属学报，2000，36 (1)：72-76.
[18] 陈猛，白雪冬，黄荣芳等. 柔性基片上 $In_2O_3$ 和 ZnO：Al 薄膜的制备及其光学、电学特性的研究 [J]. 金属学报，1999，35 (4)：443-448.
[19] 江键，巴德纯，闻立时. ZnO：Al 的制备和工艺参数对其电阻率的影响 [J]. 真空，2000，(6)：24-28.
[20] 靳瑞敏. 中温制备多晶硅薄膜及相关理论问题的探讨 [D]. 郑州：郑州大学博士学位论文，2007.
[21] 段启亮. ZAO（掺铝氧化锌）导电膜的制备及特性研究 [D]. 郑州：郑州大学硕士学位论文，2005.
[22] 李瑞. 多晶硅薄膜制备工艺研究 [D]. 郑州：郑州大学硕士学位论文，2005.

# 第6章 多晶硅薄膜太阳电池

制备多晶硅薄膜电池的方法大致有在非晶硅薄膜电池制备基础上加入固相晶化工艺、半导体液相外延法、区熔结晶法、等离子体喷涂法等。在目前情况下，非晶硅薄膜电池已经进入大规模工业化生产，技术比较成熟，因此在各种方法中，非晶硅薄膜电池制备基础上加入固相晶化工艺的方法是最具潜力的方法之一。

生产优质高效的硅薄膜太阳电池的关键工艺就是制备结晶良好的硅薄膜，要求形成大晶粒的多晶硅薄膜，用 PECVD 法沉积的硅薄膜即使在较好的技术参数下也只能含有少量的纳晶和微晶，这就决定了非晶硅薄膜电池不可避免地存在光致衰减现象，要克服这种现象，就要形成优质的大晶粒多晶硅薄膜。现在使用的办法就是进行二次晶化。二次结晶技术很多，主要有固相晶化、金属诱导晶化、区熔结晶等。这些晶化技术各有各自的优缺点，至于哪种方法更适合于多晶硅薄膜的工业生产，目前还无定论，本章我们主要研究相对常用的固相晶化技术。它包括常规炉子退火、快速热退火等。

## 6.1 常规电阻炉退火制备多晶硅薄膜的研究

固相晶化技术是指固态下的非晶硅薄膜的硅原子被激活、重组，从而使非晶硅薄膜转化为多晶硅薄膜的晶化技术。它的特点是发生晶化的温度低于其熔融后结晶的温度。固相晶化首先是常规电阻炉退火。它是在真空或者高纯氮气保护下把非晶硅薄膜放入炉子内退火，使其由非晶态转变为多晶态。它是利用非晶硅薄膜再结晶制备多晶硅薄膜的一种最直接、最简单的方法，也是人们最早采取的一种晶化技术。将非晶硅薄膜进行常规炉子退火用于太阳电池的工作始于 1978 年。从那以后，人们在这方面进行了大量的工作。为使该过程适合于所用的玻璃衬底，一般采用较低的晶化温度，因此，晶化时间相对较长。材料的晶化相所占比率随晶化时间的变化可用式（6.1）来描述。其中，$t_0$是成核开始之前的一个过渡时间，而$t_c$是晶化时间的表征量，由式（6.2）给出。式中各参量分别是晶粒生长速率$\nu_g$、单位体积非晶材料里的成核速率$\gamma_n$以及膜的厚度$d$。该模型在实验中已经得到了很好的验证。

$$x(t)=1-\exp[-(t-t_0)^3/t_c^3] \tag{6.1}$$

$$t_c=(2\pi\nu_g r_n d/3)^{-1/3} \tag{6.2}$$

固相晶化过程主要有晶核的形成及晶核长大成晶粒两个过程。对于理想的晶化过程，晶粒的大小 $\lambda_m$ 主要由晶核形成速率 $\gamma_n$ 和晶粒生长速率 $\nu_g$ 两个因素决定。在一般情况下有式（6.3）所示关系。在退火中，晶粒的生长速率 $\nu_g$ 与退火温度的关系可用式（6.4）表示，其中，$\nu_0$ 是常数，$Q_g$ 为晶核形成的激活能，$\Delta G$ 是晶化每克材料的自由能变化。根据经典成核理论，热激活成核速率也与温度有密切的关系，如式（6.5）所示，式中，$\gamma_0$ 为常数，$L$ 为洛施密特（Loschmidt）常数，$Q_n$ 是成核激活能，$\Delta G_c$ 是形成临界晶核大小为 $\gamma_c$ 所需的自由能。总之，成核率和生长速率都受温度的影响。因此，利用常规炉子退火所得到的多晶硅薄膜的晶粒尺寸受温度的影响很大。研究表明，晶粒尺寸随温度（500℃以上）的升高会逐渐减小，达到最小值后，随着温度的升高晶粒尺寸又会变大。多晶硅薄膜的晶粒尺寸除了受温度的影响外，与初始的非晶硅膜的结构状况也有密切的关系。

$$\lambda_m \propto \left(\frac{\nu_g}{\gamma_n}\right)^{1/3} \tag{6.3}$$

$$\nu_g = \nu_0 \exp\left(-\frac{Q_g}{RT}\right)\left[1-\exp\left(-\frac{\Delta G}{RT^2}\right)\right] \tag{6.4}$$

$$\gamma_n = \gamma_0 \exp\left(-\frac{Q_n}{RT}\right)\exp\left(-\frac{L\Delta G_c}{RT}\right) \tag{6.5}$$

制备非晶硅薄膜的方法很多，在一般情况下，利用PECVD法所制备的非晶硅薄膜经过固相晶化后，能够得到质量较好而晶粒尺寸较大的多晶硅薄膜。这是因为该方法所沉积的非晶硅薄膜中含有大量氢。事实上，沉积条件对所制备的非晶硅薄膜中氢的含量及其与硅的结合方式，对后续的固相晶化过程和多晶硅薄膜的性质有关键的影响。

与直接沉积所制得的硅膜相比，利用固相晶化所获得的多晶硅薄膜具有较大尺寸的晶粒，从而导致其具有较高的载流子迁移率。同时人们还发现，沉积的非晶硅薄膜经过固相晶化后，其晶粒大小随膜厚的增加而增加。非晶硅膜越厚，晶化后的多晶硅膜的晶粒尺寸越大，但使其充分晶化所需的时间会越长。其他一些措施也有助于获得大晶粒的优质多晶硅薄膜，如将CVD法生长的多晶硅薄膜进行离子注入处理，用人为的方法在多晶硅薄膜中形成一些发生应变的、结构无序的非晶态区域，减少原始成核中心，经过退火后，能够获得较大晶粒的多晶硅薄膜。也可以采取所谓的“部分掺杂法”来实现增大晶粒尺寸，即在基底上沉积两层膜，下层进行磷掺杂，作为成核层，上层不掺杂，作为晶体生长层，退火后也可以获得较大的晶粒。

以前研究认为利用PECVD法沉积非晶硅薄膜时，衬底温度越低，沉积速率越大，非晶硅薄膜的无序度就会越高，利用该非晶硅薄膜进行晶化所得到的多晶硅薄膜的晶粒尺寸就会越大，这一问题还有待深入研究。另外，传统的常规炉子退火存在一个问题，那就是受玻璃衬底的限制只能在较低温度下退火，而在较低温度下退火时，退火时间长达十几小时，这不但会损耗大量的能源，而且影响工业生产效率。然而，目前随着玻璃制备技术的发展与改进，玻璃能承受的温度越来越高，就可以提高退火温度，从而可能会大大缩短退火时间。正是出于这样的考虑，下面我们研究较高温度下非晶硅薄膜的晶化情况。

退火之前，以标准工艺清洗的石英玻璃为衬底，用PECVD设备沉积本征非晶硅薄膜样品。其中气源采用氢稀释的硅烷气体，沉积室预真空为 $5.6\times10^{-4}$ Pa，沉积过程中沉积室气压是133Pa。退火后的多晶硅薄膜样品利用X射线衍射（XRD）仪、拉曼（Raman）光谱仪和扫描电镜测试其晶体结构，通过对拉曼峰进行三峰高斯拟合计算多晶硅薄膜的结晶度，通过对X射线衍射谱线的Si（111）晶向进行拟合，利用谢乐公式计算多晶硅薄膜的晶粒尺寸。本章主要研究退火温度和退火时间对多晶硅薄膜的晶粒尺寸的影响。

## 6.1.1　常规电阻炉退火的温度研究

### 6.1.1.1　第一阶段实验

第一步，退火之前，以标准工艺清洗的石英玻璃为衬底，具体步骤如下。

① 首先将玻璃用洗涤剂清洗，并且用超声波清洗5min。

② 去离子水将洗涤剂清洗干净，再用丙酮清洗，用超声波清洗5min，去除油污。

③ 用去离子水将丙酮清洗干净，再用乙醇清洗，用超声波清洗5min。

④ 用去离子水将乙醇清洗干净，用超声波清洗5min。

⑤ 浸泡于去离子水中，用洁净的镊子夹起玻璃的一角，垂直缓慢拉出水面，观察玻璃上是否有均匀水膜，有则烘干，无则重复上述五步骤。

⑥ 将干燥的玻璃置于洁净滤纸上放入培养皿中加盖保存。

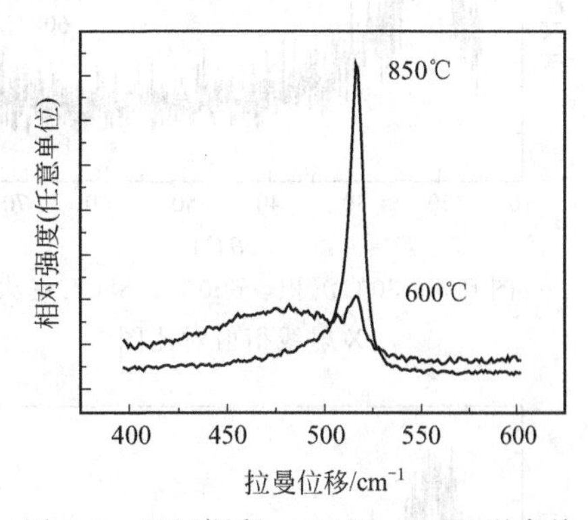


图6.1　30℃沉积、600℃、850℃退火的拉曼光谱对比图

第二步，将衬底置于PECVD系统中，射频辉光放电分解$SiH_4+H_2$制得非晶硅薄膜。氢稀释比95%，沉积室中电极间距2cm，放电功率50W，沉积时间2.5h，衬底温度分别为30℃、350℃、450℃。

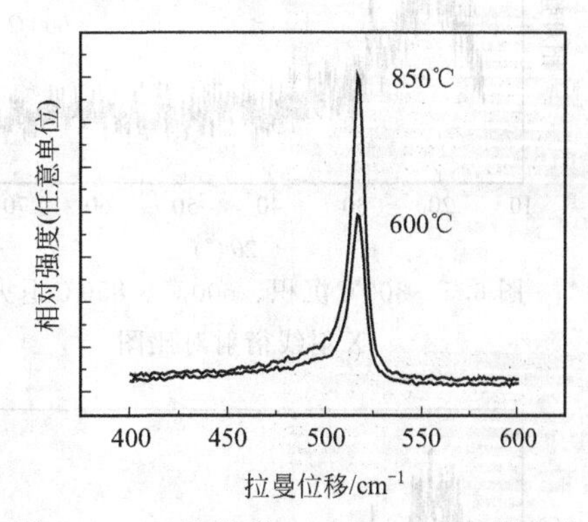


图6.2　350℃沉积、600℃、850℃退火的拉曼光谱对比图

第三步，用拉曼光谱分析样品；然后把在30℃、350℃和450℃沉积的样品用氮气作保护，在600℃和850℃下退火3h，自然冷却后取出。

图6.1～图6.3就是在30℃、350℃和450℃条件下沉积硅薄膜样品，在600℃和850℃温度的电阻炉里退火后测量的拉曼光谱图。在$480cm^{-1}$处的峰表示非晶峰，表明该硅薄膜的结构处于非晶硅状态。在$520cm^{-1}$处显示结晶峰，表明结晶情况的出现。30℃沉积、600℃下炉子退火测量的拉曼光谱出现两个峰，在$480cm^{-1}$处的非晶峰比较明显，而在$520cm^{-1}$处虽然出现了结晶峰，但是峰不突出，表明结晶情况不很理想，拉曼峰拟合计算得晶化率为7%；850℃下炉子退火测量的拉曼光谱只显示在$520cm^{-1}$处的结晶峰，表明此温度下退火结晶情况比较好，计算得晶化率为75%。350℃和450℃沉积、600℃和850℃下炉子退火测量的拉曼光谱只在$520cm^{-1}$处显示结晶峰，表明结晶情况比较好，晶化

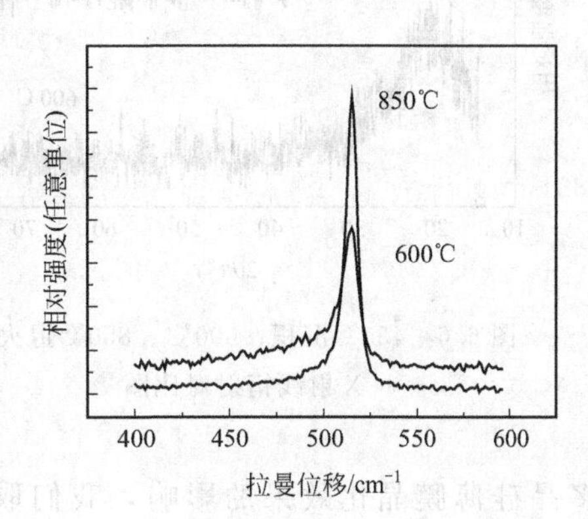


图6.3　450℃沉积、600℃、850℃退火的拉曼光谱对比图

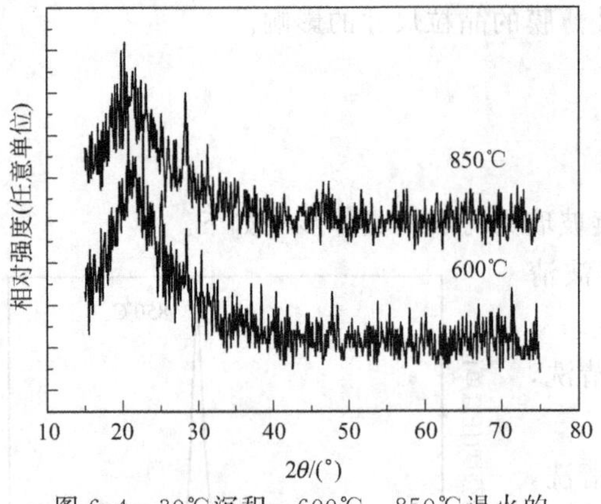

图 6.4　30℃沉积、600℃、850℃退火的X射线衍射对比图

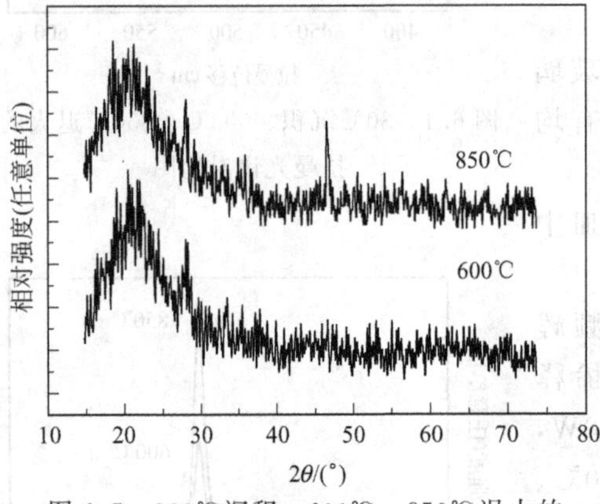

图 6.5　300℃沉积、600℃、850℃退火的X射线衍射对比图

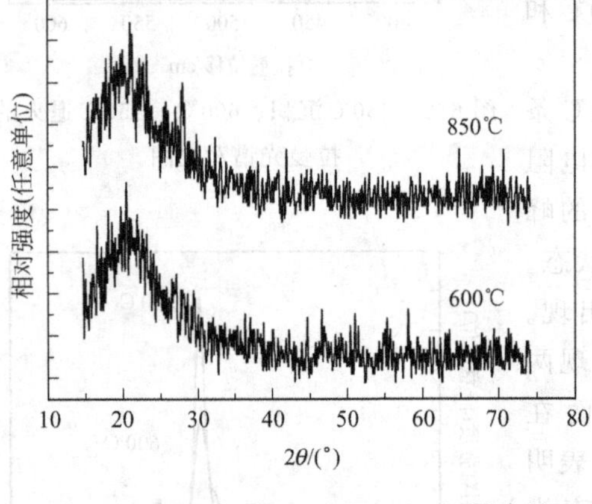

图 6.6　450℃沉积、600℃、850℃退火的X射线衍射对比图

率大于56%。从退火后的对比图中可以看出，衬底温度30℃、350℃和450℃的所有样品，在850℃退火的拉曼峰值在520$cm^{-1}$附近比在600℃退火时明显突出，表明在850℃下退火后晶化效果比在600℃下晶化效果好。

下面我们分析30℃、350℃和450℃沉积、在600℃和850℃下炉子退火测量的X射线扫描谱图。在RIGAKU D/MAX-3B型X射线衍射仪上测定硅膜，特别应注意在28°处的代表（111）面的硅结晶峰，它表明多晶硅薄膜的晶化情况。图6.4～图6.6是对应的X射线衍射图。

从图中可以看出，虽然受设备条件限制，X射线衍射图的背景噪声比较强，但是将三幅图仔细比较后还可以发现一些有用的信息：硅膜在600℃退火3h后的X射线衍射谱线出现晶体硅的特征峰，28°处显示Si（111），说明样品已经晶化；而在850℃退火3h，X射线衍射谱线出现的Si（111）晶向的特征峰更加明显，说明非晶硅薄膜晶化效果更好，晶化程度更高了。三个温度点30℃、350℃、450℃沉积的非晶硅薄膜，在600℃和850℃退火3h表现出温度对晶化影响的同样规律。可以看出，衬底温度从30℃、350℃到450℃所有样品在850℃下退火的28°附近显示Si（111）的特征峰比在600℃下退火的特征峰明显，表明850℃下退火后晶化效果比600℃晶化效果好。X射线衍射图的结果与拉曼光谱图的结果一致。多晶硅薄膜的平均晶粒尺寸也验证了这一点。

平均晶粒大小与退火温度（30℃、300℃、450℃沉积）见表6.1～表6.3。

从实验可以看出，850℃下退火的薄膜比600℃下退火的薄膜晶化效果好，平均晶粒大。并且多晶硅薄膜的晶化效果也与不同温度条件下沉积的非晶硅薄膜有关。为了进一步研究中温炉子退火温度对多晶硅薄膜晶化效果的影响，我们取更多的退火温度点。

#### 6.1.1.2　第二阶段实验

第一步，将清洗过的石英玻璃衬底置于PECVD系统中，射频辉光放电分解$SiH_4$＋$H_2$

表 6.1　平均晶粒大小与退火温度（30℃沉积）

| 退火温度/℃ | 600 | 850 |
|---|---|---|
| 平均晶粒大小/Å | 266 | 337 |

表 6.2　平均晶粒大小与退火温度（300℃沉积）

| 退火温度/℃ | 600 | 850 |
|---|---|---|
| 平均晶粒大小/Å | 296 | 503 |

表 6.3　平均晶粒大小与退火温度（450℃沉积）

| 退火温度/℃ | 600 | 850 |
|---|---|---|
| 平均晶粒大小/Å | 263 | 336 |

制得非晶硅薄膜，氢稀释比95%，沉积室中电极间距2cm，放电功率60W，沉积时间2.5h。

第二步，把样品用氮气作保护，在750℃、800℃、850℃、900℃下退火3h，自然冷却后取出。

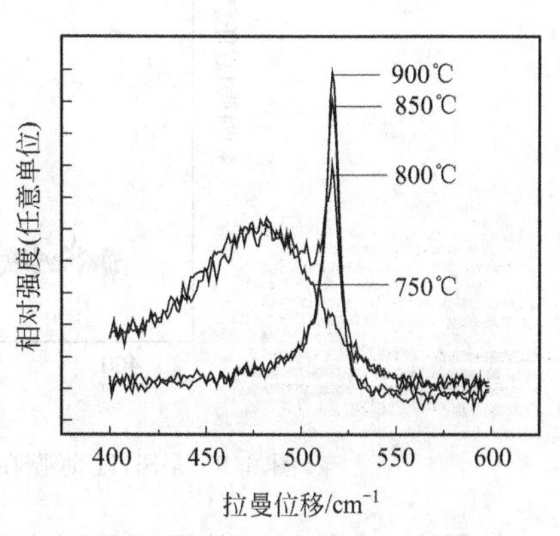


图 6.7　a-Si:H 薄膜在750℃、800℃、850℃、900℃退火3h后的拉曼光谱图

由图6.7可知，750℃退火后拉曼光谱主要是480cm$^{-1}$非晶硅特征峰；800℃退火后拉曼光谱除480cm$^{-1}$非晶硅特征峰外，已经有520cm$^{-1}$晶体硅特征峰；非晶硅在退火时间不变的情况下，随着退火温度的升高，非晶硅薄膜晶化得越来越充分。可以看出，在850℃退火3h，硅膜已经结晶得很好；900℃退火后拉曼光谱520cm$^{-1}$晶体硅特征峰也没有明显提高。拉曼散射谱分析可得出，在750～850℃范围内，随着温度的升高薄膜的结晶情况越来越好，850℃时结晶已比较充分，以后随温度的升高拉曼光谱情况变化不大。在850℃左右存在一个结晶情况好的极值点，符合类量子态现象的第一个特征。

## 6.1.2　常规电阻炉退火的时间研究

上面常规电阻炉退火的温度研究表明，在550～1000℃这一温区存在一个较好的晶化温度，在850℃左右。为了进一步研究晶化时间的影响，在晶化温度点850℃及其附近，我们选择不同的退火时间进行对比。

### 6.1.2.1　实验方法

第一步，将清洗过的石英玻璃衬底置于PECVD系统中，射频辉光放电分解$SiH_4+H_2$制得非晶硅薄膜。氢稀释比95%，沉积室中电极间距2cm，放电功率60W，沉积时间2.5h。

第二步，把样品用氮气作保护，在850℃下退火2h、3h、6h、8h；在700℃下退火5h、7h、10h、13h；在900℃下退火1h、3h、8h；在720℃、790℃、840℃、900℃、940℃下退火1h。在氮气保护下自然冷却后取出。

#### 6.1.2.2 实验结果与讨论

由图 6.8 可知，在退火温度 850℃不变的情况下，随着退火时间的增多，非晶硅薄膜晶化得越来越充分，520cm$^{-1}$晶体硅特征峰都非常明显，非晶硅薄膜晶化效果很好。在 850℃退火 2h 晶化率为 55%，从 520cm$^{-1}$晶体硅特征峰的相对高度看，在 850℃退火 3h 硅膜结晶情况相对较好，晶化率为 67%。在退火温度不变的情况下，随着退火时间的延长，从 520cm$^{-1}$晶体硅特征峰相对降低，8h 晶化率为 59%。可以看出，在 850℃退火 3h 非晶硅薄膜已经结晶得很好。从退火时间看，硅薄膜在 850℃退火 3h 左右存在一个结晶情况好的极值点。

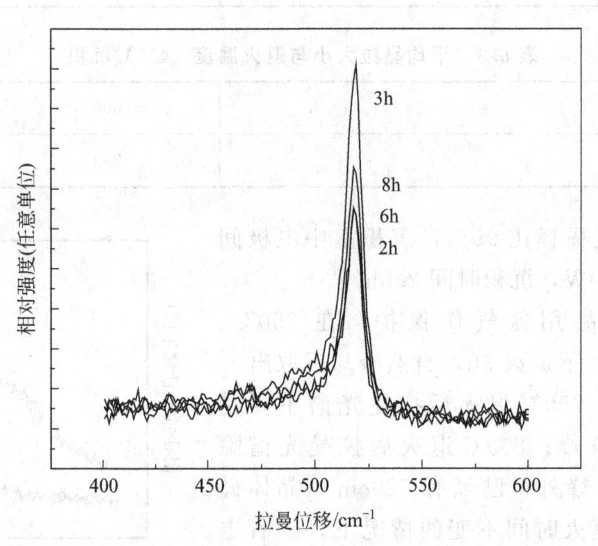


图 6.8 a-Si:H 薄膜在 850℃退火 2h、3h、6h、8h 的拉曼光谱图

如果在 850℃以下的温度下退火结果会怎样？图 6.9 是非晶硅薄膜在 700℃温度下退火 5h、7h、10h、13h 的拉曼光谱图。由图可知，退火温度在 700℃时，随着退火时间的增多，晶化率都在 52%以上，结晶效果比较好。在拉曼谱线其他相同的情况下，在 520cm$^{-1}$处显示结晶峰也越来越高，表明非晶硅薄膜晶化得越来越充分，晶粒也越来越大，薄膜晶化越来越好。可见，退火温度在极值点以下一定值时，可以延长退火时间达到退火目的。实验表明，退火温度与退火时间是相互关联的。退火温度在极值点以下一定值时，可以延长退火时间达到退火目的。这类似量子力学中当粒子能量达不到势垒高度，也有部分粒子通过的现

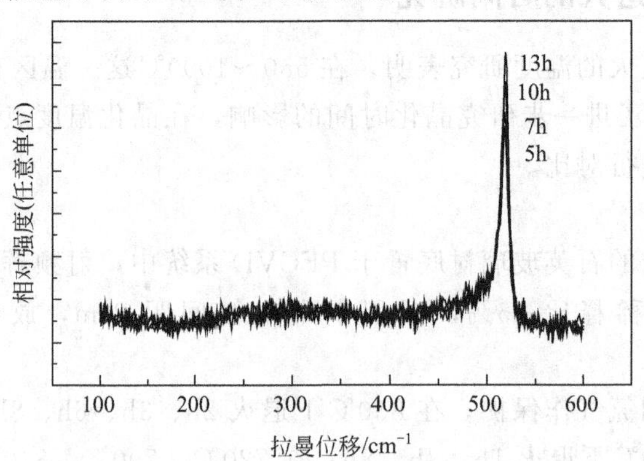


图 6.9 a-Si:H 薄膜在 700℃退火 5h、7h、10h、13h 的拉曼光谱图

象，这就是所谓的量子隧道效应。符合类量子态现象的第二个特征。

如果在850℃以上的温度下退火结果会怎样？图6.10是非晶硅薄膜在900℃温度下退火1h、3h、8h的拉曼光谱图。由图可知，退火温度在中温极值点850℃以上的900℃时，在退火温度不变的情况下，随着退火时间的延长，从520cm$^{-1}$晶体硅特征峰相对降低。可以看出，在900℃退火1h非晶硅薄膜已经结晶得比较好，晶化率为61%；退火时间延长到3h晶化率为56%；退火时间延长到8h晶化率为64%；520cm$^{-1}$处显示结晶峰也没有明显的变化。可见900℃温度下退火1h后，延长退火时间并不能使晶化效果有明显的提高。与850℃下退火相比，在一个比较高的温度退火，退火时间相应减少。可见，退火温度与退火时间是相互关联的。

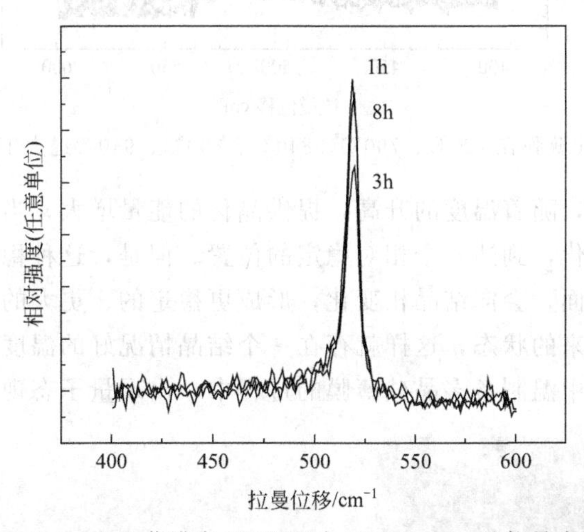


图6.10　a-Si:H薄膜在900℃退火1h、3h、8h的拉曼光谱图

与850℃退火3h对比，我们把退火时间缩短，使非晶硅薄膜退火1h，温度从720℃、790℃、840℃、900℃到940℃。由图6.11可知，退火时间在1h时，随着退火温度的提高，非晶硅薄膜晶化得越来越充分，在520cm$^{-1}$处显示结晶峰也越来越高，薄膜晶化越来越好，也能达到较好的退火效果。其中900℃和940℃的晶化率分别为61%和75%，可见，缩短退火时间可以通过提高退火温度达到晶化目的，同样可以看出，退火温度与退火时间是相互关联的。

从图6.12中扫描电镜的结果可以看出，中温常规炉子退火所得的多晶硅薄膜材料表面由表面直径大小不同的颗粒组成，颗粒的大小分布不均匀。最大的表面直径超过1μm，而前面计算多晶硅薄膜的个体晶粒尺寸只有20～50nm，可见，扫描电镜上的大颗粒团由更小的晶粒组成，颗粒团内部的晶粒之间应该存在大量的晶界。扫描电镜显示的并不是晶粒，而是大量晶粒组成的基团。

常规炉子退火是一个热力学过程。根据固相晶化的热力学理论，不稳定的非晶相结构在加热的过程中必将发生向稳定状态的转变，这是由于与结晶相相比，非晶相的自由能较高是一种亚稳态。非晶相的自由能高于结晶相，因而存在结晶的趋势。两相的自由能差为负值，就产生促使晶化的相变驱动力。非晶硅中原子的运动受到近邻原子的牵制，而且越过非晶-结晶相界面时需要克服一定的势垒，即需要一定的扩散激活能。退火过程中的相变驱动力随着温度的增加而提高。当温度增加产生的相变驱动力达到越过势垒的高度时就能越过非晶-结晶相界面势垒，完成由非晶相向结晶相的转移，当温度进一步提高也不能明显促进晶化效

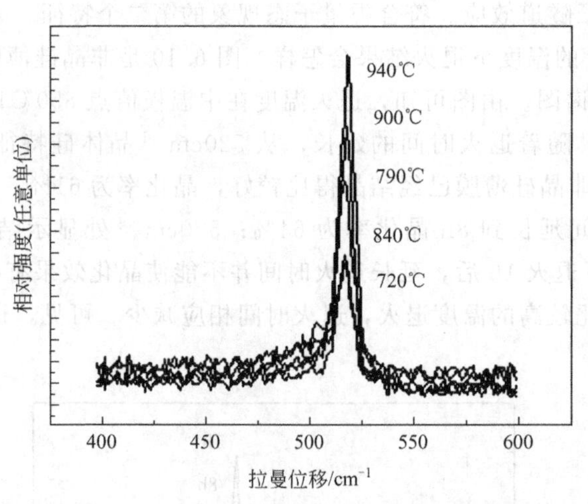


图 6.11　a-Si:H 薄膜在 720℃、790℃、840℃、900℃、940℃退火 1h 的拉曼光谱图

果。从能量的角度来讲，随着温度的升高，提供晶化的能量增大，当达到跃迁一个势垒的能量时，就会发生晶相变化，到达一个相对稳定的位置。但是，这种稳定也是相对的，随着温度的进一步升高，一方面，会向结晶相变化，形成更稳定的、更大的晶粒；另一方面，当能量不够高时，退回到原来的状态，这样就存在一个结晶情况好的温度极值点。正如我们设想的那样：用高温炉退火中温制备多晶硅薄膜的过程中，出现量子态现象。

图 6.12　850℃炉子退火 3h 后的扫描电镜图

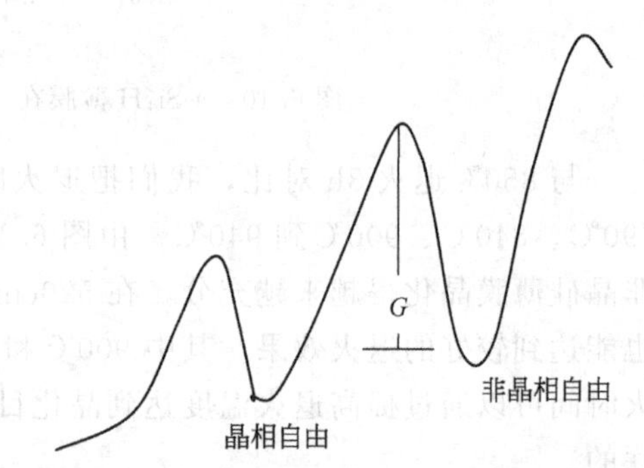


图 6.13　退火过程中原子自由能变化示意图

我们形象地用图 6.13 表示，非晶硅中原子的运动受到近邻原子的牵制，越过非晶-结晶相界面时需要克服一定的势垒，同结晶相相比，非晶相的自由能较高是一种亚稳态。非晶相的自由能高于结晶相，因而存在向结晶相转变的趋势。两相的自由能差为负值，产生促使晶化的相变驱动力。相变驱动力在数值上等于单位体积的相变所引起的系统自由能的降低。表示为：

$$f=-\frac{\Delta G}{\Delta V}$$

式中，$\Delta G$ 为系统自由能的变化；$\Delta V$ 为晶体体积。另外，这个热力学过程是一个统计的平衡过程，加热到某个温度本质上是各种动能运动的统计平均值。无论温度相对高低都包含一系列的能量，只不过温度高时高能量部分占的比例高，温度低时高能量部分占的比例小。当提供晶化需要的能量时，可以通过提高温度、减少退火时间，也可以通过降低温度、延长退火时间来达到晶化目标。退火温度与退火时间是相互关联的。

非晶相结构和结晶相结构的转化是一个动态过程，在加热的过程中必将发生状态的转变，常规高温炉加热造成非晶相中的某些原子离开原来的位置到另一更稳定结晶相原子团。随着更多原子越过两相之间的势垒加入结晶相原子团中，使原子团长大。因为常规高温炉加热造成非晶相与结晶相原子团的转化过程，是一个热力学过程，也是一个动态平衡过程，具有统计学的意义。越过这一非晶-结晶相可以通过提高温度在较短时间内完成，也可以通过延长退火时间在较低的温度达到，两者是等价的。这是热力学一个统计平衡的体现。这一非晶-结晶相的转移过程，还依赖于初始非晶的状态，因此，这一退火过程的结果受沉积非晶硅薄膜条件的影响。

## 6.2　光退火制备多晶硅薄膜的研究

采用卤钨灯加热的快速光热处理设备已经在半导体器件领域的热处理工艺中获得了越来越多的应用。由于快速光热退火设备简单、容易操作、用时短、耗能少、晶化后的多晶硅薄膜缺陷较少，人们认为这一设备在太阳电池的生产中也会有良好的应用前景。为了探讨一种节能、省时的工艺技术，下面对快速光热退火设备的晶化能力进行了详细的研究。

使用的光退火炉工作原理是：在聚光腔内的卤钨灯产生的光辐射，通过石英盒照射到样品上。由于样品是聚光腔内唯一的光吸收体，腔内的光线大部分被样品所吸收，样品温度快速升高。测温热电偶测出温度信号，经线性化和放大后，送入比较电路与微机控制器输出的信号做比较，比较电路输出的信号控制导通角，从而改变灯电流的大小，实现温度的闭环控制。

### 6.2.1　光退火的温度研究

#### 6.2.1.1　实验方法

第一步，将清洗过的石英玻璃衬底置于PECVD系统中，射频辉光放电分解$SiH_4+H_2$制得非晶硅薄膜，氢稀释比95%，沉积室中电极间距2cm，放电功率60W，衬底温度300℃，沉积时间2.5h。

第二步，非晶硅薄膜在750℃、800℃、850℃、940℃、990℃用光退火2min；非晶硅薄膜在700℃/10min、700℃/20min、750℃/2min、850℃/1min情况下退火。具体操作是：快速升高到设定温度，退火后继续在氮气保护下自然冷却到室温，然后取出样品。

#### 6.2.1.2　实验结果与讨论

从图6.14可以看出，随着温度的升高，结晶情况不断发生变化，750℃时晶化率为52%，随着退火温度的增加，非晶硅薄膜晶化得越来越充分，在850℃时非晶硅薄膜已经结晶得很好，晶化的520$cm^{-1}$特征峰明显，晶化率为92%。以后随温度的升高情况变化不大。晶化情况在850℃左右存在一个结晶情况比较好的极值点。拉曼散射谱分析可得出，在750～1000℃范围内，随着温度的升高薄膜的结晶情况越来越好，850℃时结晶最好，存在一个光退火晶化最佳温度极值点。符合类量子态现象的第一个特征。X射线衍射图也证实了这一点。

我们在RIGAKU D/MAX-3B型X射线衍射仪上测定硅膜的X射线衍射图。图6.15就

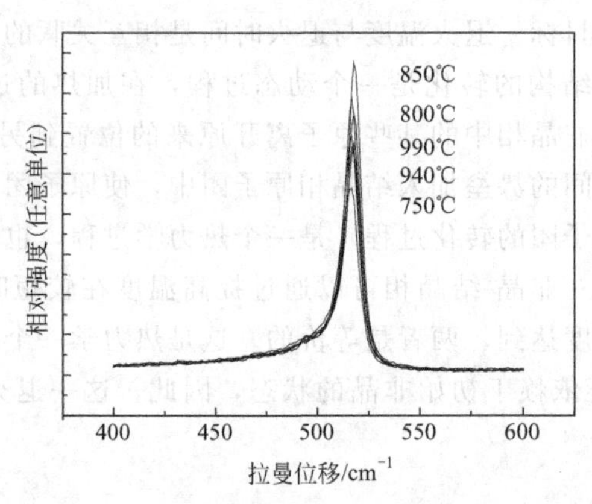


图 6.14　a-Si:H 薄膜在 750℃、800℃、850℃、940℃、990℃退火 2min 后的拉曼光谱图

是测量的 X 射线衍射对比图。从图中可以看出，硅膜在 750℃退火 2min 后的 X 射线衍射谱线出现晶体硅的特征峰，28°处显示 Si（111），说明样品已经晶化；而在 800℃、850℃退火 2min，X 射线衍射谱线出现的 Si（111）晶向的特征峰更加明显，说明非晶硅薄膜晶化效果更好，晶化程度更高了；940℃、990℃退火 2min，X 射线衍射谱线出现的 Si（111）晶向的特征峰与 850℃退火 2min 相比没有明显增加，说明 850℃时结晶最好，存在一个光退火晶化最佳温度极值点。这与拉曼光谱图结果一致。利用 X 射线衍射测量的多晶硅薄膜平均晶粒尺寸也验证了这一点。

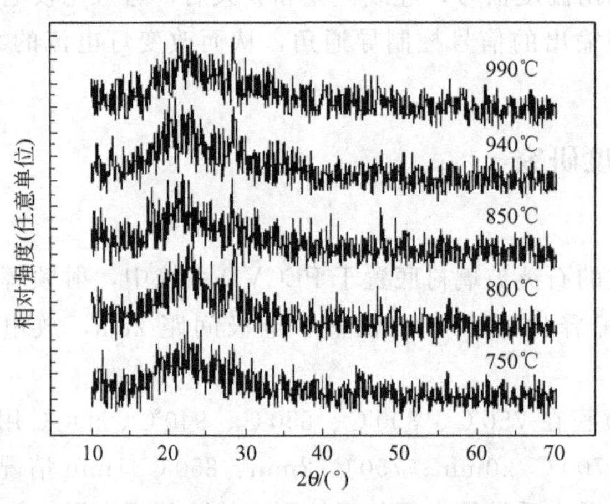


图 6.15　a-Si:H 薄膜在 750℃、800℃、850℃、940℃、990℃退火 2min 后的 X 射线衍射图

平均晶粒大小与退火温度见表 6.4。

**表 6.4　平均晶粒大小与退火温度**

| 退火温度/℃ | 750 | 800 | 850 | 940 | 990 |
| --- | --- | --- | --- | --- | --- |
| 平均晶粒大小/Å | 227 | 229 | 318 | 206 | 225 |

从以上分析可以看出，在 750℃以上光退火 2min，晶化的 520cm$^{-1}$特征峰明显，晶化效果明显，并且在 850℃附近存在一个极值点，这一点与常规电阻炉退火相一致。只是光退

火与常规炉子退火相比，时间大大减少。

图6.16是非晶硅薄膜在700℃/10min、700℃/20min、750℃/2min、850℃/1min情况下退火的拉曼光谱图。可以看出，非晶硅薄膜在700℃退火10min，谱线只在480cm$^{-1}$处呈现宽峰，没有520cm$^{-1}$峰，说明还未晶化，仍为非晶态；700℃退火20min谱线在晶体硅的特征峰位520cm$^{-1}$附近出现了极小的尖峰，晶化率为12%，说明非晶硅薄膜已开始晶化，但只有极少的非晶硅转变成晶态；750℃退火2min，谱线520cm$^{-1}$处的峰值增强，晶化率为38%，表明薄膜样品的结晶度增高，850℃退火1min时晶化率为70%，表明薄膜样品的结晶比较充分。对比非晶硅薄膜700℃/20min、750℃/2min退火后的X射线衍射图，可以推断在700℃和750℃之间存在一个温度极值点。当退火温度低于这个温度时，非晶硅薄膜晶化比较困难；而当退火温度高于这个温度时，非晶硅薄膜则很容易发生晶化。这一点称为光退火开始晶化温度点。

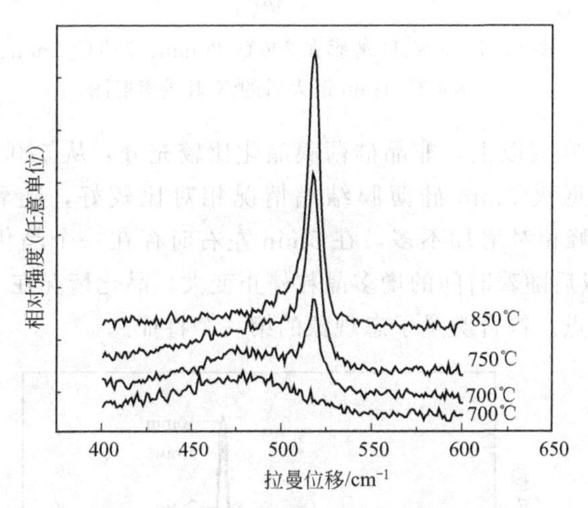


图6.16　700℃/10min、700℃/20min、750℃/2min、850℃/1min退火后的拉曼光谱图

图6.17显示了同样的结果。非晶硅薄膜在700℃退火20min后的X射线衍射谱线没有出现晶体硅的特征峰，说明样品没有晶化或者晶化量极少；而在750℃退火2min时，X射线衍射谱线就明显出现了Si（111）晶向的特征峰，说明非晶硅薄膜已明显发生了晶化。

## 6.2.2　光退火的时间研究

为了进一步研究晶化时间的影响，我们在不同的退火温度点，选择不同的退火时间进行对比。

### 6.2.2.1　实验方法

第一步，将清洗过的石英玻璃衬底置于PECVD系统中，衬底温度为100℃，射频电源功率是60W。

第二步，用相同的方法，非晶硅薄膜在850℃温度下退火1min、2min、5min、10min；非晶硅薄膜在750℃温度下退火2min、5min、8min、10min、15min。

### 6.2.2.2　实验结果与讨论

图6.18所示的拉曼散射谱显示，在退火温度850℃不变的情况下，随着退火时间的增多，由1min、2min、5min到10min，硅薄膜晶化得越来越充分，520cm$^{-1}$晶体硅特征峰都

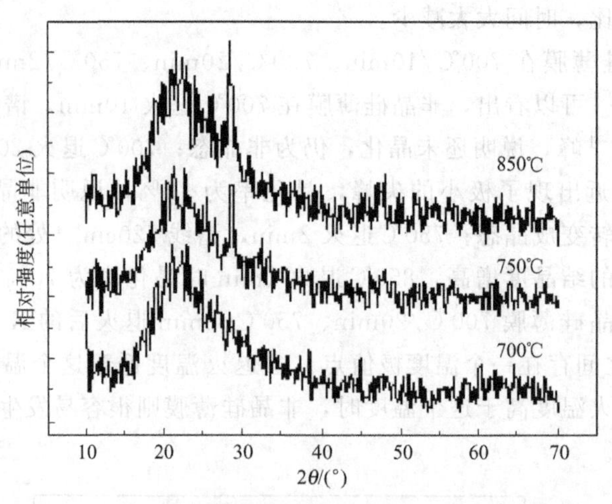


图 6.17　a-Si:H 薄膜在 700℃/20min、750℃/2min、850℃/1min 退火后的 X 射线衍射图

非常明显，晶化率在 70%以上，非晶硅薄膜晶化比较充分。从 $520cm^{-1}$ 晶体硅特征峰的相对高度看，在 850℃退火 5min 硅薄膜结晶情况相对比较好，随着退火时间的延长，从 $520cm^{-1}$ 晶体硅特征峰相对增加不多，在 5min 左右时存在一个晶化相对比较好的极值点。5min 时晶粒最大，以后随着时间的增多晶粒停止变大，晶化情况在 5min 左右时存在一个晶化相对比较好的极值点。符合类量子态现象的第一个特征。

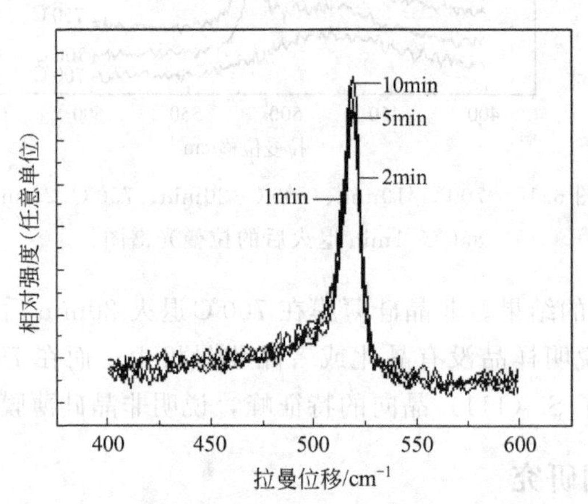


图 6.18　a-Si:H 薄膜在 850℃退火 1min、2min、5min、10min 的拉曼光谱图

利用 RIGAKU D/MAX-3B 型 X 射线衍射仪计算多晶硅薄膜的平均晶粒尺寸。可以看出，在拉曼散射谱中 5min 与 10min 的特征峰的相对高度变化不大，而计算的晶粒尺寸相差比较大，原因可能是，随着退火时间的增多有更多的小晶粒出现，使硅薄膜的平均晶粒尺寸减小。

平均晶粒大小与退火时间（850℃）见表 6.5。

**表 6.5　平均晶粒大小与退火时间**（850℃）

| 退火时间/min | 1 | 2 | 5 | 10 |
|---|---|---|---|---|
| 平均晶粒大小/Å | 223 | 248 | 358 | 203 |

图6.19所示的拉曼散射谱显示a-Si:H薄膜在750℃退火5min、8min、10min、15min的情况。可以看出，随着退火时间从5min开始增加，520cm$^{-1}$处的波峰逐渐增高，表明样品结晶情况越来越好。在8min波峰最高，然后随着退火时间的增加，从8min增加到10min、15min，520cm$^{-1}$处的波峰停止增高，还有降低的趋势。从拉曼光谱图拟合计算的晶化率大小可以看出，退火时间5min时晶化率为16%，退火时间8min以上时晶化率差别不大，均超过54%。可见，退火温度在750℃时，随着退火时间的变化，结晶情况发生变化，在8min出现一个极值点，此时，样品的晶化率较高，晶粒较大。可见，退火温度在750℃时，晶粒大小在退火时间8min左右时存在一个晶化相对比较好的极值点。符合类量子态现象的第一个特征。X射线衍射图也证实了这一点。

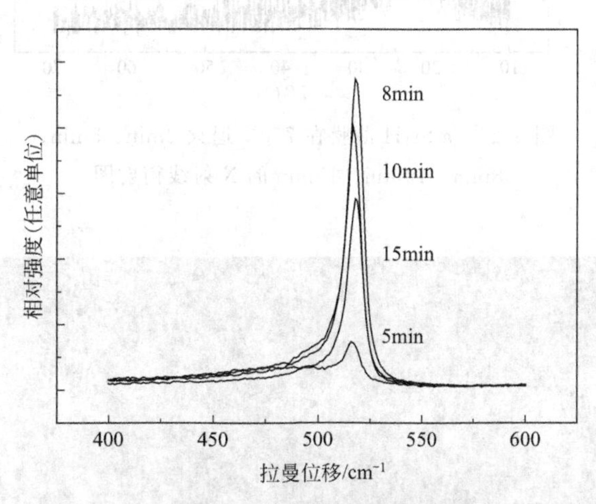


图6.19　a-Si:H薄膜在750℃退火5min、8min、10min、15min的拉曼光谱图

平均晶粒大小与退火时间（750℃）见表6.6。

**表6.6　平均晶粒大小与退火时间**（750℃）

| 退火时间/min | 2 | 5 | 8 | 10 | 15 |
|---|---|---|---|---|---|
| 平均晶粒大小/Å | 171 | 75 | 301 | 158 | 227 |

从图6.20可以看出，在750℃退火2min时，X射线衍射谱线就明显出现了Si（111）晶向的特征峰，说明a-Si:H薄膜已开始了晶化；退火5min时，图中谱线的Si（111）晶向峰更强，说明a-Si:H薄膜的晶化程度更高了；在8min出现一个极值点，以后，随着退火时间的增加，Si（111）结晶情况停止增加，并且有降低的趋势。a-Si:H薄膜750℃退火X射线衍射对比图显示，随着退火时间的变化，结晶情况发生变化，也会出现一个极值点。并且晶化后的多晶硅薄膜有明显的择优取向，择优取向为（111）晶向。平均晶粒大小和晶化率在750℃退火8min出现一个极值点，但此后随着退火时间的延长，晶粒大小有变小的趋势，晶化率有变大的趋势，这是因为750℃退火时8min是一个平均晶粒大小的极值点，过了这个时间点晶粒变小；而晶粒虽然变小，但仍有尚未结晶的非晶继续晶化，所以晶化率仍然变大，尽管变化幅度不大。可见，正如设想的那样，用退火制备多晶硅薄膜的过程中，同样出现量子态现象，这一实验结果与常规炉子退火制备多晶硅薄膜的情况一致。

在多晶硅薄膜表面有一些颗粒状的结晶圆团，突出在结晶表面上（图6.21和图6.22）。

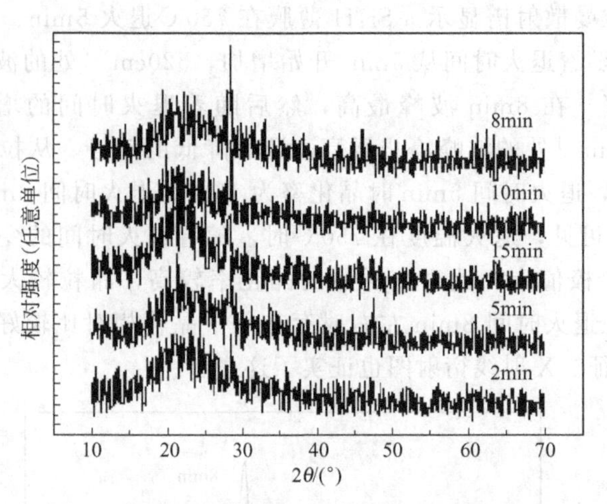


图 6.20 a-Si:H 薄膜在 750℃退火 2min、5min、8min、10min、15min 的 X 射线衍射图

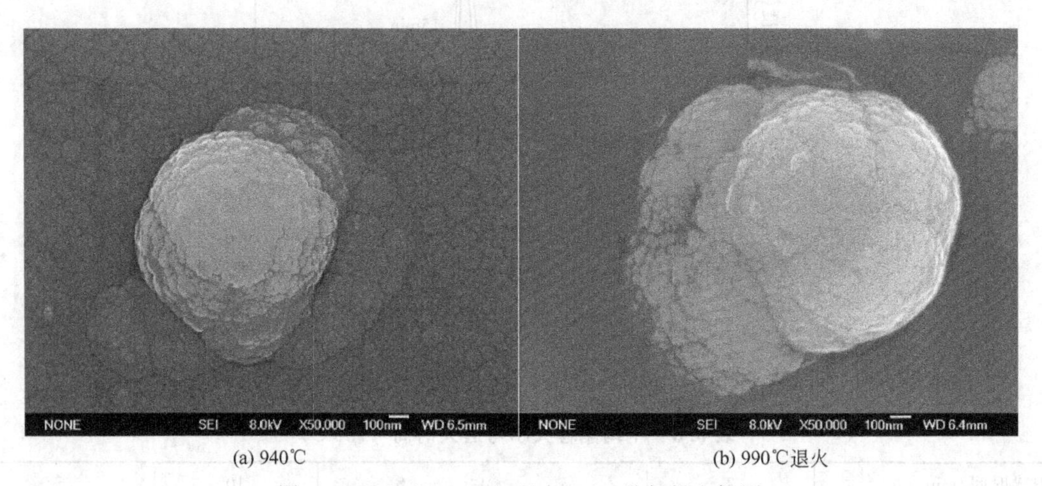


(a) 940℃ (b) 990℃退火

图 6.21 940℃、990℃退火 2min 的扫描电镜图

我们认为当退火时间较长时，光子提供的能量，除促使硅膜结晶外，多余的能量使硅原子跃迁到硅膜表面。薄膜生长有如下几种模式。

① 二维生长模式。衬底上形成许多晶核，晶核长大后连接成单原子层，铺满衬底后继续上述过程，一层一层地生长成二维平面。

② 三维生长模式。衬底上形成许多三维的岛状晶核，岛状晶核长大后形成表面粗糙的硅膜。

③ 单层二维生长后三维生长模式。处于前两者之间，先形成单层膜后，再岛状生长。这种模式一般发生在二维生长后膜内出现应力的情况下。衬底上的原子团簇可以有多种组态，在温度较高，原子容易迁移时，多种组态会趋向一个最稳定的原子组态，其生长模式为二维生长。继续二维生长时应变能显著增大，不得不转向三维岛状生长。不同的能量，促使薄膜有不同的生长方式。我们认为提供晶化是卤钨灯发出的光，卤钨灯的光不是单色光，是各波段光的组合，不同频率的光，促使薄膜有不同的生长方式。不同的温度提供光子能量分布不同，所以产生不同形貌的多晶硅薄膜。这一问题可以深入研究。

图 6.22 750℃光退火 15min 的扫描电镜图

## 6.3 常规电阻炉退火与光退火固相晶化的对比

从上面的实验可以看出，在制备多晶硅薄膜的过程中，光退火和常规炉子退火都能达到晶化的目的，并且两者有很多相似的地方。下面将两者进行退火对比，分析晶化机理。

### 6.3.1 实验方法

第一步，以标准工艺清洗的石英玻璃为衬底，氢稀释比 95%，沉积室中电极间距 2cm，放电功率 50W，沉积时间 2.5h，衬底温度分别为 30℃、350℃、450℃。

第二步，把 30℃、350℃和 450℃温度下沉积的样品用 $N_2$ 作保护，在 850℃下用传统炉子退火 3h；在 850℃下用卤钨灯光照退火 5min。

### 6.3.2 实验结果及分析

（1）拉曼光谱与 X 射线衍射图的对比 从图 6.23～图 6.25 可以看出，由于两种方法退火情况相差很大，另外，谱图背景噪声比较强，所以谱图比较杂乱。但是将谱图仔细比较后还可以发现一些有用的信息，衬底温度从 30℃、350℃到 450℃所有样品的拉曼峰值在 $520cm^{-1}$均比较明显，说明硅膜已经晶化比较充分。两种方法在 850℃下退火，从 X 射线衍射对比图中可以看出，谱线在 28°和 47°处分别出现了两个代表 Si（111）和 Si（220）的特征峰，这说明 a-Si:H 薄膜发生了明显的晶化，而且具有择优取向，择优取向为（111）晶向。对（111）方向的衍射峰进行拟合，然后利用谢乐公式计算出的多晶硅薄膜的平均晶粒尺寸在 30nm 左右。

（2）扫描电镜图的对比结果 从图 6.27 可以看出，用传统炉子加热在 850℃退火 3h，形成更大的、不均匀的多晶硅晶粒基团。从图 6.26 可以看出，用光在 850℃退火 5min 获得的多晶硅薄膜，相对晶粒均匀，表面结构平滑。

非晶硅薄膜由硅原子、氢原子以及硅氢原子团组成，以 Si—Si 键、Si—H 键的状态存在。含硅原子的分子在外界作用下分裂，随着自由的硅原子密度增大，形成大的基团，沉积

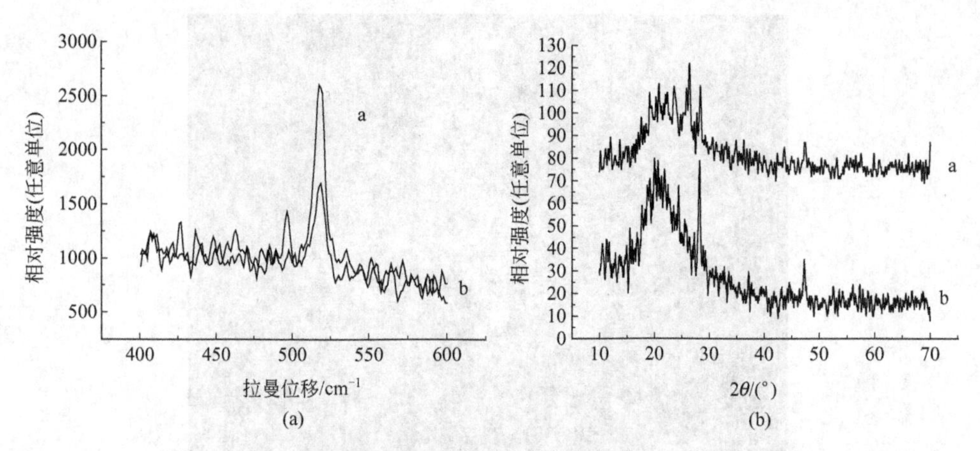


图 6.23　30℃沉积、850℃退火后的拉曼光谱和 X 射线衍射图

a—光退火；b—炉子退火

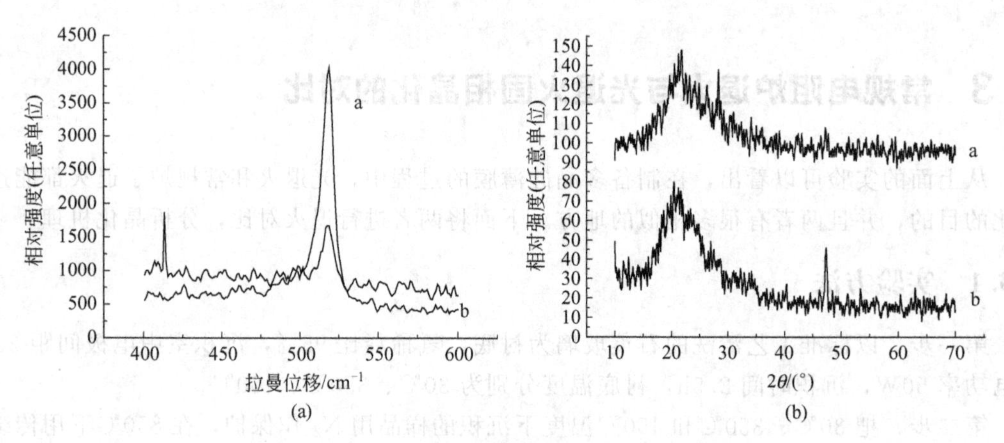


图 6.24　350℃沉积、850℃退火后的拉曼光谱和 X 射线衍射图

a—光退火；b—炉子退火

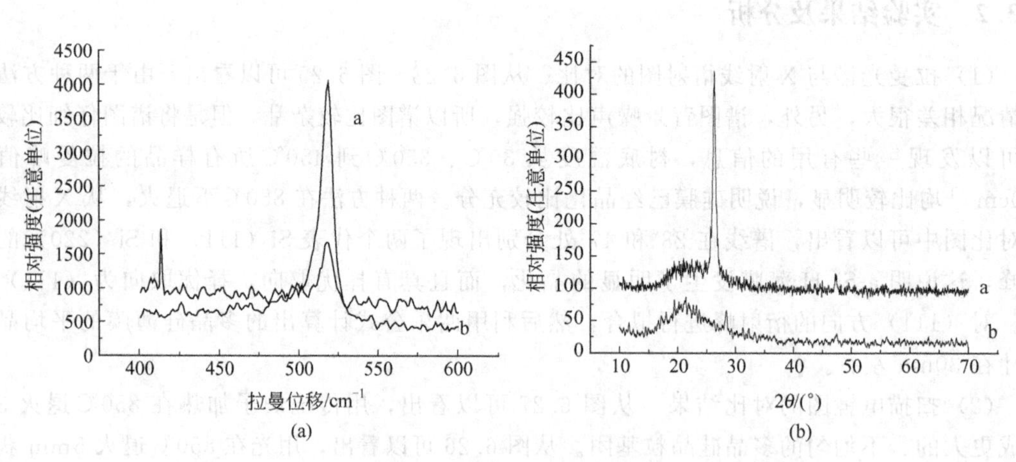


图 6.25　450℃沉积、850℃退火后的拉曼光谱和 X 射线衍射图

a—光退火；b—炉子退火

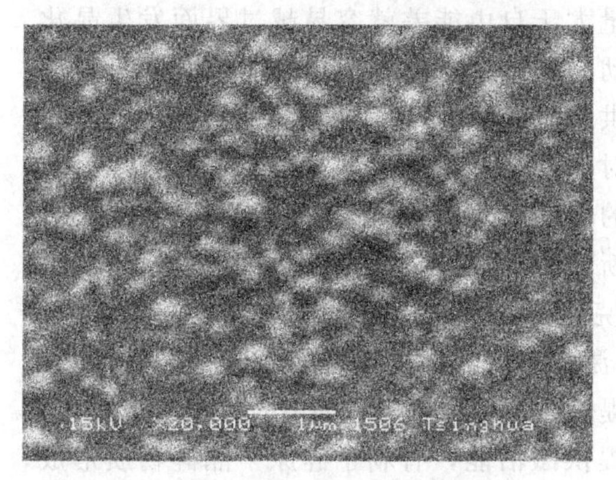


图 6.26 光退火后的扫描电镜图

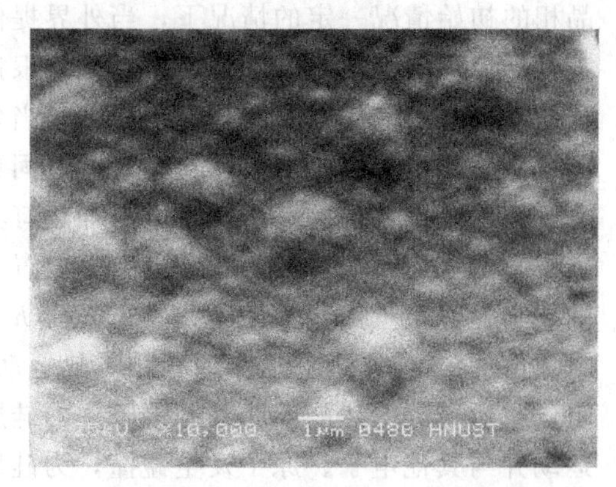


图 6.27 炉子退火后的扫描电镜图

在玻璃衬底上，先形成晶核，晶核逐渐成长为晶粒，随着退火温度的升高、退火时间的增长，有更多更大的多晶硅晶粒出现。这些硅原子扩散、振动，排列成稳定的单晶硅或类似单晶硅的原子排列结构。

从非晶态薄膜到多晶态薄膜，是一种能态转换到另一种能态，需要吸收能量。当提供驱动转化的能量正好等于薄膜从非晶态到多晶态各过程所需要的能量，是较佳方案。常规退火是通过加热电阻丝所释放的热能，使样品达到并维持一定的温度，可以近似看成一个黑体辐射；同样，光退火是通过卤钨灯发光所释放的能量使薄膜从非晶态到多晶态，也可以近似看成一个黑体辐射。根据普朗克黑体辐射公式，黑体辐射对应某一个频率的能量都对应同一个温度，辐射能量密度只与频率以及物体的热力学温度有关，与黑体形状以及组成黑体的物质无关。并且温度越高，辐射的能量密度越大，能量峰值越向短波方向移动，其辐射能量可表示为 $E=h\nu\Delta\nu\{1/[\exp(h\nu/kT)-1]+1/2\}$。式中，$h$ 为普朗克常数；$\nu$ 为辐射的频率；$\Delta\nu$ 为被辐射占据的频带；$T$ 为热力学温度；$k$ 为玻耳兹曼常数。大括号中的前一项称为玻色-爱因斯坦项，后一项称为“零点能”。可以看出，尽管常规退火和光退火方式大大不同，但两者在中温区有相近的、比较好的退火温度点。

常规电阻炉退火是通过加热电阻丝所释放的热能，给非晶硅薄膜中的硅原子提供转化需要的能量，加热电阻丝时所释放的热能是从低到高的各种能级的能量，其中真正符合需要的能量占总能量的比例不高，因此，要有足够真正符合需要的能量，必须延长加热时间。光退火是通过大面积的光照实现，光退火方式提供需要的能量更加直接，使非晶态薄膜转换到多晶态薄膜更容易，需要的时间就短。这里的光仍然是不同频率光的组合。我们设想，如果直接提供能态转化需要的单色光，就可以进一步节约能量、时间。

常规电阻炉退火是通过加热电阻丝所释放的热能给非晶硅薄膜中的硅原子团提供激活能，时间长，硅原子及原子团充分运动碰撞，所以退火后的薄膜晶粒聚合在一起，分布不均匀；采用光退火是通过大面积的光照，时间短，退火后获得的多晶硅薄膜的薄膜晶粒分布比较均匀，结构平滑。另外，光退火的时间比常规退火缩短很多，这在工业应用中有巨大的优势。

为了进一步说明非晶-结晶相界面不断向非晶相一侧推移的过程，从非晶相到结晶相和由结晶相到非晶相都需要一定的激活能以越过各自的势垒，设一个原子由非晶相越过界面达到结晶相所需要的激活能为 $G$，硅原子的振动频率为 $r_0$，则在温度 $T$ 时一个硅原子由非晶相到结晶相越过界面的跳跃频率为 $r=r_0\exp(-G/kT)$。其中，$k$ 为玻耳兹曼常数。可见，晶化的难易主要取决于两个因素，即非晶相与结晶相的自由能差和非晶相的初始情况。在非晶相的初始情况一定的情况下，当外界提供的能量大于自由能差就容易越过界面发生晶化。当外界提供的能量是由加热方法提供，根据热运动的玻耳兹曼分布，需要的能量只是整个能量的一部分，晶化需要的时间也就多；当外界提供的能量是由光照方法提供，需要的能量占的比例就相对较多，所以晶化需要的时间也就相对少得多。

需要特别指出的是，常规电阻加热有其独特的优势。因为晶硅物质的晶格点阵中，硅原子不是静止不动的，而是在节点平衡位置上作不断的晶格振动。晶格振动的能量也是量子化的，它的能量量子称为声子，等于 $h\gamma$（$h$ 是普朗克常数，$\gamma$ 是晶格全振动的角频率），它的最大值约为 0.03eV，这个值很小，热运动很容易激发声子。常规电阻炉退火是通过加热电阻丝时所释放的热能给非晶硅薄膜中的硅原子团提供激活能，电阻丝通电时，大量电子定向运动并与其他电子、原子发生碰撞，为硅原子团提供激活能，有利于硅原子晶硅物质形成，因此，常规退火方法有利于硅原子运动，排列成整齐的大晶粒。而光照情况下，当光子照射入非晶硅薄膜中，发生物质相互作用时，除了损失部分能量外，还有大部分能量转换为热，导致温度升高，也能使硅原子运动，排列成整齐的大晶粒，可以看出，从提供硅原子振动、扩散的能量方面看，光照方式不如电阻丝加热来得直接。所以，常规电阻加热有助于硅原子运动，形成晶粒。也就是说，一定程度的电阻加热有助于形成大的晶粒。

### 6.3.3 结论

① 用 PECVD 法沉积非晶硅薄膜，通过常规电阻炉退火和光退火均可获得多晶硅薄膜；光退火后获得的多晶硅薄膜晶粒分布比较均匀，常规电阻炉退火后的薄膜晶粒分布不均匀。

② 用两种方法都可以达到一定的晶化效果，并且有类似的较佳温度点。两种方法都可以获得晶粒大小近似的多晶硅薄膜，但光退火比常规电阻炉退火的时间大大缩短。

③ 常规电阻加热有助于硅原子运动，使硅原子排列整齐，更有助于后期形成大的晶粒。

## 6.4 硅薄膜结构和性能的自然衰变

用 PECVD 法在玻璃衬底上沉积非晶硅薄膜，然后用退火方法制备大晶粒多晶硅薄膜，存在一个中间过程。如果这一过程时间过长，对薄膜有什么影响？下面我们分析非晶硅薄膜在自然状态下的衰变情况。

### 6.4.1 实验方法

第一步，实验所用的非晶硅薄膜样品用 PECVD 法制备，用普通玻璃作衬底，置于 PECVD 系统中，氢稀释比 95%，沉积室中电极间距 2cm，放电功率 50W，沉积时间 1h，衬底温度分别为 200℃、250℃、300℃、350℃、400℃、450℃。

第二步，把样品置于室温，避光保存 3 个月。

### 6.4.2 实验结果与讨论

图 6.28 是 200℃、250℃、300℃、350℃、400℃、450℃温度下沉积的样品，在 3 个月前后的拉曼光谱对比图。从对比图可以看出，一些样品的拉曼峰值在 $520\text{cm}^{-1}$ 附近比较明显，而 3 个月后几乎消失，没有结晶峰，说明实验沉积的非晶硅薄膜含有少量的结晶颗粒，但不稳定，发生了衰变。

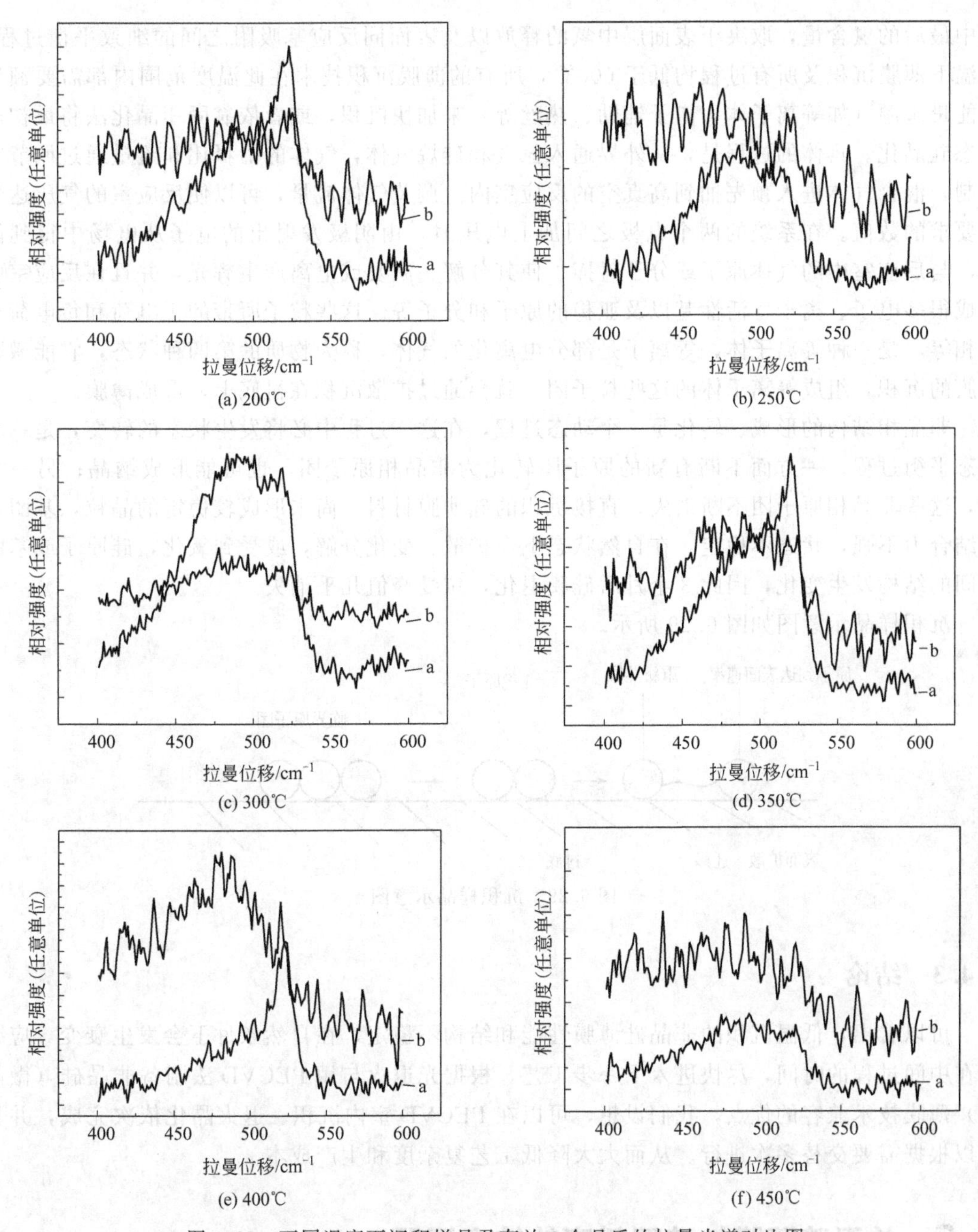


图 6.28　不同温度下沉积样品及存放 3 个月后的拉曼光谱对比图

a—3 个月前；b—3 个月后

PECVD 法是在低压化学气相沉积过程进行的同时，利用辉光放电等对沉积过程施加影响的技术。在 PECVD 装置中，工作气压约为 5～500Pa，电子和离子密度达 $10^9$～$10^{12}$ 个/$cm^3$，平均电子能量达 1～10eV。实验采用 $H_2$ 和 $SiH_x$ 为反应气体，在 $H_2$ 和 $SiH_x$ 稀释比和反应气压一定的条件下，其薄膜的生长主要取决于衬底温度和射频功率两个工艺参数。由于沉积膜层表面吸附着大量的氢原子，不利于结晶相薄膜层的形成，因此在生长过程中必然同时伴随着脱氢过程的发生。它直接关系到晶核的形成、分布、大小以及膜层生长速率。$SiH_x$ 的表面吸附速率及表面黏附系数的大小是表面化学反应中的两个重要参数。形成的薄膜中最后的氢含量，取决于表面层中氢的释放以及表面同反应基吸附之间的细致平衡过程。低温下薄膜沉积及所有过程均低于600℃，所有的薄膜沉积技术在此温度范围内都需要额外的能量来源（如等离子体、离子辅助、热丝等）来加快沉积，或者依靠固相晶化法将最初非晶态硅晶化。具体的过程是，从外界通入氢气和硅烷气体，气体的稀释比和流量通过调节阀控制，混合气体进入预先抽到高真空的反应室内。调节气体流量，可以使反应室的气压达到所要求的数值。在系统的两个电极之间加上电压时，由阴极发射出的电子从电场中得到能量，与反应室中的气体原子或分子碰撞，使其分解、激发或电离产生辉光，并且在反应室中形成很多电子、离子、活性基以及亚稳的原子和分子等。这些粒子所带的正电荷和负电荷总数相等，是一种等离子体，等离子是部分电离化的气体，称为物质的第四种状态，它能激励薄膜的沉积，组成等离子体的这些粒子团，就会通过扩散沉积在衬底上，形成薄膜。

非晶相结构的形成、转化是一个动态过程，在这一过程中必将发生状态的转变，是一个动态平衡过程。一方面不断有新的原子团转化为非晶相原子团，也可能形成纳晶；另一方面，这些非晶相原子团不断消失。直接沉积的硅薄膜材料，尚未形成较稳定的晶粒，基团之间结合力不强，状态不稳定，在自然状态下会扩散、变化分解，或受到氧化，硅原子或基团之间的结构发生变化，因此3个月后硅膜退化，拉曼峰值几乎消失。

沉积样品示意图如图6.29所示。

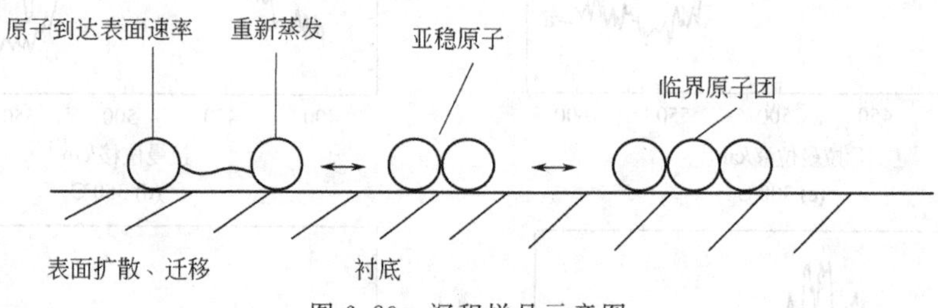


图6.29 沉积样品示意图

### 6.4.3 结论

可以看出，低温沉积的非晶硅薄膜性能和结构不稳定，在自然条件下会发生衰变，应减少在中间过程的时间，尽快进入下一步工艺。根据光退火与用PECVD法制备非晶硅（微晶硅）薄膜技术兼容的优点，我们设想，可以在PECVD室内沉积、退火晶化依次完成，并且可以根据需要交替多次进行。从而大大降低工艺复杂度和生产成本。

## 6.5 关于硅薄膜与玻璃基底的结合问题

在非晶硅薄膜退火制备多晶硅薄膜过程中，发现硅薄膜与玻璃基底有明显的分离现象。这种现象无论在多晶硅薄膜太阳电池制作，或是在其他工业应用方面都是应该避免出现的，下面我们对此现象进行研究。图6.30所示的扫描电镜图是在大小为1cm×1cm的石英玻璃上，通过PECVD法沉积非晶硅薄膜，然后中温光退火后的多晶硅薄膜的截面图。从扫描电镜图可以看出，硅薄膜与玻璃基底有明显的分离现象。可以推测，随着玻璃面积的增加，这种分离现象会更加明显。

出现硅薄膜与玻璃基底有明显的分离现象的原因主要是：玻璃的化学组成与硅薄膜的不

同，硅薄膜的膨胀系数与玻璃的不同，硅薄膜的膨胀系数为$2.44\times10^{-6}℃^{-1}$，而玻璃的膨胀系数为（3～8）$\times10^{-6}℃^{-1}$。而且，玻璃根本就不是一种晶体，两种状态相差较大，因此，在比较高的温度下就出现了分离现象。那么，如何避免这一情况的出现？

图6.30　多晶硅薄膜扫描电镜截面图

玻璃的软化点是可以调整的。玻璃的软化点与玻璃黏度息息相关，受到玻璃熔体内部结构的影响较大。通常以一根直径为0.65～1.0mm、长22.9cm的玻璃丝悬挂在一个特制的加热炉中，在10℃/min升温速度下，玻璃丝在自重下伸长的速度达到1mm/min，此时的温度称为玻璃的软化点温度。玻璃的黏度越高，软化点就越高；相反，黏度越低，软化点也就越低。玻璃是一种在结构上具有远程无序、近程有序的物质，如果个别部分移开的话，就必然要产生断键。把键断开所需要的能量由热能来提供，玻璃中结合的键越强，玻璃的熔化温度就越高。但玻璃到达熔化温度后，并不是所有的键都断裂，而只是其中的一部分断裂，因而在玻璃的熔体中存在一定大小的断片，它们的活动性是受到限制的，也就是玻璃熔体中的结构组元发生黏滞流动说明玻璃熔体一般都具有较大的黏度。温度越高，断键越多，黏度也就越低。因此，可以根据不同的需要，调整配方，生产软化点温度不同的玻璃。选择调整玻璃的软化点温度使之与制备多晶硅薄膜的温度相匹配。

在以玻璃为基底制备多晶硅薄膜以及制造多晶硅薄膜太阳电池的过程中，应该选择合适软化点的玻璃基底，使玻璃的软化点温度与最高退火温度点相匹配，处理过程中的最高温度应稍微高于玻璃软化点温度，这样可以使玻璃软化，与硅膜因处理过程中产生的变化相适应，这样在生产过程中就可以形成一个整体，不出现玻璃基底与硅膜相分离的现象。

总之，玻璃是一种非晶固体，没有精确的熔点，在一定的温度开始软化，温度继续升高到一定程度后具有流动性。软化点温度与玻璃的成分有关，软化时玻璃主要成分二氧化硅可发生晶形转化，但物理形态基本保持不变。因此，制备多晶硅薄膜的过程中，根据处理温度的不同，可以选择相匹配的不同软化点玻璃，就不会出现玻璃基底与硅膜相分离的现象。

## 6.6　光退火制备多晶硅薄膜的计算

下面用等能量驱动原理，具体计算光作用与多晶硅薄膜量子态的形成。

非晶硅薄膜转化为多晶硅薄膜的主要过程是，非晶硅薄膜在光的照射下，硅氢键分裂，先形成晶核，晶核逐渐成长为晶粒，出现类似单晶的排列。多晶硅薄膜的形成由于SiH($n$)的分裂，硅原子振动、转动并重新排列形成多晶硅薄膜。所以，多晶硅薄膜的形成，是硅、氢原子组成的分子团与光相互作用的结果，这些作用是微观的量子作用，存在量子态现象。根据量子态模型的等能量驱动原理，只有当光子的能量正好与硅氢键分裂、分子振动和转动需要的能量相当时更容易发生共振吸收，从而发生能态转移。

首先分析物质内部分子的情况。分子内部的运动状态可以分以下三部分来描述。

① 分子的电子运动状态和电子能级。在分子中有两个或两个以上的原子核，电子在这样一个电场中运动。在分子中的电子运动，正如原子中的电子运动，也形成不同的状态，每一状态具有一定的能量，分子的电子态能级之差同原子能级之差相仿，如果分子的电子能级之间有跃迁，产生的光谱一般在可见区和紫外区。

② 构成分子的诸原子之间的振动和振动能级。这也就是原子核带动周围电子的振动，多原子分子的振动就比较复杂，是多种振动方式的叠加。振动的能量是量子化的，振动能级的间隔比电子能级的间隔小，如果只有振动能级的跃迁，而没有电子能级的跃迁，所产生的光谱是在近红外区，波长是几微米的数量级。

③ 分子的转动和转动能级。这是分子的整体转动。对双原子分子要考虑转动轴通过分子质量中心并垂直于分子轴（原子核间的连线）的转动。对多原子分子的转动，如果分子的对称性高，也可以进行研究，转动能量也是量子化的，但比前两种情况能量要小得多，转动能级的间隔只相当于波长毫米或厘米的数量级。

再来分析在光照情况下的具体过程。光本质上是一种电磁波，光照 a-Si:H 时，入射的电磁波是 a-Si:H 产生新的振动和转动（图 6.31、图 6.32）。

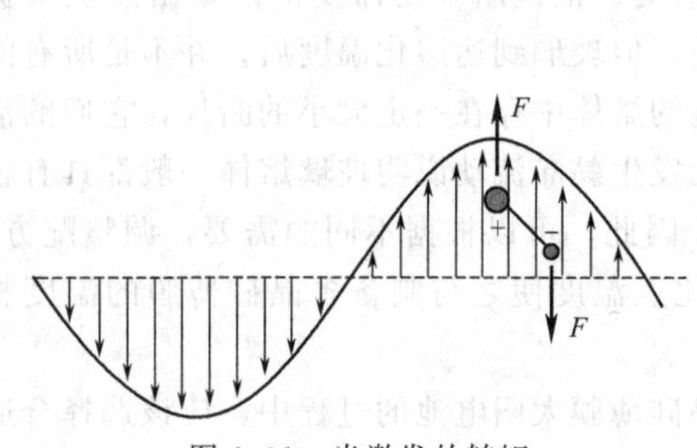


图 6.31 光激发的转矩

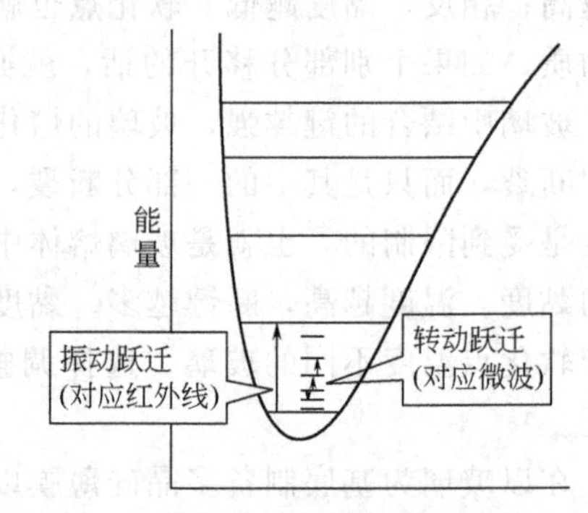


图 6.32 分子振动和转动能量分立的量子态

非晶硅薄膜的存在主要以 Si:H 的状态，要转化为以硅原子为主的多晶硅薄膜要考虑光照对 Si:H 的作用，首先使 Si:H 分裂。下面分析 Si:H 的状态。

(1) 纯转动能谱　双原子的转动轴通过质心而垂直于连接两原子核的直线。振动和转动本征能量表现为分立的量子态。数学表示为：

$$E=\frac{1}{2}I_x\omega_x^2+\frac{1}{2}I_y\omega_y^2+\frac{1}{2}I_z\omega_z^2$$

分子的转动能量为：

$$E=\frac{L_x^2}{2I_x}+\frac{L_y^2}{2I_y}+\frac{L_z^2}{2I_z}$$

式中，$L_x$、$L_y$、$L_z$ 分别表示三个转动轴；$I_x$、$I_y$、$I_z$ 分别表示对应的转动惯量。对双原子 SiH，用对应的哈密顿量表示的薛定谔方程为：

$$H\Psi=\frac{L^2}{2I}\Psi=\frac{J(J+1)\hbar^2}{2I}\Psi$$

式中，$J$ 是转动动量量子数。

分子转动能量分立的量子态如图 6.33 所示。

令转动常数为 $B$，则按照量子力学，角动量应等于下式表示的数值：

$$P=[J(J+1)]^{1/2}h/2\pi$$

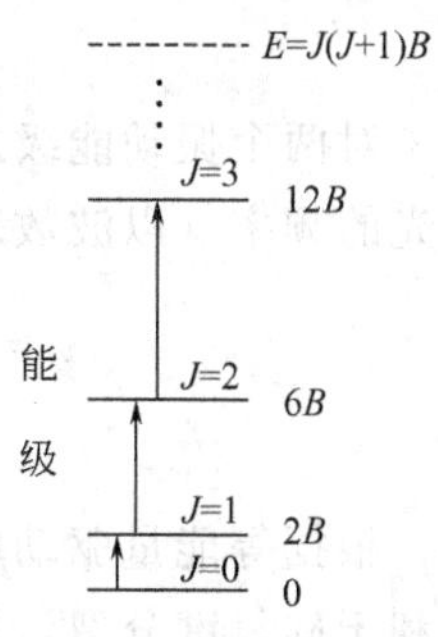

图 6.33　分子转动能量分立的量子态

实验和理论都证明，转动能级的跃迁只能在邻近能级之间，就是 $\Delta J=1$。所得光谱的波长应该有下式表达的数值：

$$v=\frac{E''-E'}{ch}=\frac{1}{ch}[(E''_{振}-E'_{振})+(E''_{转}-E'_{转})]$$

$$B=h/8\pi^2 Ic$$

谱线波数的间隔是相等的，从转动能级 $J=0$ 到 $J=1$，相隔波数是 $2B$；从转动能级 $J=1$ 到 $J=2$，相隔波数是 $4B$；从转动能级 $J=2$ 到 $J=3$，相隔波数是 $6B$ 等。对双原子 Si:H 来说，代入硅的相对原子质量 28、氢的相对原子质量 1，计算得 $B=6.463\text{cm}^{-1}$。对双原子 Si:H，从转动能级 $J=1$ 到 $J=2$，需要的能量（单位用波数表示）是 $E_1=2B=20.926\text{cm}^{-1}$。从转动能级 $J=2$ 到 $J=3$，需要的能量是 $E_2=4B=41.852\text{cm}^{-1}$。从转动能级 $J=1$ 到 $J=2$，需要的能量是 $E_3=2B=83.704\text{cm}^{-1}$。当然，还有其他形式的转动跃迁。

(2) 纯振动能级　对双原子 Si:H 振动能级从基态到激发态需要的能量，为了计算简单只计算从基态到最近激发态需要的能量 $\Delta J=1$。双原子 Si:H 看成一个量子谐振子，它们之间的键能为：

$$E_j=\hbar\omega=(k/m)^{1/2}h$$

式中，$\hbar$ 为普朗克常数；$\omega$ 为角频率；$m$ 为约化质量；$k$ 为谐振子常数。对双原子振动，$k=481\text{N/m}$。

$$m=m_{\text{si}}m_{\text{h}}/m_{\text{si}}+m_{\text{h}}$$

对双原子 Si:H 振动，根据薛定谔方程求得能量本征值为：

$$E_j=\frac{j(j+1)h^2}{2I}$$

式中，$I$ 为转动惯量。

分子的振动和转动能谱如图 6.34 所示。

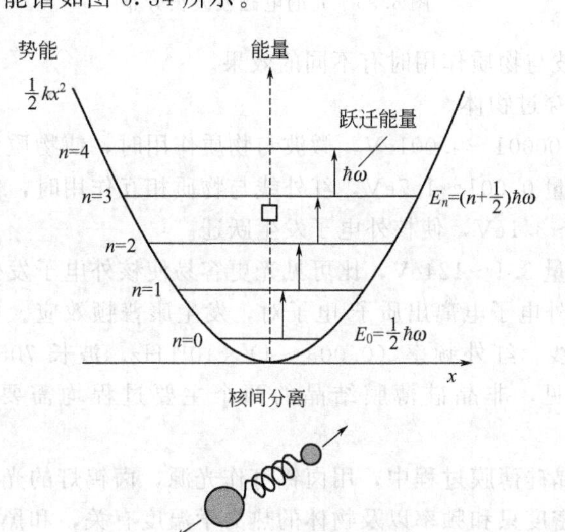

图 6.34　分子的振动和转动能谱

为了计算简单只计算从基态到最近激发态需要的能量，$\Delta J=1$。

$$\Delta E = \hbar^2/I = 12\times10^{13}\,\text{Hz}$$

对两个振动能级之间同时有转动变更的跃迁，分子由低能级 $E'$ 跃迁到高能级 $E''$ 时，吸收光的频率（以波数表示）为 $\nu$。谱线的波数应该是：

$$\nu = \frac{E''-E'}{ch} = \frac{1}{ch}\left[(E''_{振}-E'_{振})+(E''_{转}-E'_{转})\right] = V_0 + 2BJ$$

$$\Delta B = 6.564\text{cm}^{-1}$$

根据等能量驱动原理，当光提供的驱动转化的能量正好等于硅氢键之间的结合能时，才有利于硅氢键分裂，使硅原子转动和振动，薄膜从非晶态到多晶态转化。看对应这一能量的光是哪一段波长。光是电磁波的一段，电磁波的波长分布如图 6.35 所示。

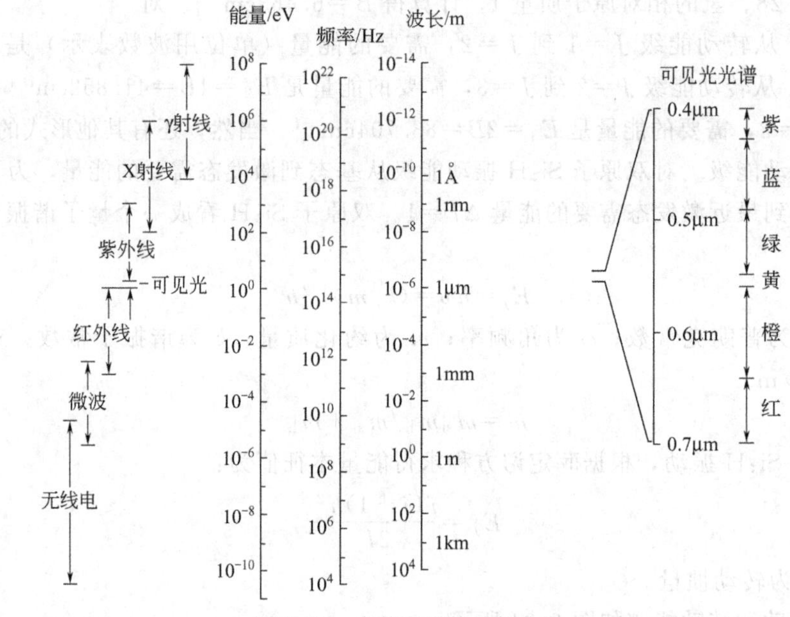


图 6.35 光的电磁波波长分布

不同波段的电磁波与物质作用时有不同的效果。

① 低频率的波能穿过物体。

② 微波的能量 0.00001～0.001eV，微波与物质作用时，使物质分子转动并产生热量。

③ 红外线光子能量 0.001～1.7eV，红外线与物质相互作用时，使物质分子振动。

④ 光子能量 1.7～3.1eV，使核外电子发生跃迁。

⑤ 紫外线光子能量 3.1～124eV，比可见光更容易使核外电子发生跃迁。

⑥ X 射线能使核外电子电离出质子-电子对，发生康普顿效应。更详细划分，红外线分为近红外线和远红外线。红外频率 $(0.003\sim4)\times10^{14}$ Hz，波长 705nm～1mm，光子能量 0.0012～1.65eV。可见，非晶硅薄膜结晶的两个主要过程均需要的红外线光子能量为 0.001～1.7eV。

用光退火生长多晶硅薄膜过程中，用卤钨灯作光源，卤钨灯的光源是一个黑体辐射，类似太阳光。辐射能量密度只和频率以及物体的热力学温度有关，和黑体形状以及组成黑体的物质无关。并且温度越高，辐射的能量密度越大，能量峰值越向短波方向移动，其辐射能量可表示为：

$$E = h\nu\Delta\nu\{1/[\exp(h\nu/kT)-1]+1/2\}$$

式中，$h$ 是普朗克常数；$\nu$ 是辐射的频率；$\Delta\nu$ 是被辐射占据的频带；$T$ 是热力学温度；$k$ 是玻耳兹曼常数。根据等能量驱动原理，只有当光子的能量正好与 Si:H 键分裂、硅氢分子振动和转动需要的能量相当时更容易发生共振吸收，从而发生能态转移。因此，光退火制备多晶硅薄膜表现出量子态现象，这与实验结果吻合。这进一步具体验证了等能量驱动原理，并且提供了一个具体的计算实例。

本章探讨了制备多晶硅薄膜，温度在退火过程中起到关键作用。研究发现，退火温度的背后是对应一定波长的电磁波，所以，我们完全可以把注意力转向符合需要的电磁波，可以尽可能地降低退火处理温度，从而降低成本，提高生产效率，进一步提升多晶硅薄膜太阳电池的市场竞争力。

在光退火制备多晶硅薄膜的方法中，光的本质是电磁波，在将来的研究中，根据等能量驱动原理，可以将光退火的技术参数转为对应更为精确波段的电磁波，以减少不必要波段产生的热量消耗，进一步优化工艺。另外，根据光（电磁波）退火与用 PECVD 法制备非晶硅（微晶硅）薄膜技术兼容的优点，我们设想，可以在 PECVD 室内沉积、退火晶化依次完成，并且可以根据需要交替多次进行。从而大大降低工艺复杂度和生产成本。

## 参 考 文 献


[1] 陈城钊，方健文，林璇瑛等. a-Si:H 薄膜固相晶化法制备多晶硅薄膜 [J]. 浙江师范大学学报，2002，25 (3)：247-249.

[2] Hasegawa S，Sakamoto S，Inokuma T，et al. Structure of recrystallized silicon films prepared from amorphous silicon deposited using disilane [J]. Applied Physics Letter，1993，62 (11)：1218-1220.

[3] Wang Y Z，Fonash S J，Awaselkarim O O，et al. Crystallization of a-Si:H on glass for active layers in thin film transistors：effedts of glass coating [J]. Journal of Electrochem，1999，146：291.

[4] 杜开瑛，饶海波. 由低温退火轻掺杂控制 a-Si:H 膜的固相晶化成核 [J]. 物理学报，1994，43 (6)：966-977.

[5] Matsuyama T，et al. High-quality polycrystalline silicon thin film prepared by a solid phase crystallization method [J]. Journal of Non-crystalline Solids，1996，198-200：940-944.

# 第7章 铜铟镓硒薄膜太阳电池

铜铟镓硒薄膜太阳电池性能稳定，抗辐射能力强，成本低，光电转换效率高，光电转换效率接近于目前市场主流产品晶体硅太阳电池转换效率。无论是在地面太阳光发电，还是在空间微小卫星动力电源的应用上，均具有广阔的市场前景。铜铟镓硒英文缩写为CIGS，CIGS（CIS中掺入Ga）等化合物薄膜太阳电池，是Ⅰ-Ⅲ-Ⅵ族化合物半导体材料，结构与Ⅱ-Ⅵ族化合物半导体材料相近。

## 7.1 铜铟镓硒薄膜太阳电池材料

$CuIn_{1-x}Ga_xSe_2$ 属于黄铜矿结构。黄铜矿结构是闪锌矿结构的一种，而闪锌矿结构又是金刚石结构的一种。所以CIGS系的晶体结构与金刚石的原子排列相似，不同的是它们的元素组成不一样。ⅠB族元素（铜）和Ⅲ族元素（铟或者镓）原子取代了闪锌矿晶体中的ⅡB族元素（锌）。因此，晶胞结构为立方体（图7.1）。每个原子都和另外的四个原子键合，也就是说，每个铜、铟、镓原子都和四个硒原子键合在一起，而每个硒原子和两个铜原子以及两个铟原子或镓原子发生键合。$c/a$ 的比值接近。但由于Cu—Se、In—Se和Ga—Se键的长度不同，所以 $c/a$ 的比值通常都会发生偏离。

热力学分析表明，$CuInSe_2$ 固态相变温度分别为665℃和810℃，而熔点为987℃，低于665℃时，CIS以黄铜矿结构晶体存在。当温度高于810℃时，呈现闪锌矿结构。温度介于665～810℃之间时为过渡结构。在CIS晶体中每个阳离子（Cu、In）有四个最近邻的阴离子（Se）。以阳离子为中心，阴离子位于体心立方的四个不相邻的角上。同样，每个阴离子（Se）的最近邻有两种阳离子，以阴离子为中心，两个Cu离子和两个In离子位于四个角上。由于Cu和In原子的化学性质完全不同，导致Cu—Se键和In—Se键的长度和离子性质不同。以Se原子为中心构成的四面体也不是完全对称的。为了完整地显示黄铜矿晶胞的特点，黄铜矿晶胞由四个分子构成，即包含四个Cu、四个In和八个Se原子，相当于两个金刚石单元。室温下，CIS材料晶格常数 $a=0.5789nm$，$c=1.1612nm$，$c/a$ 的比值为2.006。Ga部分替代 $CuInSe_2$ 中的In形成 $CuIn_xSe_2$。由于镓的原子半径小于In，随着镓含量的增加黄铜矿结构的晶格常数变小。如果 Cu 和 In 原子在它们的子晶格位置上任意排列，这对应着闪锌矿结构。

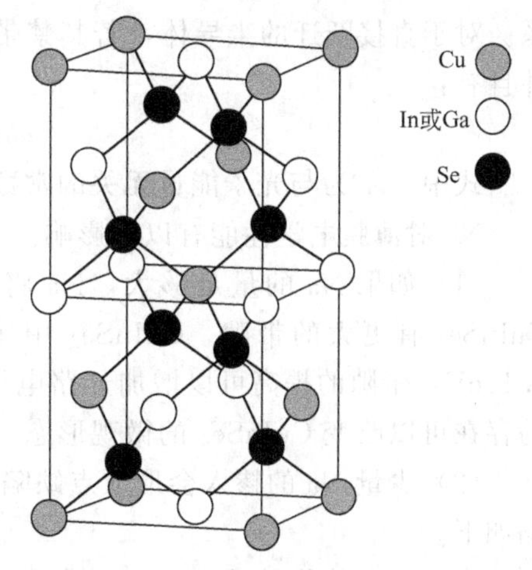

图 7.1　铜铟镓硒晶体结构示意图

元素的性质对于铜铟镓硒薄膜的生长和生长设备的设计非常重要。根据这些元素的物理性质和化学性质，一般把铜、铟和镓都划分为金属元素，而硒在铜铟镓硒薄膜中的作用非常特殊，因此必须把它和其他三种金属元素区分开来进行分析。

铜、铟、镓、硒各元素的物理性质见表 7.1。铜的金属特性非常明显（如高熔点和高沸点），但是铟和镓的金属特性并不明显（非常低的熔点和高沸点）。

**表 7.1　铜、铟、镓、硒各元素的物理性质**

| 特性 | Cu | In | Ga | Se |
|---|---|---|---|---|
| 原子序数 | 29 | 49 | 31 | 34 |
| 族 | ⅠB | Ⅲ | Ⅲ | Ⅵ |
| 摩尔质量/(g/mol) | 63.55 | 163.86 | 69.74 | 78.98 |
| 固体密度/(g/cm³) | 8.96 | 7.31 | 5.9 | 4.79 |
| 熔点/℃ | 1083 | 157 | 29.8 | 217 |
| 沸点/℃ | 2567 | 2080 | 2403 | 685 |

硒元素的性质与 CIGS 系统中其他元素有很大的不同，其中最突出的是它的沸点非常低。在 250℃左右就可以获得硒蒸气，比其他三种金属元素所需的温度低 600℃。硒蒸气的组分构成为多原子分子，从 Se 到 $Se_8$ 都有。液态硒元素呈现出聚合体的特性，黏度很高，随着温度的降低急剧下降。当达到熔点时，它的黏度约为 2Pa・s，比水的黏度要大 3 个数量级。据估计，它在 250℃时的链长约为 500 个 $Se_8$ 单元，当温度升高到 450℃时，降低到约 40 个 $Se_8$ 单元。有文献记载，固态硒元素以很多种形态存在，六边形、“灰白硒”、斜晶系的“红硒”、非晶态等这些形态都观察到过。更为复杂的是，固态硒还存在两类不同的斜晶系态和三类不同的非晶态。CIGS 系中金属元素具有导体特性，而硒却呈现出半导体特性。事实上，尽管硒元素的性质还没有被完全了解，但早期就发现它是一种半导体元素。硒非晶薄膜被用于静电复印技术中，整流器也使用到了硒元素。从制造的角度来说，硒元素与其他三种金属元素最重要的区别是，在生长 CIGS 薄膜的时候提供过量的硒不会使薄膜的化学配比发生变化。然而对于铜、铟和镓来说，情况却不是这样。这些元素流量的变化会导致所成膜的化学配比相应地发生变化。因此，在沉积薄膜的过程中，对硒元素的控制要求与其他金属元素相比就不是那么严格了。

半导体材料的光吸收过程其实是价带电子吸收足够的能量之后的跃迁过程，这一过程与半导体的能带结构密切相关。研究证明，CIGS 材料是一种直接带隙的半导体，具有高达 $10^5 cm^{-1}$ 的光吸收系数，是制作薄膜太阳电池的理想材料。

利用量子力学中电子跃迁的理论可以推导出半导体材料的光吸收系数与其能带的结构关

系。对于直接跃迁的半导体，若其禁带宽度为 $E_g$，它对能量为 $h\nu$ 的光子的吸收系数为 $\alpha$，并且有：

$$\alpha h\nu = A(h\nu - E_g)^{1/2}$$

式中，$A$ 为与光子能量无关的常数。

Na 对薄膜电学性能有以下影响。

(1) 如果 Na 的量足够大，Na 将取代 Cu 形成更稳定的 $NaInSe_2$ 化合物，NaInSe 比 $CuInSe_2$ 有更大的带隙，$CuInSe_2$ 中 1/8 的 Cu 被 Na 代替，依照理论推测，带隙将增加 0.11eV，带隙的提高可以增加开路电压；作为沿着 $c$ 轴［111］取向的层状结构，$NaInSe_2$ 的存在可以改变 $CuInSe_2$ 的微观形态，使它具有（112）的择优取向。

(2) 少量 Na 的掺入会形成点缺陷，而不是形成类似体材料的二次相。与 Na 相关的缺陷如下。

① NaCu 替位缺陷　在一般情况下，CIS 中仅仅部分 Cu 空位被 Na 取代形成 NaCu，NaCu 在电学上不活泼，在 CIS 中不引入能级。

② NaIn 缺陷　NaIn 形成比 CuIn 更浅的受主能级，这就提高了 $CuInSe_2$ 中的空穴密度。后者的影响在 CIS 中可能是最重要的，因为高效率的 CIS 电池都是缺铜的，含有大量的 InCu 施主缺陷束缚着受主 $V_{Cu}$。因为 ODS 是周期性重复的（$2V_{Cu}^- + In_{Cu}^-$）缺陷对，Na 的存在可以去除 InCu 空位，抑制形成 ODC。

③ Na 诱导的 O 点缺陷　Na 在 CIS 表面催化分解 $O_2$ 成为原子氧替代 Se 空位（浅施主），这等于增加了 CIGS 层的受主浓度。这对贫铜的 CIGS 层是很重要的。可以认为，正是 Na 的上述作用，使 CIGS 薄膜对组分失配的容忍度大大增加。

## 7.2 铜铟镓硒薄膜太阳电池的原理

铜铟镓硒太阳电池实际上是一个异质 p-n 结。其中 CIGS 层为弱 p 型，而 CdS 层为 n 型。当两者接触时，由于载流子存在浓度梯度分布而发生空穴从 CIGS 层向 CdS 层扩散，同时电子从 CdS 层向 CIGS 层扩散，这种扩散的结果形成了空间电荷区。在空间电荷区内，平衡状态下的载流子被耗尽，同时产生自建电场。

当入射光线照射到电池表面的时候，光子将透过禁带宽度较宽的 CdS 层进入 CIGS 层。能量足够大的光子（$h\nu > E_g$）就可激发产生电子-空穴对。由于 CIGS 为弱 p 型，故空间电荷区在此侧较宽。较多的光子在空间电荷区就被吸收，产生电子-空穴对，并且在内建电场的作用下迅速分离并漂移到异质结边缘，从而形成光电流。由于空间电荷区为耗尽区，因而在 CIGS 一侧的空间电荷区内光生载流子基本上没有损耗，它是太阳电池的最主要的工作区。此外，一部分光子还可能透过空间电荷区进入 CIGS 层内部。此时光子激发产生的电子-空穴对很快被复合掉，只有距离空间电荷区小于载流子扩散长度的区域产生的电子-空穴对才能扩散到空间电荷区，被收集形成光电流。

为了提高电池效率，必须使光生载流子更多地被收集，必须保证空间电荷区内具有较少的缺陷态密度和悬挂键。这就需要使形成异质结的 CIGS 膜与 CdS 膜相接触的表面的界面态尽量减少。另外，为了使照射进入的光子能够被最大限度地吸收，同时吸收产生的电子-空穴对能够尽可能多地扩散到空间电荷区而形成有效光电流，在 CIGS 层足够厚的情况下就必须增大载流子的扩散长度，即提高载流子寿命及其迁移率。这就需要降低 CIGS 膜体内的缺陷态密度，减少复合中心杂质。

为了尽量满足这些要求，就必须注意到以下几点：首先，空间电荷区必然包括弱p型。CIGS层与n型CdS层形成p-n结区的界面部分，作为异质结，由于两者之间的晶格匹配的偏差，其界面必然存在大量的悬挂键和界面态。除此之外，从实验室的实际工艺操作来看，制备CIGS层与各CdS层是两个分开的工艺过程，在此期间，已制备的CIGS层会被暴露在空气中，不但有可能形成不该存在的氧化物，而且不可避免地有吸附空气中的水分子和微小颗粒杂质的危险。这就加剧了本来就并不理想的CIGS表面的非理想化，使得两种材料之间的接触变得更差。这不但使得界面态密度加大，而且增加了两者之间的串联电阻。其次，作为吸收层的CIGS材料是一种多晶材料，可看成是由一些微小的晶粒组成的。相邻的晶粒之间存在晶粒间界。每个晶粒内部的原子是有规则排列的，晶粒间界的结构比较复杂，通常可以看成是原子无规则排列形成的无序网络。由于相邻的晶粒的结晶取向及排列方向不同，所以晶界实际上是晶粒之间的过渡层。载流子在其输运过程中受到晶界的重要影响。另外，晶粒间界处存在大量的不饱和悬挂键，这些悬挂键起到陷阱的作用，即它们可以俘获载流子使之不能参与导电。这些缺陷态俘获载流子后即带上了电荷，俘获电子带负电，俘获空穴带正电。不论是带负电还是正电，均使晶界处形成势垒，阻碍自由载流子从一个晶粒向另一个晶粒的移动，从而使自由载流子的迁移率减小。

铜铟镓硒（CIGS）组成可表示成Cu（In～Ga）Se的形式，具有黄铜矿相结构，是CuInSe和CuGaSe的混晶半导体，这种电池的优势体现在以下几个方面。

① CuInSe中In用Ga替代，可以使半导体的禁带宽度在1.04～1.65eV之间变化，非常适合于调整和优化禁带宽度。如在膜厚方向调整Ga的含量，形成梯度带隙半导体，会产生背表面场效应。可获得更多的电流输出，使p-n结附近的带隙提高，形成V形带隙分布。能进行这种带隙裁剪是CIGS系电池相对于Si系和CdTe系电池的最大优势。

② CIGS可以在玻璃基板上形成缺陷少、晶粒大、品质高的结晶。而这种晶粒尺寸是其他多晶薄膜无法达到的。

③ CIGS的Na效应。对Si系半导体，Na等碱金属元素是避之不及的半导体杀手，而在CIGS系中，微量的Na会提高转换效率和成品率。因此使用钠钙玻璃作为CIGS的基板，除了成本低、膨胀系数相近以外，还有对Na掺杂的考虑。

④ CIGS是已知半导体材料中光吸收系数最高的。

⑤ 没有光致衰退效应（SWE）的半导体材料，光照甚至会提高CIS的转换效率，因此这类太阳电池的工作寿命长。有实验结果说明，比单晶硅电池的寿命（一般为40年）还要长。

⑥ CIGS是一种直接带隙的半导体材料，最适合薄膜化。同时考虑到它具有极高的光吸收系数，电池吸收层的厚度可以降低到2～3$\mu$m，这样可以大大降低原材料的消耗。

这就是CIGS尽管为多晶薄膜但仍能取得很高转换效率的原因。同时由于这类电池中所涉及的薄膜材料的制备方法主要为溅射法和化学浴法，而这些方法均可以获得均匀大面积的薄膜，又为电池的低成本奠定了基础。由美国可再生能源实验室制备的小面积CIGS薄膜太阳电池的最高光电转换效率为19.2%。日本的青山学院大学、松下电器公司也制成了转换效率超过18%的CIGS电池。德国在CIGS的研究方面也几乎处于同一水平。而且在德国和日本已经进行了一定规模的民用的产业化生产。电池模块的转换效率达13%～14%。这比除了单晶硅以外的其他太阳电池模块的转换效率都高。

CIS、CIGS是直接带隙的半导体材料，电池中所需的CIS、CIGS薄膜厚度很小（一般在2μm左右）。它的光吸收系数非常高，太阳光谱响应特性非常大。另外，符合化学计量比的Ⅰ-Ⅲ-Ⅵ族（铜铟硒、铜铟硫和铜铟镓硒）化合物半导体具有很高的光量子效率。CIGS系电池可以很方便地做成多结系统。在4个结的情况下，从光线入射方向按禁带宽度由大到小顺序排列。太阳电池的理论转换效率极限可以超过50%。在Si和Ⅲ-Ⅴ族化合物系太阳电池中，晶界对吸收层的特性影响很大，所以多晶太阳电池的效率较单晶太阳电池的效率要低几成。

## 7.3 铜铟镓硒薄膜太阳电池的制备方法

### 7.3.1 共蒸发法

所谓共蒸发法，就是将制备薄膜所需的铜、铟、镓、硒原料在真空环境中加热共蒸发，通过不同元素的组合反应而制备薄膜电池吸收层的工艺方法。美国NREL于2005年采用共蒸发法制备的CIGS薄膜太阳电池达到了19.5%的高效率，Wuerth Solar制备的大面积组件也接近14%。共蒸发法的特点是小面积薄膜质量好，质量与带隙容易控制，薄膜电池效率高。如果一旦实施大面积多元素共蒸发，对蒸发设备要求苛刻，蒸发过程不易控制，而且均匀性不好把握，薄膜中元素分布与带隙梯度就更不易控制。共蒸发法是沉淀CIGS薄膜使用最广泛、最成功的方法，用这种方法成功地制备了最高效率的CIGS薄膜电池。典型的共蒸发沉积系统使用Cu、In、Ga和Se蒸发源提供成膜时需要的四种元素，原子吸收谱（AAS）和电子碰撞散射谱（EEIS）等实时监测薄膜成分及蒸发源的蒸发速率等参数，可对薄膜生长进行精确控制。

高效CIGS电池的吸收层沉积时衬底温度高于530℃，最终沉积的薄膜稍微贫Cu，Ga/(In+Ga)的比值接近0.3。沉积过程中In/Ga蒸发流量的比值对CIGS薄膜生长动力学影响不大，而Cu蒸发速率的变化强烈影响薄膜的生长机制。根据铜的蒸发过程，共蒸发工艺可分为一步法、两步法和三步法。

### 7.3.2 溅射后硒化法

溅射后硒化法，顾名思义，即先在Mo玻璃衬底上先溅射沉积铜铟镓金属预制层，然后再通过后硒化反应形成CIGS化合物半导体薄膜。后硒化工艺的优点是，易于精确控制薄膜中各元素的化学计量比、膜的厚度和成分的均匀分布，而且对设备要求不高，已成为目前产业化的首选工艺。后硒化工艺的简单过程是，先在覆有Mo背电极的玻璃上沉积Cu-In-Ga预制层，后在含硒气氛中对Cu-In-Ga预制层进行后处理，得到满足化学计量比的薄膜。与蒸发工艺相比，后硒化工艺中，Ga的含量及分布不易控制，很难形成双梯度结构。因此有时在后硒化工艺中加入一步硫化工艺，掺入的部分S原子替代Se原子，在薄膜表面形成一层宽带隙的Cu(In，Ga)$S_2$。这样可以降低器件的界面复合，提高器件的开路电压。国际上预制层溅射后硒化法采用$H_2Se$或固态硒源硒化法制备，小面积电池最高效率分别为16%和12.6%，以日本Showa Shell为代表的公司采用此法制备的大面积电池（120cm×120cm）已达到12%。从两种制备的工艺情况相比较，预制层后硒化法是在真空制膜技术前提下，将复杂问题分解后，严格控制各工序的品质，靠先进的工业管理过程控制来解决制膜的质量问题；共蒸发法是逐渐认清问题的实质，解决薄膜制备过程中的关键问题，通过设备上严格的控制手段，简化生产工序来降低薄膜制备的最终成本。从控制难易程度上来讲，预制层后硒化法更简单，技术更加成熟，所以国际上以预制层溅射后硒化法生产线较多，而共蒸发法以其制膜简单、成膜质量好、电池效率高、制备工序少的优点而更具有发展前途。在共蒸发制备工艺中，薄膜制备对蒸发速率、真空度、工艺衔接等都有严格的要求，薄膜的生长厚度、元素成分、梯度分布及晶相结构等均与制备工艺的控制有密切的联系，其控制系统复杂、蒸发过程不易控制，更具有挑战性。

### 7.3.3 非真空沉积法

（1）电沉积法 电沉积CIGS薄膜的工艺是一种潜在的低成本沉积技术。沉积过程一般在酸性溶液中进行，使用的溶液体系大致分为两类：氯化物体系和硫酸盐体系。其中氯化物体系制备的电池效率较高。氯化物体系主要用CuCl或$CuCl_2$、$InCl_3$、$GaCl_3$、$H_2SeO_3$或$SeO_2$作为主盐，溶液中加入导电盐如KCl或KI以及KSCN、柠檬酸等络合剂。

（2）微粒沉积法 制备含有Cu、In的合金粉末的方法是：高纯度的Cu和In粉末按一定比例在高温氢气气氛中熔融，成为液体合金。液体合金在氩气喷射下退火形成粉末，尺寸大于20μm的粒子被筛选出来。Cu、In粉末被溶于水，并且加入润湿剂和分散剂。所制备的混合物在球形研磨器中研磨形成“墨水”。“墨水”被喷洒在覆有Mo的玻璃衬底上，并且烘干形成预制层。预制层在95% $N_2$和5% $H_2Se$混合气体中440℃硒化退火30min，得到满足化学计量比的薄膜。

（3）喷雾高温分解法 首先把金属盐或者有机金属盐溶解形成溶液，一般选用CuCl、$InCl_2$及有机物混合溶液，然后把雾状溶液喷射在加热的衬底上，高温分解后得到CIGS薄膜。不同的溶液配比、衬底温度以及喷射速率都对制备的薄膜质量有影响。研究表明，通过

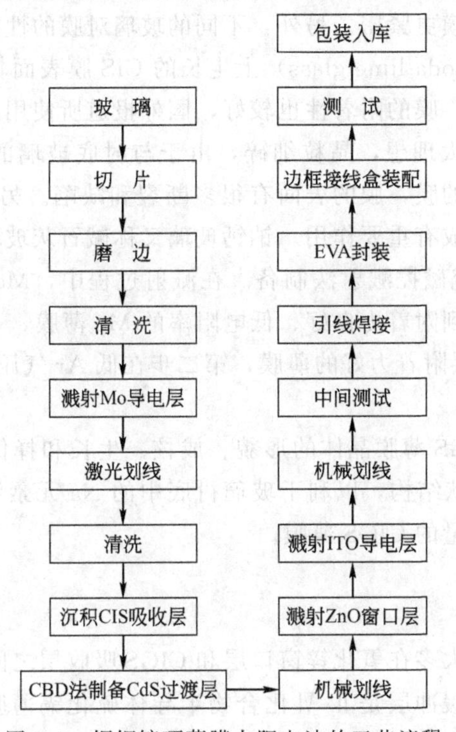


图7.2 铜铟镓硒薄膜太阳电池的工艺流程

控制工艺参数，可以抑制各种二次相的生成，并且制备出厚度在 2μm 左右，具备良好结构和电学性能的 CIGS 薄膜。这种工艺的不足之处是制备的薄膜不致密，存在针孔，这将增大器件的串联电阻和降低填充因子。

(4) 激光诱导合成法　此法是首先连续蒸发沉积 Cu、In、Ga 和 Se 元素形成接近化学计量比的多层膜结构，然后把多层膜快速高强度地加热形成 CIGS 薄膜。

铜铟镓硒薄膜太阳电池的工艺流程如图 7.2 所示。

## 7.4 铜铟镓硒薄膜太阳电池的典型结构

典型的结构为：玻璃/Mo/CIGS/ZnS/ZnO/ZAO/$MgF_2$。

### 7.4.1 Mo 背接触层

背接触层是 CIGS 薄膜电池的最底层，它直接生长于衬底上。在背接触层上直接沉积太阳电池的吸收层材料。因此背接触层的选择必须要求与吸收层有良好的欧姆接触，尽量减少两者之间的界面态。同时背接触层作为整个电池的主电极，承担着输出电池功率的作用，因此它必须要有优良的导电性能。从器件的稳定性考虑，还要求背接触层既要与衬底之间有良好的附着性，又要求它与其上的 CIGS 吸收层材料不发生化学反应。大量研究和使用证明，Mo 是 CIGS 薄膜太阳电池背接触层的最佳选择。另外，Mo 和 CIS 之间形成了 0.3eV 的低势垒，可以认为是好的欧姆接触。

Mo 薄膜的制备中衬底的选择至关重要。玻璃衬底透明、坚硬，具有良好的耐热性、耐蚀性、相对较好的导热性，而且膨胀系数稍大于 CIS 膜，这是因为在冷却成膜时，受到收缩应力的影响自然会使薄膜更紧密。另外，不同的玻璃对膜的性能也有影响，研究发现，在同一高温下，钠钙玻璃（soda-lime glass）上生长的 CIS 膜表面较平整，晶粒排列紧密，取向较清晰，晶粒尺寸较大，膜的附着性也较好，国外报道所使用的玻璃都是钠钙玻璃。硼硅玻璃上生长的 CIS 膜就不太理想，晶粒细碎，由于与衬底玻璃的膨胀系数差异较大，膜的附着力也不如钠钙玻璃上的膜，膜的表面有很多断裂和缺陷。另外，钠钙玻璃中所含的 Na 离子对晶粒取向及膜的形成有重要作用。钠钙玻璃又称碱石灰玻璃或钠石灰玻璃。

Mo 薄膜一般采用直流磁控溅射法制备。在溅射过程中，Mo 薄膜的电学特性和应力受溅射气压直接影响。为得到附着力良好、低电阻率的 Mo 薄膜，一般采用两步沉积法，第一步在高 Ar 气压下沉积一层附着力好的薄膜，第二步在低 Ar 气压下沉积一层低电阻率的 Mo 薄膜。

Mo 的结晶状态与 CIGS 薄膜晶体的形貌、成核、生长和择优取向等有直接的关系。一般来说，希望 Mo 层呈柱状结构，以利于玻璃衬底中的 Na 元素沿晶界向 CIGS 吸收层中扩散，也有利于生长出高质量的 CIGS 薄膜。

### 7.4.2 CdS 缓冲层

高效率铜铟镓硒电池大多在氧化锌窗口层和 CIGS 吸收层之间引入一个缓冲层，目前使用最多且得到最高效率的缓冲层是Ⅱ-Ⅵ化合物半导体硫化镉薄膜。它是一种直接带隙的 n 型半导体，其带隙宽度为 2.4eV。它在低带隙的 CIGS 吸收层和高带隙的氧化锌层之间形成过渡，减小了两者之间的带隙台阶和晶格失配，调整导带边失调值。对于改善 p-n 结质量和电池性能具有重要作用。由于沉积方法和工艺条件不同，所制备的硫化镉薄膜具有立方晶系的闪锌矿结构和六角晶系的纤锌矿结构。这两种结构与铜铟镓硒薄膜之间有很小的晶格失配。硫化镉层还有以下两个作用。

① 防止射频溅射氧化锌时对铜铟镓硒层的损害。

② Cd、S 两种元素向铜铟镓硒吸收层中扩散，S 元素可以钝化表面缺陷，Cd 元素可以使表面反型。

硫化镉薄膜可以使用蒸发法和化学水浴（CBD）法制备。CBD 法制备 CdS 膜所使用的溶液一般为镉盐（氯化镉、乙酸镉、碘化镉或硫酸镉）、硫脲和氨水按一定比例配制成的碱性溶液，有时也加入铵盐作为缓冲剂。反应机理一般是在含镉离子的碱性溶液中硫脲分解成硫离子，它们以离子接离子的方式凝结在衬底上。将玻璃/Mo/CIGS 样片放入上述溶液中，溶液置于恒温水浴槽中，从室温加热到 60～80℃并施与均匀搅拌，约 30min 便可完成。

一些研究小组对 CBD-CdS 的机理进行了相关的研究。总的来说，CBD-CdS 能够发挥下列作用。

① 去除 CIGS 吸收层表面的本征氧化物和钠离子化合物。R. Hunger 等把置于空气中并自然氧化 16h 的 CIGS 吸收层分别浸入去离子水和氨水溶液。通过比较 CIGS 表面的元素成分前后的变化，发现由于自然氧化而扩散到 CIGS 表面的钠离子是以碳酸钠的形式存在的，完全可以用水去除。同时，由于自然氧化而生成的本征氧化物与氨水发生反应，生成可溶于水的化合物从而被去除。

② CBD-CdS 可以均匀地覆盖在 CIGS 吸收层的表面，避免透明导电薄膜和吸收层之间的漏电发生。用蒸发法制备的 CIGS 薄膜的表面粗糙度约为 80nm，如果不沉积硫化镉薄膜，而是直接用溅射法沉积一层高电阻率的氧化锌薄膜，CIGS 吸收层有可能不能全部被覆盖，就会与随后沉积的透明导电薄膜发生短路，从而使短路电流减小。

③ Cd 原子扩散入 p 型 CIGS 吸收层，与其形成内置 p-n 结。T. Nakada 等用能量色散谱（EDS）和透射电镜（TEM）对 CBD-CdS 和 CIGS 的界面进行研究。发现离界面 10nm 处的 CIGS 层内有镉元素存在，这说明镉可以扩散进 CIGS 层。进一步研究发现，界面附近的铜元素的含量比吸收层内少，而镓和硒的含量基本不变。由于镉离子和铜离子的半径非常接近（它们分别为 0.97Å[1] 和 0.96Å），因此，镉扩散到 CIGS 层并代替铜，同时形成反型层，即 n 层，与 p 型的 CIGS 吸收层形成内置的 p-n 结。D. Abou-Ras 等分别利用 CBD 和 PVD（物理气相沉积）在 CIGS 吸收层上沉积 CdS 薄膜，尽管 PVD-CdS 薄膜在 CIGS 上的覆盖可与 CBD-CdS 薄膜相比，前者的晶粒尺寸甚至比后者大，但由于很难在 CIGS 内形成反型层，最终太阳电池的性能相差很大，在溅射沉积 ZnO:Al 透明导电薄膜时保护吸收层。利用高能粒子对 CIGS 器件进行照射时，在 CIGS 吸收层中会产生类施主缺陷，从而使受主的有效浓度降低，因此，CIGS 的空穴浓度相应降低，电阻率增加，从而降低器件的性能。在高能粒子的轰击下，靶材中的锌、铝和氧元素以各种形态被溅射出来。它们以很大能量到达衬底上（以 CIGS 电池的制备为例，衬底一般为玻璃/钼/CIGS/CdS），利用硫化镉薄膜作为掩蔽层，可以使 CIGS 吸收层的破坏降至最低。

CBD 法应用比较广泛，该法制备的硫化镉薄膜被很多实验室运用于 CIGS 太阳电池的制

[1] 1Å＝0.1nm。

作，所制备的太阳电池无论是单体电池还是组件，都取得了非常高的转换效率。CBD-CdS的优势非常明显，也取得了非常好的效果，但是也存在缺陷。

① 由于镉的毒性较大，世界各国都相继采用法律限制它在电气和电子设施中的使用。使得以CdS为缓冲层的CIGS太阳电池的推广使用受到一定的限制。

② 在CdS薄膜的制备过程中，大部分的反应试剂在溶液中反应，造成原材料利用率极低，同时由于镉离子的存在，使得废水处理的成本非常高。

③ CBD法是非真空制造流程，因此很难与全真空连续性制造设备相兼容，是大规模生产中提高产量的瓶颈。

④ CdS的禁带宽度相对较小（约为2.42eV），使得大部分波长在350～550nm范围内的可见光被CdS缓冲层吸收；但由于该层中所产生的少数载流子空穴的复合率很高，能被背电极收集的数量非常少，使得CIGS太阳电池的短波响应较差。

## 7.4.3 氧化锌窗口层

在铜铟镓硒薄膜太阳电池中，通常将生长于n型硫化镉层上的氧化锌称为窗口层。它包括本征氧化锌和铝掺杂氧化锌两层。氧化锌由太阳电池n型区和p型铜铟镓硒组成异质结，称为内建电场的核心，又是电池的上表层，与电池的上电极一起成为电池功率输出的主要通道。作为异质结的n型区，氧化锌应有较长的少子寿命和合适的费米能级的位置。而作为表面层，则要求氧化锌具有较高的电导率和光透过率。氧化锌分为高低阻两层。由于输出的光电流是垂直于作为异质结一侧的高阻氧化锌，但却作为横向通过低阻氧化锌而流向收集电极，为了减少太阳电池的串联电阻，高阻层要薄，而低阻层要厚，通常高阻层厚度取50nm，而低阻层厚度选用300～500nm。氧化锌是一种直接带隙的金属氧化物半导体材料，室温时禁带宽度为3.4eV，自然生长的氧化锌是n型，与硫化镉薄膜一样，属于六方晶系纤锌矿结构。其晶格常数为$a=3.2496$Å，$c=5.2065$Å，因此氧化锌和硫化镉之间有很好的晶格匹配。

由于n型氧化锌和硫化镉的禁带宽度都远大于作为电池吸收层的铜铟镓硒薄膜的禁带宽度，太阳光中能量大于3.4eV的光子被氧化锌吸收，能量介于2.4～3.4eV之间的光子被硫化镉层吸收，只有能量大于铜铟镓硒禁带宽度、小于2.4eV的光子被铜铟镓硒层吸收，对光电流有贡献。这就是异质结的窗口效应（如果氧化锌、硫化镉很薄，可能部分高能光子闯过此层进入铜铟镓硒中）。由于膜层硫化镉被更高带隙且均为n型的氧化锌覆盖，所以硫化镉层很可能完全处于p-n结势垒区之内，使整电池的窗口从2.4eV扩大到3.4eV。从而使电池的光谱响应得到提高。

氧化锌一般采用磁控溅射法制备，该法沉积速率高，重复性、均匀性好。该法沉积的高低阻氧化锌在波长300～700nm的透过率大于85%。高阻氧化锌的电阻率为100～400Ω·cm，低阻氧化锌的电阻率为$5\times10^{-4}$Ω·cm，均能很好地满足铜铟镓硒薄膜太阳电池的需要。

## 7.4.4 顶电极和减反膜

铜铟镓硒太阳电池的顶电极采用真空蒸发法制备Ni-Al栅状电极。Ni能很好地改善Al与ZnO:Al的欧姆接触。Ni还可以防止Al向氧化锌的扩散，从而提高电池的长期稳定性。整个Ni-Al电极的厚度为1～2μm，其中Ni的厚度约为0.05μm。

太阳电池表面的光反射损失约为10%，为减少这部分光损失，通常在ZnO:Al表面上用蒸发或者溅射方法去沉积一层减反膜。在选择减反射材料时要考虑以下一些材料。

① 在降低减反射系数的波段，薄膜应该是透明的，减反膜能很好地附着在基底上。

② 减反膜有足够的力学性能，并且不受温度变化和化学作用的影响。

另外，在光学方面有以下几个要求。

① 薄膜的折射率 $n_1$ 应该等于基底材料折射率 $n$ 的平方根，即 $n_1=n^{1/2}$。对于铜铟镓硒电池来讲，氧化锌窗口层的折射率为1.9，故减反射层的折射率应在1.4左右，$MgF_2$ 的折射率为1.39，满足铜铟镓硒薄膜太阳电池反射层的条件。

② 薄膜的光学厚度应该等于光谱波长的1/4，即 $d=\lambda/4$。目前，仅有 $MgF_2$ 减反膜广泛应用于铜铟镓硒薄膜太阳电池领域，并且在最高效率铜铟镓硒薄膜太阳电池中得到应用。

# 7.5 铜铟镓硒柔性薄膜太阳电池

## 7.5.1 铜铟镓硒柔性薄膜太阳电池的特点

铜铟镓硒薄膜太阳电池可以采用柔性金属或聚酰亚胺薄膜为衬底制成柔性薄膜太阳电池，柔性衬底的应用使得铜铟镓硒柔性薄膜太阳电池的质量比功率有了很大的提高。铜铟镓硒柔性薄膜太阳电池的质量比功率是由其光电转换效率和质量决定的，而太阳电池的质量是由衬底材料的质量和电池本体材料的质量组成的，在关键技术解决以后，铜铟镓硒柔性薄膜太阳电池的质量比功率主要取决于衬底材料、衬底厚度以及电池的光电转换效率，柔性薄膜太阳电池的质量比功率随着光电转换效率的提高而增大，光电转换效率由5%增大至25%时，如厚度为25μm的钛衬底的高效化合物半导体柔性薄膜太阳电池的质量比功率由319W/kg提高到1597W/kg，同时看出，钛衬底的厚度变薄对提高柔性薄膜太阳电池的质量比功率起到重要作用。在与钛衬底同样厚度的情况下，聚酰亚胺衬底的铜铟镓硒柔性薄膜太阳电池的质量比功率有很大的提高。铜铟镓硒柔性薄膜太阳电池与单晶硅太阳电池相比，在提高质量比功率方面取得了大跨度的提高，柔性衬底的使用不仅易于提高太阳电池的质量比功率，而且带来了很多新的优点，电池厚度很薄，重量轻，性能稳定，转换效率高，使用的半导体材料少，有效地降低了原材料的成本，生产过程中能耗少，易于大面积连续生产，便于携带和运输。因此，大大拓展了铜铟镓硒薄膜太阳电池的应用领域。

铜铟镓硒柔性薄膜太阳电池结构如图7.3所示。

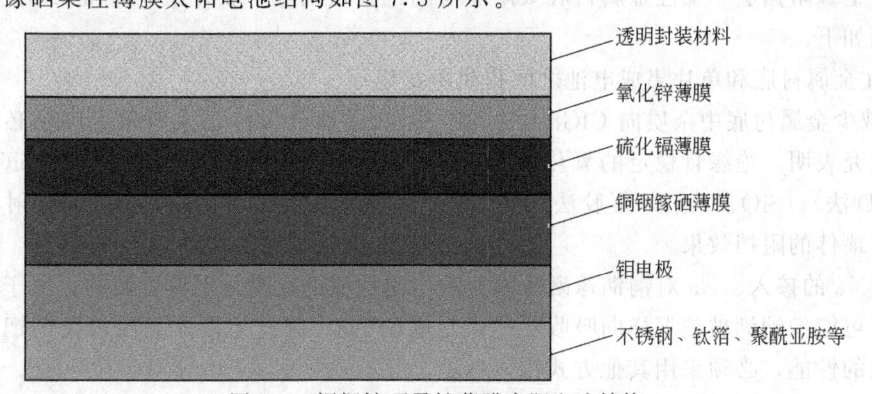


图7.3　铜铟镓硒柔性薄膜太阳电池结构

铜铟镓硒柔性薄膜太阳电池适合于建筑一体化（BIPV），尤其适合于在不平的屋顶上使用。柔性薄膜太阳电池可以裁剪成任何形状和尺寸，同时也可以做光伏瓦片。柔性衬底铜铟镓硒具有降低成本的最大潜能，适合大规模生产，适合单片集成。金属衬底材料可通过在其表面覆盖绝缘层实现单片集成，PI 衬底由于其本身的绝缘性，在单片集成领域更有前景。

### 7.5.2 衬底材料的选择和要求

铜铟镓硒柔性薄膜太阳电池对衬底的要求为，在太阳电池研制和使用过程中满足热稳定性、真空适应性、热膨胀性、表面平滑性、化学惰性、抗湿性以及衬底材料适用于卷对卷铜铟镓硒柔性薄膜太阳电池的沉积过程。理想的铜铟镓硒柔性薄膜太阳电池的衬底应价格低、制作过程中能源消耗少、材料丰富、重量轻。目前，国际上用于柔性薄膜太阳电池研制的衬底材料有铁素体钢、不锈钢、钛、聚酰亚胺膜。

### 7.5.3 柔性金属衬底铜铟镓硒太阳电池

对于柔性金属衬底铜铟镓硒太阳电池转换效率见表 7.2。器件性能的差异与衬底粗糙度、杂质阻挡层和 Na 的掺入等问题相关。

**表 7.2 对于柔性金属衬底铜铟镓硒太阳电池转换效率**

| 柔性衬底 | 转换效率/% | 吸收层制备技术 | 研究单位 |
|---|---|---|---|
| Se | 17.5 | 共蒸发 | NREL |
| Mo | 11.7 | 氧化物预制层，硒化 | ISET |
| Cu | 9.0 | 电沉积预制层，RTP | CIS Solartechnik |
| Al | 6.6 | 共蒸发 | ETH |
| Ti | 16.2 | 共蒸发 | HMI |

(1) 表面粗糙度的影响　一般金属衬底的表面粗糙度在几百纳米到几千纳米之间，而玻璃衬底的表面粗糙度低于 100nm。粗糙的衬底将通过三种方式影响 CIGS 吸收层质量。

① 粗糙的表面可以提供更多的 CIGS 成核中心，导致形成小的晶粒和更多的晶体缺陷。

② 金属衬底的尖峰可以穿过电池吸收层，导致 p-n 结短路。

③ 在高温生长 CIGS 期间，衬底存在大的突起会增加杂质从衬底向 CIGS 扩散。降低衬底表面粗糙度需对柔性金属衬底进行表面抛光。覆盖一层绝缘层能有效降低表面粗糙度。

(2) 绝缘阻挡层　柔性金属衬底太阳电池的绝缘阻挡层一般夹在金属和 Mo 背接触层之间，作用如下。

① 在金属衬底和单片集成电池之间提供电绝缘层。

② 减少金属衬底中杂质向 CIGS 中扩散。因此柔性金属衬底大面积组件是必须有阻挡层的。研究表明，绝缘且稳定的氧化物 $SiO_x$ 和 $Al_2O_3$ 是阻挡层的首选材料。$SiO_x$（等离子体 CVD 法）/$SiO_x$（溶胶-凝胶法）和 $SiO_x$（等离子体 CVD 法）/$Al_2O_3$ 溅射法等双层结构具有最佳的阻挡效果。

(3) Na 的掺入　Na 对铜铟镓硒薄膜太阳电池性能的提高是不容置疑的。由于各类柔性衬底都不可能像钠钙玻璃那样向吸收层提供足够的 Na，因此为提高柔性衬底铜铟镓硒薄膜太阳电池的性能，必须采用其他方式掺入 Na。

① 钠的预制层工艺　即在沉积铜铟镓硒之前，在 Mo 背接触层上预先沉积含 Na 的预制

层，包括 NaF、$Na_2S$ 和 $Na_2O$ 等化合物，厚度 10～30nm。厚度小于 10nm 时，掺钠的作用不大。而厚度超过 30nm 会影响薄膜的附着力，因为后续水浴沉积硫化镉缓冲层时，氟化钠极易溶于水引起薄膜脱落。

② 钠的共蒸工艺　是在铜铟镓硒沉积过程中，同时沉积钠。这种方式与铜铟镓硒薄膜大规模生产工艺相兼容。

③ 钠的后处理工艺　完成铜铟镓硒薄膜沉积、冷却后，在薄膜上沉积 30nm 厚的氟化钠层，400℃退火 20min，如果铜铟镓硒沉积温度低的话，退火温度也要随之降低。由于是在铜铟镓硒薄膜生长以后进行 Na 的掺入，所以这种工艺不改变薄膜生长动力学、晶粒尺寸和择优取向，但明显提高了电池的性能。

# 7.6 铜铟镓硒薄膜太阳电池的发展趋势

## 7.6.1 无镉缓冲层

缓冲层选择需要考虑如下问题。

① 缓冲层材料应该是高阻 n 型或者是本征的，以防止 p-n 结短路。

② 和吸收层之间要有良好的晶格匹配，以减少界面缺陷，降低界面复合。

③ 需要较高的带隙，使缓冲层吸收最少的光。

④ 对于大规模生产来讲，缓冲层和吸收层之间的工艺匹配非常重要。目前研究的无镉缓冲层铜铟镓硒薄膜太阳电池见表 7.3。

表 7.3　无镉缓冲层铜铟镓硒薄膜太阳电池

<table>
<tr><th rowspan="2">缓冲层种类</th><th rowspan="2">制备方法</th><th colspan="2">最高效率电池</th><th rowspan="2">研究单位</th></tr>
<tr><th>面积/cm²</th><th>效率/%</th></tr>
<tr><td>ZnS</td><td>CBD</td><td>0.155</td><td>18.6</td><td>NREL 和日本青山学院大学</td></tr>
<tr><td rowspan="2">Zn(O,S,OH)</td><td>CBD</td><td>900</td><td>14.2</td><td>日本 Showa Shell Sekuyu K. K.</td></tr>
<tr><td>CBD</td><td>1.08</td><td>15.7</td><td>德国 Shell Solar</td></tr>
<tr><td>Zn(Se,OH)</td><td>MOCVD</td><td>0.55</td><td>11</td><td>德国 HMI</td></tr>
<tr><td>$In(OH)_3:Zn^{2+}$</td><td>CBD</td><td>0.2</td><td>14</td><td>东京工业大学</td></tr>
<tr><td>In(OH,S)</td><td>CBD</td><td>0.38</td><td>15.7</td><td>德国斯图加特大学</td></tr>
<tr><td>$ZnIn_2Se_4$</td><td>PVD</td><td>0.19</td><td>15.1</td><td>东京工业大学</td></tr>
<tr><td>$Zn_{1-x}Mg_xO$</td><td>共溅射</td><td>0.96</td><td>16.2</td><td>日本松下</td></tr>
<tr><td rowspan="2">ZnO</td><td>ALD</td><td>0.19</td><td>14.6</td><td>东京工业大学</td></tr>
<tr><td>ALCVD</td><td>714</td><td>12.9</td><td>德国 ZSW</td></tr>
<tr><td>$In_2S_3$</td><td>ALVVD</td><td>0.1</td><td>16.4</td><td>德国 ZSW</td></tr>
</table>

## 7.6.2 其他Ⅰ-Ⅲ-Ⅵ族化合物半导体材料

铜铟镓硒转换效率接近 20%，但其取得最高效率的带隙仅为 1.13eV，而太阳电池的最佳带隙为 1.4eV。另外，In 和 Ga 材料都为稀有金属，因此Ⅰ-Ⅲ-Ⅵ族化合物半导体材料是必要的。

（1）$CuGaSe_2$　$CuGaSe_2$ 和 $CuGa_3Se_5$ 宽带隙半导体材料，带隙值为 1.67eV 和 1.82eV，可采用 PVD、CVD、MOCVD 法制备。目前 CGS 电池的转换效率已达到 10.2%，但相对于铜铟镓硒电池来说，还是较低。这主要由于 CGS 材料不能掺杂形成 n 型，所以 CGS 电池不能形成类似铜铟镓硒那样的表面层，难以形成高质量的浅埋结。另外，CGS/CdS 之间的能带边失调值为负，而 CIGS/CdS 为正，这就导致了 CGS 电池具有隧道加强的复合和更大的界面复合。

（2）Cu(In，Al)Se　用 Al 元素代替 CIGS 中的 Ga 元素可形成 $CuIn_{1-x}Al_xSe_2$ 化合物半导体材料。通过改变 Al/（Al+In）的比值，禁带宽度在 1.0～2.6eV 可调。与铜铟镓硒相比，既降低了材料成本，又增宽了带隙。$CuIn_{1-x}Al_xSe_2$ 材料常用蒸发法和后硒化法来制备。

（3）$CuInS_2$、$Cu(InGa)(SSe)_2$　$CuInS_2$ 带隙为 1.5eV，更接近太阳电池的理想带隙，而且无毒。小面积的 $CuInS_2$ 电池的最高转换效率为 13.2%。用部分 S 代替铜铟镓硒中的 Se 元素可形成 $Cu(InGa)(SSe)_2$ 材料，带隙为 1.0～2.4eV，目前 $Cu(InGa)(SSe)_2$ 电池最高转换效率为 11.2%。

以 CIGS 为代表的黄铜矿相吸收层本身就是一种薄膜材料，它不受晶界的影响，耐射线辐照，没有性能衰减，是目前使用寿命最长的太阳电池。有人预计其寿命可长达 100 年。铜铟镓硒薄膜太阳电池具有生产成本低、污染小、不衰退、弱光性能好、光电转换效率高的特点，已经产业化，伴随着对其基本特性认识上的进步和制备工艺及设备的改进，将成为最近几年研究开发的热点之一。

## 参 考 文 献


[1] 王希文，方小红．铜铟镓硒薄膜太阳能电池及其发展［J］．可再生能源，2008，26（3）：13-16.

[2] 方小红，赵彦民，杨立等．铜铟镓硒柔性薄膜电池的制备及性能研究［J］．电源技术研究与设计，2008，12：406-408.

[3] 方小红，刘勇，王庆华．铜铟镓硒柔性薄膜太阳电池［J］．电源技术，2006，12：569-572.

[4] 白利锋，闫志巾．电沉积铜铟镓硒太阳能电池的研究进展［J］．材料导报，2010，24：256-258.

[5] 钱群，张从春，杨春生．玻璃衬底上 RF 磁控溅射 CIGS 薄膜的研究［J］．纳米材料与结构，2010，11：674-679.

[6] 赵颖，戴松元，孙云等．薄膜太阳电池的研究现状与发展趋势［J］．Chinese Journal of Nature，2010，32（3）：156-142.

[7] 李伟，孙云，刘伟等．镓（Ga）的含量及分布对 CIGS 薄膜电池量子效率的影响［J］．人工晶体学报，2006，35（1）：131-134.

[8] 伍祥武．铜铟镓硒薄膜太阳能电池应用研究与进展［J］．大众科技，2010，8（8）：105-106.

[9] 郭杏元，许生，曾鹏举等．CIGS 薄膜太阳能电池吸收层制备工艺综述［J］．真空与低温，2008，14（3）：125-133.

[10] 薛玉明，徐传明，张力等．CIGS 薄膜（InGa)$_2$Se-富 In(Ga) 的演变［J］．光电子·激光，2008，19（3）：348-351.

[11] 刘戈，李凤岩，刘一鸣等．可变占空比的双脉冲电源在铜铟镓硒预制层制备中的应用［J］．真空，2008，45（4）：87-89.

[12] 张晓科，王可，解晶莹．CIGS 太阳电池的低成本制备工艺［J］．电源技术，2005，4：849-852.

[13] 熊绍珍，朱美芳．太阳能电池基础与应用［M］．北京：科学出版社，2010：344-401.

# 第8章 砷化镓薄膜太阳电池

砷化镓太阳电池因较好的耐辐射性、直接带隙半导体材料、耐高温等优点正好符合空间环境对太阳电池的要求，是航天飞行器急需的高性能、长寿命空间主电源。研制成功高效率砷化镓太阳电池，尤其是多结太阳电池，可大大提高太阳电池方阵的面积比功率和飞行寿命，对航天电源具有重大意义。砷化镓太阳电池目前以体电池为主，但砷化镓薄膜太阳电池的研究也在快速发展。

## 8.1 砷化镓薄膜太阳电池简介

砷化镓是Ⅲ-Ⅴ族化合物半导体材料的典型代表。它的晶格结构与硅相似，属于闪锌矿晶体结构，不同点在于镓原子和砷原子交替地占位于沿体对角线位移 1/4（111）的各个面心立方的格点上。与 Si 相比，砷化镓材料具有以下几个特点。

① GaAs 是直接带隙能带结构，它的禁带宽度较宽（$E_g=1.42eV$，300K），处于太阳电池材料所要求的最佳带隙宽度范围内，而 Si 的禁带宽度较窄（$E_g=1.12eV$）。GaAs 的光电响应特性与空间太阳光谱匹配能力比 Si 好。因此，GaAs 太阳电池的光电转换效率比 Si 高（Si 太阳电池理论效率为 23%，而单结和多结 GaAs 太阳电池的理论效率分别为 27% 和 50%）。

② GaAs 是一种直接跃迁形式的材料，而 Si 是一种间接跃迁形式的材料。因此 GaAs 材料的光吸收系数在可见光谱范围内比 Si 大。GaAs 太阳电池的有源区厚度多选取在 3$\mu$m 左右，硅材料需要厚达数十微米甚至上百微米才能充分吸收太阳光。因而 GaAs 太阳电池可做成薄膜电池，还可在廉价的衬底上制成多结串联电池。

③ GaAs 太阳电池比 Si 电池耐高温。GaAs 太阳电池的温度系数较小，可以在较高的温度范围内正常工作。这是因为 GaAs 的带隙较宽，需要更高的温度才能使载流子的本征激发占优势。温度每升高 100℃，GaAs 太阳电池效率下降约 8%，而 Si 太阳电池效率下降约 12%。

④ GaAs 材料的电子迁移率比 Si 材料大得多。GaAs 可高达 9000cm$^2$/(V·s)，而 Si 仅约 1500cm$^2$/(V·s)，这也是 GaAs 太阳电池效率高的原因之一。

⑤ GaAs 太阳电池具有较好的耐辐射性。经过 1MeV 高能电子辐照，GaAs 太阳电池的能量转换效率仍能保持原值的 75%以上，而先进的高效空间 Si 电池在经受同样辐照的条件下，其转换效率只能保持其原值的 66%。

## 8.2 砷化镓系太阳电池工作原理

GaAs 是直接带隙半导体材料，其禁带宽度为 1.42eV，它可以吸收比波长 0.87$\mu$m 短的入射光。由于 GaAs 具有很高的光发射效率和光吸收系数，用 GaAs 制成的太阳电池，具有高效率、长寿命等特点。GaAs 太阳电池遵循光在半导体中的吸收、光生载流子在半导体中的复合和太阳电池光生伏打效应等原则。

光在半导体中的吸收过程可以分为本征吸收和非本征吸收，对太阳电池效率起决定作用的是本征吸收过程。半导体中的本征吸收是指价带中的电子受光激发跃迁到导带，并且在价带留下一个空穴，同时光子湮没的过程。发生本征吸收的光子能量必须等于或大于半导体材料的禁带宽度 $E_g$。当光子激发半导体产生一个能量为 $E_g$ 的电子-空穴对后，多余的能量以热能的形式传递给晶格。

随着扩散电流的增加，空间电荷量不断增加，自建电场越来越强。在自建电场作用下的漂移电流也相应增加。当扩散电流与漂移电流相等时，p-n 结达到平衡。

GaAs 的禁带宽度为 1.42eV，只有波长小于 0.87$\mu$m 的光子才能被吸收，产生本征激发。GaAs 为直接禁带半导体材料，其价带顶和导带底对应于同一波矢 $K$，所以当价带顶的电子吸收光子后跃迁到导带底时，跃迁过程中不需要声子参与，是一个一级过程，因此，对能量大于禁带宽度的光子，GaAs 的光吸收系数较大，一般在 $10^4$～$10^5 cm^{-1}$之间。GaAs 的光吸收系数 $\alpha$，在光子能量超过其带隙宽度（$E_g$）后，剧升至 $10^4 cm^{-1}$ 以上，如图 8.1 所示。

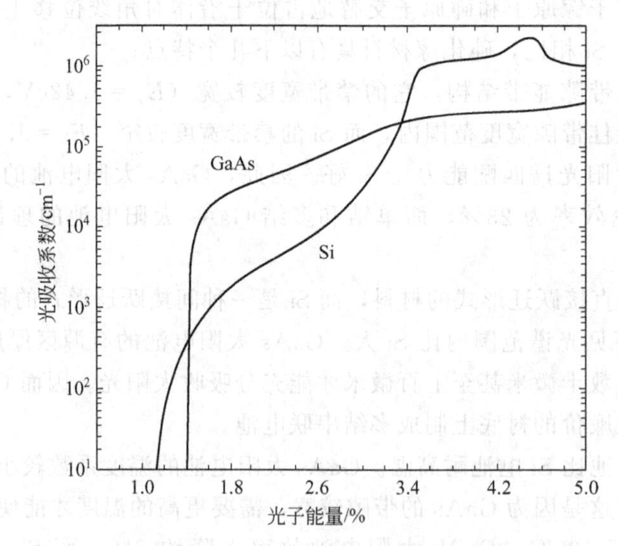


图 8.1 Si 和 GaAs 光吸收系数随光子能量的变化情况

从图中可知，当光子能量大于其 $E_g$ 的光子经过 GaAs 时，只需要 1$\mu$m 左右的厚度就可以使其光强因本征吸收激发光生电子-空穴对而衰减到原值的 1/e 以上。也就是说，只需

3μm左右，GaAs就可以吸收95%以上的这一光谱段的太阳光，而这一光谱段正是太阳光谱中最强的部分。所以，GaAs太阳电池的有源区厚度一般选取3μm左右。

光在半导体中的吸收包含着多种复杂的过程，例如激子吸收过程、等电子陷阱所产生的吸收过程、电子通过能带与杂质能级之间、受主和施主能级之间跃迁和能带内部跃迁所产生的吸收过程以及自由载流子吸收过程等。但是，能带内部跃迁和自由载流子吸收不产生电子-空穴对。

太阳光是多色光，80%的能量集中在0.3～1.2μm波段，制备太阳电池首先关心的是能够产生光电流的本征吸收的效率，选择半导体的禁带宽度是决定本征吸收效率的首要问题。如果选择的禁带宽度很小，虽然产生本征激发的光子数很多，但光子能量的大部分都转换成热能，而不能获得高的电池效率。如果选择禁带宽度很宽的半导体材料，则有很大比例的光子没有足够的能量产生本征激发而透过半导体电池，同样不能获得高的转换效率。根据半导体材料的禁带宽度和太阳电池效率的计算曲线可知，禁带宽度为1.4～1.5eV的半导体材料（如GaAs）可以制备较高效率的单结太阳电池。

半导体材料吸收能量大于其禁带宽度的光子后，会产生电子-空穴对，因此，光照射时材料中的载流子浓度将超过无光照时的值。如果切断光源，则非平衡载流子浓度就衰减到它们平衡时的值，这个衰减过程就是复合过程。复合过程可以分为直接复合和间接复合。直接复合是指导带中的电子跃迁到价带并和价带中的空穴复合的过程；间接复合是指电子和空穴通过禁带中的能级进行复合的过程。复合可以发生在半导体内，也可以发生在半导体表面。载流子复合时要释放出多余的能量，能量释放形式有：发射光子；发射声子；将能量传递给其他载流子，增加它们的动能，这种形式的复合称为俄歇复合。还有的先形成激子后，再通过激子复合。对于直接带隙材料GaAs来说，辐射复合是一个重要的复合机构。另外，由于GaAs的表面复合速率较大，故一般采用$Al_xGa_{1-x}As$来降低其表面复合速率。而在高掺杂材料中，俄歇复合起主要作用。这些在GaAs太阳电池的制备工艺中都是必须要考虑的因素。

## 8.3 单结砷化镓太阳电池

国外从20世纪60年代初期开始研制单结GaAs太阳电池，初期的转换效率较低（低于16%）。至80年代初期，由于几项关键技术的突破，使得单结GaAs太阳电池的效率得到了显著的提高（突破了19%）。80年代中后期，国外开始大批量生产单结GaAs太阳电池，批量研制效率为18%～20%，并且在航天飞行器（尤其是小卫星）上得到了广泛的应用。

（1）LPE技术研制单结GaAs太阳电池　液相外延（LPE）技术是20世纪60年代发展起来的一种外延生长技术。这种方法技术简单、设备成本较低，是研制单结GaAs太阳电池的一种非常有效、实用的技术手段。至20世纪80年代末期，LPE法制备单结GaAs太阳电池的最高效率为21%，批量研制效率为18%，研制的砷化镓单结太阳电池已广泛地用于小卫星。由于LPE技术的主要缺点是难以实现多层复杂的结构生长，对层厚也难以实现精确的控制，无法进一步研制更高性能的GaAs太阳电池，因此，近年来LPE技术已渐渐被先进的MOCVD技术淘汰。

（2）MOCVD技术研制单结GaAs太阳电池　金属有机物化学气相沉积（MOCVD）技术是20世纪70年代末发展起来的一种先进技术，可精确控制生长薄层和多层GaAs太阳电池结构材料，既可用于高效率 GaAs 太阳电池的研制，又可用于大批量生产。MOCVD 技术对 GaAs 太阳电池的发展起到了非常巨大的作用。从 20 世纪 80 年代中期开始，国外采用 MOCVD 技术大批量研制单结 GaAs 太阳电池，并且在小卫星空间电源系统中得到了广泛的应用。为了降低成本，采用 Ge 衬底取代 GaAs 衬底。美国在 20 世纪 80 年代末期开始生产异质外延 GaAs/Ge 电池，目前 GaAs/Ge 电池的批量生产效率可达到 19%～19.5%（AM0）。研制高效率单结 GaAs/Ge 电池的关键技术是避免在 GaAs/Ge 界面形成寄生的 p-n 结，而将此界面变为有源界面。解决这一问题的途径是采用两步生长法。首先在 600～630℃下用慢速（0.2μm/h）在 Ge 衬底上生长一层（1000Å）GaAs 层，然后在 680℃或 730℃下快速（4μm/h）生长一层（32μm）GaAs 基区。

LPE 与 MOCVD 的比较见表 8.1。

**表 8.1 LPE 与 MOCVD 的比较**

| 外延技术 | LPE | MOCVD |
|---|---|---|
| 原理 | 物理过程 | 化学过程 |
| 一次外延容量 | 单片多层或多片单层 | 多片多层 |
| 外延参数控制能力 | 厚度、载流子浓度不易控制，难以实现薄层和多层生长 | 能精确控制外延层厚度、浓度和组分，实现薄层、超薄层和多层生长，大面积均匀性好，相邻外延层界面陡峭 |
| 异质衬底外延 | 不能 | 能 |
| 可实现的太阳电池结构 | 外延层一般只有 1～3 层，电池结构不够完善 | 外延层可多达几十层，可引入超晶格结构，电池结构更加完善，可制备多结叠层太阳电池 |
| 可达到的最高效率 | 单结 GaAs 电池 21% | 单结 GaAs 电池 21%～22%；双结 GaInP/GaAs 电池 26.9%；三结 GaInP/GaAs/Ge 电池 29% |
| 太阳电池领域的应用 | 已逐步淘汰 | 占主导地位 |

## 8.4 多结砷化镓太阳电池

单结太阳电池只能吸收特定光谱范围的太阳光，其转换效率不高。采用不同禁带宽度的材料组合的多结太阳电池结构，可将不同波段的太阳光同时转换成电能，即比单结太阳电池更有效地利用了太阳能，进而大大提高了太阳电池的转换效率。多结电池的设想最早是在 1955 年提出的。1976 年以后，由于分子束外延（MBE）和 MOCVD 等新技术取得了突破的进展，从而使多结电池的研究有了技术保障，并且因此得到了迅速发展。理论计算表明（按 AM0 和 1sun[1] 计算），双结太阳电池的极限效率为 30%，三结太阳电池的极限效率为 38%，四结太阳电池的极限效率为 41%。多结电池一般分为两类：一类是单片式多结太阳电池，只有两个输出端，各子电池在光学和电学上都是串联的，这类电池的电压是各子电池的电压 $V_i$ 之和 $V=\Sigma V_i$，而电流 $I$ 应满足电流连续性原理，即 $I=I_1=I_2=\cdots=I_n$，因此在设计时，应满足各子电池光电流相等的条件，这样可以得到最大的转换效率；另一类是机械叠层式多结太阳电池，它有两个以上的输出端，各子电池在光学上是串联的，在电学上是各自独立的，只在计算电池效率时把各子电池的效率相加。GaAs/GaSb 叠层电池属于此类。两者

[1] $1sun=1000W/m^2$。

比较而言，单片式多结太阳电池组装和匹配技术较为简单，更适合于空间应用。

(1) 双结太阳电池（单片式）

① 双结 $Al_{0.37}Ga_{0.63}As$/GaAs 太阳电池　$Al_{0.37}Ga_{0.63}As$ 和 GaAs 的带隙宽度分别为 $E_{g1}=1.93eV$ 和 $E_{g2}=1.42eV$，正好处在研制双结太阳电池所需的最佳匹配范围内。俄罗斯约飞技术物理研究所从20世纪80年代末期采用MOCVD技术制备双结AlGaAs/GaAs太阳电池，目前电池效率达到22%（AM0）。1988年，B. C. Chung 用MOCVD技术生长的双结 $Al_{0.37}Ga_{0.63}As$/GaAs 太阳电池，其AM0和AM1.5效率分别达到23%和27.6%。由于铝容易氧化，对气源和系统中的残留氧很敏感，严重影响了光生载流子的收集，因此，采用 $Al_{0.27}Ga_{0.63}As$/GaAs 结构的双结太阳电池效率不高，近年来已逐步被双结 $Ga_{0.5}In_{0.5}P$/GaAs 太阳电池取代。

② 双结 $Ga_{0.5}In_{0.5}P$/GaAs 太阳电池　$Ga_{0.5}In_{0.5}P$ 是另一个带隙宽度与GaAs晶格匹配的系统，而且 $Ga_{0.5}In_{0.5}P$ 与GaAs界面质量最好。1990年，J. M. Olson 等报道在GaAs（p型）衬底上生长了小面积（$0.25cm^2$）$Ga_{0.5}In_{0.5}P$/GaAs 双结太阳电池，其AM1.5效率达27.3%。采用MOCVD技术生长，以TMGa（三甲基镓）、TMIn（三甲基铟）、TMAl（三甲基铝）等作为有机源，以 $SiH_4$（硅烷）和DEZn（二已基锌）作为掺杂源，Ⅴ族源采用磷烷和砷烷。1994年，J. M. Olson 等报道了进一步改进的结果，同样小面积（$0.25cm^2$）双结 $Ga_{0.5}In_{0.5}P$/GaAs 太阳电池，其AM1.5和AM0效率分别达到29.5%和25.7%。1995年，他们得到了这种电池在聚光115～260sun条件下，效率首次超过30%。1997年，日本能源公司T. Takamoto 等在P/GaAs衬底上研制大面积双结GaInP/GaAs太阳电池，其AM0和AM1.5效率分别达到26.9%和30.28%。与Olson等的电池结构相比，主要改进是用GaInP隧道结取代GaAs隧道结，并且隧道结处在高掺杂的AlInP层之间，对下电池起窗口层作用，对上电池起背场作用，提高了开路电压和短路电流。20世纪90年代中期开始，双结 $Ga_{0.5}In_{0.5}P$/GaAs 电池已经进入批量研制阶段，批量研制效率已达到22%（AM0）。近几年来，各种机构投入了更大的热情来研究高效率、低成本的聚光双结 $Ga_{0.5}In_{0.5}P$/GaAs 太阳电池。

(2) 三结太阳电池（单片式）　三结太阳电池是采用三种不同带隙宽度 $E_g$ 的材料制成，按 $E_g$ 大小从上而下叠合起来，让它们选择和转换太阳光谱的不同子域，可明显提高太阳电池的效率。在双结太阳电池研究工作的基础上，美国能源部光伏中心在1995年提出发展三结 $Ga_{0.5}In_{0.5}P$/GaAs/Ge 太阳电池的计划。采用np/np/np（Ge）三结结构，Ge衬底中包含第三个有源p-n结。试验生产结果显示，三结太阳电池的批制平均效率为24.2%，最高效率为25.5%（AM0，1sun），电池的耐辐照性和温度系数与单结GaAs/Ge电池相当，甚至优于单结GaAs/Ge电池，而多结太阳电池成本不超过单结GaAs/Ge电池生产成本的15%（即115%）。电池结构的改进，首先采用了背场结构（BSF）。其次是栅线的改进，从所占面积5%降为1.9%，而不影响电池的填充因子。再次是降低了窗口层AlInP中氧含量，将磷烷纯化或用乙硅烷取代硒化氢作掺杂剂。最后是在隧道结生长过程中减少掺杂记忆效应，用Se-C取代Se-Zn，同时调整降低了砷烷分压。2000年，NREL（National Renewable Energy Laboratory）报道，三结 $Ga_{0.5}In_{0.5}P$/GaAs/Ge 太阳电池的最高效率为29.3%（AM0，1sun）和32.3%（AM1.5，440sun）。目前，三结太阳电池已进入批量研制阶段，批量研制效率已达到25%（AM0）。

(3) 四结太阳电池（单片式）　J. M. Olson 等对GaInP、GaAs、Ge等材料构成的单片多结太阳电池进行理论计算指出：因为Ge的带隙偏低，所以$Ga_{0.5}In_{0.5}P$（1.85eV）、GaAs（1.42eV）、Ge（0.67eV）不能构成理想的三结太阳电池，而Ge可以构成四结太阳电池的底部电池。构成四结太阳电池的关键是寻求晶格匹配的第三结电池材料。它应当具有直接带隙$E_g$=0.95～1.05eV（对于AM0光谱）或0.95～1.10eV（对于AM1.5光谱）。为获得四结太阳电池的理论效率，分别计算各子电池的$I$-$V$曲线，然后把它们串联连接，计算中假定电池具有理想的p-n结特性曲线，忽略表面复合，忽略等效串、并联电阻损失，并且假定一个光子只产生一对电子-空穴对。GaInP和GaAs的光吸收系数按实测数据计算，第三结材料光吸收系数参考GaAs的曲线，Ge是间接带隙（$E_g$=0.67eV）材料。其第一直接带隙$E_g$=0.8eV，其光吸收系数用下式计算：

$$a(E)=0.5(E-0.8)^{0.5}+5(E-0.67)^2$$

式中，$E$为光子能量，eV。计算结果表明，这样构成的四结太阳电池的AM0理想效率将达到32.0%。最近，J. M. Olson等发现$Ga_{1-x}In_xN_yAs_{1-y}$（$y=0.35x$）与GaAs晶格匹配，当$y=3\%$时，其带隙宽度约为1.0eV。目前，关于四结太阳电池最高效率的报道还没有见到，国外正在进一步研究中。

（4）机械叠层式多结GaAs/GaSb太阳电池　机械叠层式GaAs/GaSb电池是另一类叠层电池。这种电池是由GaAs电池和GaSb电池用机械的方法相叠合而成的。GaAs顶电池和GaSb底电池在光学上是串联的，而在电学上是相互独立的，用外电路的串、并联实现子电池的电压匹配。叠层电池的效率简单地等于GaSe顶电池的效率和GaSb底电池的效率之和，因而容易获得高效率。GaSe顶电极是用MOCVD技术生长的，而GaSb底电极是用扩散方法制备的。GaSb的带隙宽度$E_g$=0.72eV，用来作为底部电池材料同GaAs构成叠层太阳电池，其理论转换效率可以达到38%。然而，GaSb的晶格与GaAs的晶格不匹配，只能做成四端机械叠层器件。MOCVD GaAs/GaSb四端机械叠层聚光电池的效率已达到37%（AM1.5）。

# 8.5 砷化镓量子点太阳电池

近年来，随着纳米半导体材料和技术的发展，对低维量子限制系统，尤其是半导体量子点的研究，已成为国际研究的前沿热点领域，量子点太阳电池也日益成为研究热点。有研究表明，在砷化镓太阳电池中引入具有合适带隙的量子点结构，既可以使电池吸收限红移，提高光生电流，又可以避免外界带来复合中心，确保电池的整体电压，有望获得更高的转换效率。

## 8.5.1 量子点的特点

量子点，又称“人造原子”，其载流子在三个维度上都受到势垒约束而不能自由运动。其态密度分布为一系列类似于原子光谱的分立函数。量子点的主要特性有以下几点。

① 量子点结构的电子能量在三个维度上都是量子化的，量子化能级间距与该方向特征长度的平方成反比。由于不同形状量子点的限制势不同，会对量子点的态密度和电子本征能量产生影响；同时，量子点尺寸又决定了量子点的能级间距。所以，对量子点形貌和尺寸的控制是非常重要的。

② 由于量子点的尺寸可与电子的德布罗意波长相比拟，或者更小，所以在处理输运现象时必须考虑电子的波动性。理论上应该可以发现量子干涉现象，即量子点系统具有量子叠加性、相干性等类似于光的特性。

③ 存在库仑阻塞效应。即如果一个量子点与其所有相关电极的电容之和足够小，这时只要有一个电子进入量子点，引起系统增加的静电能就会远大于电子热运动能量，该静电能阻止随后的第二个电子进入同一个量子点。

## 8.5.2 量子点在电池中的作用

量子点具有狭窄的能谱和离散的线宽，应用于太阳电池中将会产生以下作用。

(1) 吸收系数增大 量子点的限域效应使能隙随着粒径变小而增大，所以量子点结构材料可实现太阳光的宽光谱吸收。量子点尺度更小时，处于强限域区易形成激子，产生激子吸收带，随着粒径的减小，吸收系数增加，激子的最低能量蓝移，也使其对光的吸收系数范围扩大。

(2) 带间跃迁，形成子带 量子点的光谱由带间跃迁的一系列线谱组成，可以有多个带隙起作用，产生电子-空穴对。

(3) 量子隧道效应与载流子的输运电子在纳米尺度量子点空间中运动 当有序量子点阵列内的量子点尺寸与密度可控时，量子隧道效应更显现，有利于载流子输运。

## 8.5.3 量子点应用在砷化镓太阳电池中的研究

以砷化镓为代表的Ⅲ-Ⅴ族化合物量子点太阳电池的研究，特别是以提高三结砷化镓太阳电池效率为目标的研究处在初期。有研究指出，采用有机金属气相外延（MOVPE）技术在 GaAs 上采用 S-K 自组装模式生长的量子点，已达到光谱微调的目的，有望通过改善电流的匹配，提高三结砷化镓太阳电池的效率。

目前，量子点太阳电池的应用研究主要涉及三个方面：量子点太阳电池理论分析、量子点太阳电池器件结构设计与制备技术、量子点材料生长与性能表征。

(1) 量子点太阳电池理论分析 量子点太阳电池结构通常为 p-i-n 结构，并且在 i 层嵌入多叠层的量子点结构。图 8.2(a) 为中间层充分厚时的量子点太阳电池能带示意图。图中量子点高度为 3～10nm，直径为 10～40nm，中间层厚度为 20～50nm。此时，吸收太阳光激发量子点中的电子和空穴，然后由于热激发或再次吸收光子能量，而向量子点外流出成为输出电流。这时，电子、空穴的“脱出”速度应比在点内部的发光复合及通过缺陷能级等局部能级的非发光复合的平均速度快很多。图 8.2(b) 为中间层足够薄时（通常 10nm 以下）的量子点太阳电池能带示意图。由于隧道效应，量子点间的结合形成小能带的能带构造，受激电子、空穴能高速通过隧道效果的小能带，抑制复合的损失。同时，量子点能吸收比大块结晶 $E_g$ 小的太阳光能量，因而减少了单结太阳电池的透过损失。由于有效光电流增大，理论预测转换效率实际可增大两成以上。

为了进一步提高太阳电池的转换效率，科学家针对量子点太阳电池的机理开展了多项研究，2008 年，美国国家可再生能源实验室（NREL）提出了半导体量子点中多激子（MEG）的产生和作用机理。结果表明，量子点阵列中的 MEG 可应用于量子点太阳电池，以提高光电流密度，增大太阳电池的转换效率。

(2) 量子点太阳电池器件结构设计与制备技术 近年来，随着半导体纳米技术的不断发

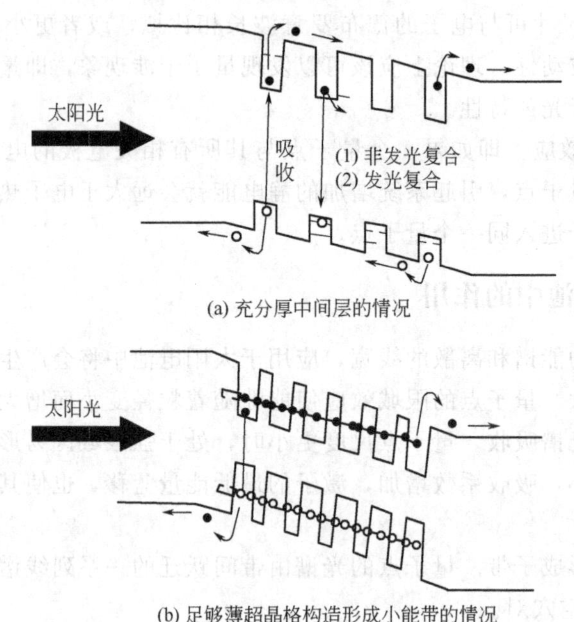


图 8.2 量子点太阳电池的能带示意图

展，科学家对量子点太阳电池的结构设计和工艺技术的改进方面取得了一定的研究成果。2005 年，美国宇航局 Glenn 研究中心（NASA Glenn Research Center）在第 31 届 IEEE 伏法大会上，首先提出 GaAs 基底上 InGaAlP（1.95eV）/GaAsP（1.35eV）/InGaAs（1.2eV）体系三结电池设计思想，其理论效率已超过 40%。其中，InGaAs（1.2eV）电池拟采用 p-i-n 结构，并且在 i 层嵌入 InAs 量子点结构。InAs 量子点将提供亚带隙吸收，从而改善电池的短路电流。光谱响应测试结果表明，该子电池的初步研制虽然没有显示对电池性能的改善，但在长波光吸收方面的确有所提高。另外，越来越多的理论和实验研究表明，在 GaAs 太阳电池中嵌入量子点结构可以同时获得一些益处，如改善温度系数和耐辐射性，更利于在空间中使用。总之，在子电池中嵌入 InAs 量子点结构的太阳电池，可以增强长波光吸收。

此外，有研究表明，采用有机金属气相外延（OMVPE）技术，在 p-i-n GaAs 太阳电池的 i 区嵌入 5 层 InAs 量子点结构作为应力补偿（SC）层。通过高分辨率 X 射线衍射（HRXRD）和量子点效率测试，结果表明，应力补偿可以非常有效地防止量子点生长时器件性质退化所引起的应力减少，有效使用应力补偿，使量子点器件的短路电流密度增加了 0.9mA/cm$^2$（AM0 和 1sun），量子点效率测试证实该电流是由量子限制材料中的光生载流子产生的。显然，应力补偿改善了量子点器件的转换效率，使暗电流减小。

（3）量子点材料生长与性能表征　量子点的形状、尺寸、面密度、体密度和空间分布有序性等会对量子点器件的性能产生一定的影响，如何制备高质量的量子点，实现其可控生长，以提高量子点器件的性能，一直是材料科学家追求的目标和关注的热点。有研究认为，采用金属有机物化学气相沉积（MOCVD）技术在不同 GaAs 基底上生长 InAs 量子点材料时，量子点的尺寸、分布对发射波长的影响非常显著。中国科学院半导体研究所“一加一”开展了量子点对太阳电池光谱调节作用的研究。在低压条件下，采用 MOCVD 技术在 GaAs（100）衬底上以 S-K 自组装方法生长 InAs 量子点阵列，并且利用光致发光（PL）谱研究了在邻晶面上生长的量子点的光学性质，光谱吸收显示量子点具有较常规 GaAs 基底更好的吸收能力和光学性质，如较窄的光致发光谱、较长的发射波长和较强的光致发光强度。日本Tsukuba大学应用物理研究所则采用氢原子辅助射频分子束外延（RF-MBE）技术在GaAs（001）衬底上生长了20层InAs量子点叠层，并且增加GaAs应力补偿层，成功获得优异的尺寸均一化、没有退化的量子点堆叠结构。该材料生长质量较高、均匀性较好。另外，量子效率测试显示具有InAs量子点的太阳电池光谱响应波长可外延到1150nm，可实现对红光的有效利用。也有研究者在量子点材料生长过程中，通过引入GaP应力补偿层来改进InAs/GaAs太阳电池器件性能。在GaAs（001）衬底上生长10～50层InAs量子点叠层时，增加两层GaP单分子膜作为应力补偿层。光电流测试表明，纳米结构中的光吸收外延到1.2μm，同时蓝光响应减少。另外，泰国Chulalongkom大学研究者采用分子束外延（MBE）技术在$n^+$型衬底上生长多叠层InAs/GaAs量子点，通过模拟实验（AM1）测试其光伏特性，发现数量较大的量子点簇能提供更大的短路电流，并且使长波吸收限达到1.1μm，此时的光电流将随着叠层数目增加而提高。但由于器件的浅结结构限制，叠层数目存在一个饱和值。对于材料性能的表征，除了采用常规的SEM、AFM、PL和C-V等来表征材料的形貌和光学性质外，瑞典和波兰科学家提出了采用深能级瞬态谱（DLTS）来描述量子点的电子特性，并且用于解释电子逃逸机制。即在高温、高压的状况下，比较DLTS的实验和理论数据，得出量子点水平上的电子逃逸的最主要机制。此外，也有科学家采用光电流谱来研究单层自组装InAs/GaAs量子点肖特基器件结构的性能和光学性质。

## 8.6 砷化镓薄膜太阳电池的发展趋势

砷化镓太阳电池在太空如图8.3所示。

图8.3 砷化镓太阳电池在太空

砷化镓是一种很理想的太阳电池材料，它与太阳光谱的匹配较适合，而且能耐高温，在250℃的条件下，光电转换性能仍很良好，特别适合在太空中使用。但是，以GaAs太阳电池为代表的Ⅲ-Ⅴ族太阳电池有一个共同的缺点，即材料密度大，质量大。因而它们的效率尽管很高，但质量比功率并不高，比非晶硅（a-Si）、CdTe、CuInSe等薄膜太阳电池的质量比功率要低许多。砷化镓太阳电池的质量比功率大于300W/kg，而生长在柔性衬底上的a-Si

的质量比功率高于1000W/kg，砷化镓太阳电池的这一缺点限制了它的空间应用范围。为了克服这一缺点，从20世纪80年代开始科学家们开始研制薄膜型砷化镓太阳电池。采用的技术多为剥离技术，这一技术的特点是，在太阳电池制备完成后，把它的正面粘贴到玻璃或塑料膜上，然后采用选择腐蚀方法把砷化镓衬底剥离掉，只将约3μm厚的电池有源层转移到金属膜上，这样一来就获得了柔性薄膜型砷化镓太阳电池，剥离下来的砷化镓衬底可重复使用。

2005年10月，在上海举办的PVSEC-15会议上，Sharp公司展出了它们研制的效率高达28.5%的柔性薄膜型两结GaInP/GaAs叠层电池，其质量比功率为2631W/kg。而且这种超薄型太阳电池的耐辐射性好，背面金属膜可增加光反射，使电池有源层可减薄到1μm。这一成果将为扩大Ⅲ-Ⅴ族太阳电池的空间应用范围和降低成本开辟有效途径。美国NREL的M. Wanlass等在2006年第四届WCPEC会议上提出，他们在GaAs衬底上用反向生长和玻璃技术研制出了超薄型的三结GaInP/GaAs/GaInAs叠层太阳电池。其中，上中下三个子电池的带隙宽度近似于理想值，分别为1.9eV、1.4eV和1.0eV。其子电池窗口层分别为n型的AlInP、GaInP。为解决GaAs和1.0eV GaInAs之间的晶格失配问题，采用了GaInP组分渐变缓冲结构。在AM1.5光谱、10.1倍太阳光强下，该电池获得了37.9%的高效率。

砷化镓太阳电池的发展可能有以下趋势。

（1）GaAs薄膜太阳电池　GaAs电池质量大、费用高，利用GaAs材料对太阳光吸收系数大的特点，可制成薄膜型（厚度5～10μm）。就空间应用而言，薄膜化可大大减小太阳电池方阵质量，从而提高电池的质量比功率（由120W/kg提高到600W/kg以上）。20世纪80～90年代，薄膜电池的最高效率虽已达到22%，但由于制备技术难度很大，而且大面积薄膜的移植和组装非常困难，因此，其空间应用受到较大的限制。随着大面积薄膜电池的均匀性、剥离、移植、组装及配套柔性帆板等方面研究的深入，预期在未来5～10年内，高效率、大面积薄膜电池将逐步应用于空间领域。

（2）聚光太阳电池　采用聚光器是目前空间光伏界的趋势之一。空间聚光阵列具有更高的耐辐射性、更低的费用和更高的效率，并且可减少电池批产的资金投入。多结GaAs太阳电池因其高效率、高电压（低电流）和高温特性好等优点，而被广泛用于聚光系统。目前高效率三结$Ga_{0.5}In_{0.5}P$/GaAs/Ge聚光电池的最高效率已达到34%（AM1.5，210sun）。太阳电池批产效率已达到28%（AM1.5，100～300sun）。聚光太阳电池大部分用于地面系统，空间应用的进展缓慢。主要的难题是对日跟踪机构非常复杂，空间散热非常困难。目前少部分用于空间的聚光太阳电池，聚光倍数均较低，成本相应较高。

GaAs聚光电池发展的重点是：提高光电转换效率（>40%）和批产能力（年批产大于300MW）；大幅度降低成本；提高抗辐射能力；改善聚光器性能（研制空间实用的高效轻质聚光太阳电池帆板），提高太阳能的利用率，减小太阳电池方阵的质量；改善散热系统性能，显著提高聚光系统效率。未来20年，美国NASA将在航天飞行器的空间主电源中大量使用聚光砷化镓太阳电池。

另外，据美国物理学家组织网2011年11月8日报道，美国科学家通过与传统科学研究相反的新思路，用砷化镓制造出了最高转换效率达28.4%的薄膜太阳电池。该太阳电池效率提升的关键并非是让其吸收更多光子，而是让其释放出更多光子，未来用砷化镓制造的太阳电池有望突破能效转化最高纪录的极限。

过去，科学家们都强调通过增加太阳能吸收光子的数量来提升太阳电池的效率。太阳电池吸收太阳光后产生的电子必须被作为电提取出来，而那些没有被足够快速提取出的电子会衰变并释放出自己的能量。美国能源部下属的劳伦斯伯克利国家实验室科学家伊莱·亚布鲁诺维契领导的研究表明，如果这些释放的能量作为外部荧光排放出来，太阳电池的输出电压就会提高。亚布鲁诺维契说："我们的研究表明，太阳能电池释放光子的效率越高，其能源转化效率和提供的电压就越高。外部荧光是太阳能电池转化效率达到理论最大值——肖克莱·奎塞尔效率极限的关键。对于单p-n结太阳能电池来说，这个最大值约为33.5%。"参与研究人员欧文·米勒解释道："在太阳能电池的开路环境中，电子无处可去，就会密密挤在一起，理想的情况是，它们排放出外部荧光，精确地平衡入射的太阳光。"

基于此，由伊莱·亚布鲁诺维契联合创办的阿尔塔设备公司使用其早期研发的单晶薄膜技术——外延层剥离技术，用砷化镓制造出了最高转换效率达28.4%的薄膜太阳电池。这种电池不仅打破了此前的转换效率最高纪录，其成本也低于其他太阳电池。砷化镓虽然比硅贵，但其收集光子的效率更高。

## 参 考 文 献


[1] 刘汉英，刘春明，肖志斌等．空间太阳电池用光学薄膜 [J]．光学仪器，2006，28（4）：164-167.

[2] 李烨，涂洁磊．砷化镓量子点太阳电池材料及材料的研究现状 [J]．太阳能技术与产品，2010，11：26-30.

[3] 陆剑锋，王训春，姜德鹏等．三结砷化镓太阳电池在航天领域的应用 [J]．第五届长三角科技论坛暨航空航天科技创新与长三角经济发展论坛．

[4]．张忠卫，陆剑锋，池卫英等．砷化镓太阳电池技术的进展与前景 [J]．上海航天，2003，3：33-38.

[5] 陈鸣波．高效率多结叠层砷化镓GaAs太阳电池研究 [D]．上海：上海交通大学博士学位论文，2004：10.

[6] 刘春鸣．空间用新型太阳电池抗辐照特性 [J]．电源技术研究与设计，2004，8：136-139.

[7] 熊绍珍，朱美芳．太阳能电池基础与应用 [M]．北京：科学出版社，2010：186-225.

[8] 陈鸣波．高效率多结叠层GaAs太阳电池研究 [D]．上海：上海交通大学博士学位论文，2004：29-33.

# 第9章 染料敏化纳米薄膜太阳电池

## 9.1 染料敏化纳米薄膜太阳电池原理

染料敏化太阳电池（dye-sensitized solar cell，DSC或DSSC）主要模仿了光合作用的原理，染料敏化太阳电池的一般结构类似于三明治，首先将金属氧化物（$TiO_2$、$SnO_2$、ZnO等）烧结在导电玻璃上，再将光敏染料镶嵌在多孔纳米二氧化钛表面形成工作电极，然后在工作电极和对电极（通常为担载了催化量铂或者碳的导电玻璃）之间填充含有氧化还原物质对（常用$I_3^-$和$I^-$等）的液体电解质，它进入纳米二氧化钛的孔穴与光敏染料接触。在入射光的照射下，镶嵌在纳米二氧化钛表面的光敏染料吸收光子，跃迁到激发态，然后向二氧化钛的导带注入电子，染料成为氧化态的正离子，电子在通过外电路时形成电流到达对电极，染料正离子接受电解质溶液中还原剂的电子，还原为最初的染料，而电解质中的氧化剂扩散到对电极得到电子而使还原剂得到再生，形成一个完整的循环，在整个过程中，表观上化学物质没有发生变化，而光能则转化成了电能。染料敏化太阳电池的工作原理如图9.1所示。

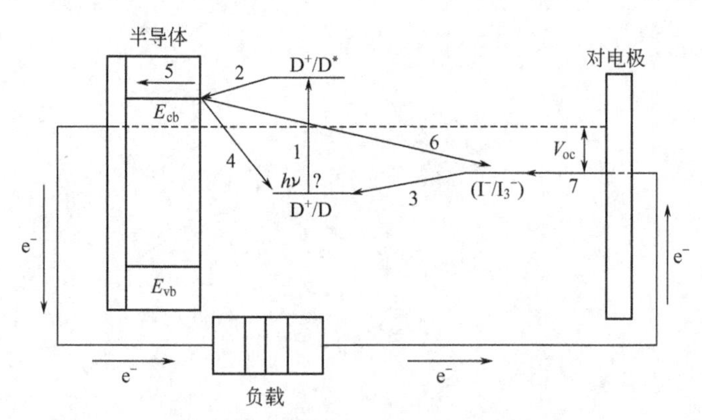


图9.1 染料敏化太阳电池的工作原理

电池内发生的过程反应如下。

① 染料分子受太阳光照射后由基态（D）跃迁至激发态（$D^*$），这一过程在皮秒内完成。

$$D+h\nu \longrightarrow D^{*} \tag{9.1}$$

② 激发态染料分子将电子注入半导体的导带中（电子注入速率常数为 $k_{\mathrm{inj}}$），自身变为氧化态（$D^{+}$），CB 表示 $TiO_2$ 导带底。

$$D^{*} \longrightarrow D^{+}+e^{-}(CB) \tag{9.2}$$

③ 导带电子与氧化态染料的复合：

$$D^{+}+e^{-}(CB) \longrightarrow D \tag{9.3}$$

④ 导带电子与 $I_3^-$ 离子的复合：

$$I_3^{-}+2e^{-}(CB) \longrightarrow 3I^{-} \tag{9.4}$$

⑤ 导带电子在纳米薄膜中传输至导电玻璃导电面（BC 为背接触面），然后流入外电路：

$$e^{-}(CB) \longrightarrow e^{-}(BC) \tag{9.5}$$

⑥ $I_3^-$ 扩散到对电极上得到电子变成 $I^-$：

$$I_3^{-}+2e^{-}(CB) \longrightarrow 3I^{-} \tag{9.6}$$

⑦ $I^-$ 还原氧化态染料再生完成整个循环：

$$3I^{-}+2D^{+} \longrightarrow 2D+I_3^{-} \tag{9.7}$$

光伏电池要发生光生伏特效应，关键是要发生电荷分离。半导体太阳电池是通过 p-n 结建立的内建电场使光生载流子向相反方向分离，构成光电流。半导体具有捕获入射光和传导光生载流子两种作用。在染料敏化太阳电池中，光的捕获是由染料敏化剂完成，而光生电子的传导则是由纳米晶 $TiO_2$ 薄膜完成。激发态染料能级与 $TiO_2$ 导带底边能级 $E_{CB}$ 之差是电子从染料注入 $TiO_2$ 导带的驱动力；而电解质中的 $I_3^-/I^-$ 的氧化还原电位与被氧化的染料电化学电位之差是染料分子中空穴注入电解质中的驱动力，由此可见在染料敏化太阳电池中电化学电位之差促使电子、空穴发生分离，形成光电流。这是染料敏化太阳电池的特点之一，为提高电池光电性能提供便利。

染料敏化太阳电池的入射单色光光电转换效率由电池的光捕获效率 LHE（$\lambda$）、电子的注入效率 $\Phi_{\mathrm{inj}}$ 和电子的收集效率 $\eta_c$ 所决定。电子的注入效率由反应(9.2) 和反应(9.5) 决定，电子的注入速率 $k_{\mathrm{inj}}$ 与电子的复合速率 $k_2$ 比值越高，电子被复合的概率越小，电子注入 $TiO_2$ 导带的概率越高，电池可获得较高的电子注入效率 $\Phi_{\mathrm{inj}}$。电子在 $TiO_2$ 薄膜传输的过程中会与电解质中的 $I_3^-$ 发生复合反应，复合速率 $k_1$ 越大，传输到导电基底处的电子越少，电子的收集效率 $\eta_c$ 越低。可以看出，注入 $TiO_2$ 导带中的电子会发生(9.4) 和(9.5) 两个复合反应产生暗电流，这是造成电流损失、影响电池光电性能的主要因素之一。由于电解质中的 $I^-$ 离子浓度较高，$I^-$ 离子还原氧化态染料的反应速率要远大于电子还原氧化态染料的反应速率，因此复合反应(9.5) 产生的暗电流几乎可以忽略。因此染料敏化太阳电池中的暗电流的产生主要由反应(9.4) 完成，电子与 $I_3^-$ 离子的复合不仅发生在 $TiO_2$ 与电解质界面，同时在导电基底也发生电子复合，因此，抑制电子与 $I_3^-$ 离子之间的复合反应是提高 DSSC 光电性能的主要途径之一。

研究结果表明，只有非常靠近 $TiO_2$ 表面的敏化剂分子才能顺利把电子注入 $TiO_2$ 导带中去，多层敏化剂的吸附反而会阻碍电子运输；染料色激发态寿命很短，必须与电极紧密结合，最好能化学吸附到电极上；染料分子的光谱响应范围和量子产率是影响 DSSC 的光子俘获量的关键因素。到目前为止，电子在染料敏化二氧化钛纳米晶电极中的传输机理还不十分清楚，有 Weller 等的隧穿机理、Lindquist 等的扩散模型等，有待于进一步研究。

## 9.2 染料敏化纳米薄膜太阳电池结构

### 9.2.1 导电基底材料

导电基底材料又称导电电极材料，分为光阳极材料和光阴极（或称反电极）材料。目前用于导电基底材料的有透明导电玻璃、金属箔片、聚合物导电基底材料等。一般要求导电基底材料的方块电阻越小越好。光阳极和光阴极基底中至少要有一种是透明的，透光率一般要在85%以上。光阳极和光阴极衬底的作用是，收集和传输从光阳极传输过来的电子，并且通过外回路传输到光阴极并将电子提供给电解质中电子受体。

### 9.2.2 纳米多孔半导体材料

应用于染料敏化太阳电池的半导体材料主要是纳米二氧化钛多孔薄膜。它是染料敏化太阳电池的核心之一，起作用的是吸附染料敏化剂，并且将激发态染料注入的电子传输到导电基底。除了二氧化钛之外，适用于做光阳极半导体材料的还有 ZnO、$Nd_2O_5$、$WO_3$、$Ta_2O_5$、CdS、$Fe_2O_3$ 和 $SnO_2$ 等，其中 ZnO 因来源比较丰富、成本比较低、制备简便等优点，在染料敏化太阳电池中也有应用，特别是近年来在柔性染料敏化太阳电池中的应用取得较大进展。

制备半导体薄膜的方法主要有化学气相沉积、粉末烧结、水热反应、RF 射频溅射、等离子体喷涂、丝网印刷和胶体涂膜等。目前，制备纳米二氧化钛多孔薄膜的主要方法是溶胶-凝胶法。制备染料敏化太阳电池的纳米半导体薄膜一般应具有以下显著特征。

① 具有大的比表面积，使其能够有效地吸附单分子层染料，更好地利用太阳光。

② 纳米颗粒和导电基底以及纳米半导体颗粒之间应有很好的点接触，使载流子在其中能有效地传输，保证大面积薄膜的导电性。

③ 电解质中的氧化还原电对（一般为 $I_3^-/I^-$）能够渗透到纳米半导体薄膜内部，使氧化态染料能有效地再生。

### 9.2.3 染料敏化剂

染料敏化剂是染料敏化太阳电池中的核心，它将 $TiO_2$ 的激发光谱拓展到可见光区域，它主要用来吸收太阳光产生光激发电子，作为光电转化的核心部件染料敏化剂主要满足以下条件。

① 首先应该具有宽的光谱响应范围，能够吸收尽可能多的太阳光，一般需要能够吸收波长为 900nm 以下的光波。

② 应该具有能与半导体 $TiO_2$ 表面结合的基团，如—COOH、—$PO_3H_2$、—$SO_3H$ 等。这些基团可与半导体氧化物表面的羟基结合形成酯，使得染料牢固地吸附在 $TiO_2$ 表面。

③ 需要与半导体 $TiO_2$ 的导带能级和电解质中的氧化还原电对电位匹配。染料的激发能级（ELUMO）应该高于 $TiO_2$ 的导带底边能级，从而保证电子能够有效地注入 $TiO_2$ 导带中；电解质中的氧化还原电对电位应该高于氧化态的染料电位（EHOMO），使得氧化态的染料能够被电解质中的氧化还原电对还原再生。

④ 需要具备一定的光稳定性。能够进行 $10^8$ 次光化学循环，从而保证染料敏化剂的 20

年寿命。

染料敏化剂受光照由基态跃迁到激发态，染料的激发态能级（ELUMO）高于 $TiO_2$ 的导带底边能级，电子由激发态的染料注入 $TiO_2$ 导带中。激发态染料能级与 $TiO_2$ 的导带底边能级之差为电子注入的驱动力，其差值越大，电子的注入效率越高。激发态的染料一方面将电子注入 $TiO_2$ 导带中，另一方面氧化态的染料从电解质中获得电子发生还原。染料敏化剂除需与半导体 $TiO_2$ 能带匹配外，还需与 $TiO_2$ 表面形成有效的键合。染料敏化剂以化学吸附方式吸附在半导体 $TiO_2$ 表面，在染料和 $TiO_2$ 间建立电子通道，有利于电子的注入。其中—COOH 是最有利于吸附的官能团，可以使染料的激发能级与 $TiO_2$ 的 3d 轨道发生电子云重叠，从而使其吸附在 $TiO_2$ 表面。

目前使用的染料敏化剂主要是有机物敏化剂，按照是否含有金属离子可分为金属有机染料敏化剂和非金属有机染料敏化剂。金属有机染料敏化剂主要是钌、锇类的金属吡啶配合物、金属卟啉、酞菁等；非金属有机染料敏化剂主要集中在天然和有机合成染料敏化剂。

### 9.2.4　电解质

电解质的主要作用是还原被氧化的染料敏化剂使其再生，而自身扩散到对电极得到电子发生还原反应，使得整个反应过程能够循环进行。它是染料敏化太阳电池中的枢纽，通过氧化还原反应将光阳极和对电极连接起来，形成回路。目前使用最为广泛的是液态电解质，此外，还有准固态电解质和固态电解质。液态电解质为含氧化还原电对 $I_3^-/I^-$、$Br_2/Br^-$、$SCN^-/(SCN)_2$ 等的有机溶液，一般使用乙腈、戊腈、三甲氧基丙腈等作为溶剂。这些有机溶剂稳定性好，不参与电极反应。其中乙腈具有最好的使用效果，乙腈具备溶解度大、介电常数高、黏度低、与纳米晶半导体薄膜有较好的浸润性等特点，常用来作为电解质溶剂。电解质中的氧化还原电对 $I_3^-/I^-$ 应用最为普遍，它与多种染料敏化剂的能级相匹配，其氧化还原电势高于基态染料敏化剂能级，并且 $I_3^-/I^-$ 电对具有较好动力学性能。电子给体 $I^-$ 提供电子还原氧化态的染料，自身被氧化成 $I_3^-$，$I_3^-$ 扩散到对电极获得电子发生还原反应生成 $I^-$，完成一个反应循环。液态电解质中一般添加 4-叔丁基吡啶（4-TBP）等添加剂，4-TBP 可有效抑制电流的复合，从而提高电池的光电性能。离子液体也属于液态电解质中的一种，相比有机溶液电解质，它具有挥发性小、离子电导率高、稳定性好等特点。但离子液体的黏度相对较高，使其离子扩散速率变低，这是离子液体作为电解质的主要问题之一。离子液体作为有机溶液电解质的添加剂，可有效解决离子扩散速率低的问题，并且可结合离子液体和有机溶液的优点，有利于提高电池光电性能，这是液态电解质以后发展的方向之一。液态电解质虽可取得较好的效果，但是其具有一些固有的缺点。首先，液态电解质较易挥发，导致染料敏化剂降解，使得染料敏化太阳电池的长期性和稳定性得不到保障；其次，使电池的封装工艺较为复杂，长期放置会造成电解质泄漏；最后，液态电解质中的离子可能反向迁移，发生电子复合反应，降低电池光电性能。基于以上问题，研究者都在努力开发准固态电解质、固态电解质。固态电解质主要有无机 p 型半导体和有机空穴传输材料，这两种固体电解质都属于空穴传导材料。氧化态的染料敏化剂从空穴传导材料得到电子，空穴经过电解质传输到对电极得到电子，完成一个反应循环。无机 p 型半导体的电导率高，但其与纳米晶半导体薄膜的接触性能较差，影响了电子的传输。其中 CuI 和 CuSCN 等无机 p 型半导体主要用来作为固态电解质。有机空穴传输材料主要有聚 3-己基噻吩、聚三苯基二胺、聚吡咯等取代三苯胺类的衍生物等。

### 9.2.5 对电极

对电极的作用是收集流经外电路的电子，让电解质中的氧化还原电对得到电子发生还原，能够使反应循环进行。对电极的另外一个重要作用是作为氧化还原反应的催化剂，加快氧化还原反应速率。目前使用的对电极有铂对电极、碳对电极和导电聚合物对电极。其中铂对电极应用最为广泛，金属铂易于吸附反应物质，具有较高的反应活性。另外，金属铂能降低氧化还原反应的过电位，促使 $I_3^-$ 离子的还原。一般用热分解法或者电沉积法在透明导电基底表面沉积一层金属铂，制备透明铂对电极。采用热分解法制备出的铂对电极具有更好的稳定性，从而可得到较高离子扩散速率。铂对电极虽可得到较高的光电转换效率，但铂的价格昂贵，不适合应用于染料敏化太阳电池的大规模生产。目前采用碳代替铂作为对电极受到广泛的研究和重视，碳不仅具有较高的电导率，也具有较好的催化活性。一般采用多孔结构碳来制备对电极，但多孔碳不能反射太阳光，光的捕获率小。另外相比于金属铂，碳的催化性能不高，导致采用碳对电极只能获得较小的光电转换效率。

## 9.3 染料敏化太阳电池所用材料

### 9.3.1 衬底材料

透明导电薄膜是用于染料敏化太阳电池基底的主要材料。一般是在厚度为 1～3mm 的玻璃表面镀上导电膜制成。其主要成分是掺氟的透明 $SnO_2$ 膜（FTO），在 $SnO_2$ 和玻璃之间还有一层几纳米厚度的纯 $SiO_2$ 膜，其目的是防止高温烧结过程中普通玻璃中的 $Na^+$ 和 $K^+$ 等离子扩散到 $SnO_2$ 导电膜中去。此外，氧化铟锡（ITO）也可作为该电池的导电衬底材料。ITO 相对于 FTO 导电膜的透光率要好，但 ITO 导电膜在高温烧结过程中电阻急剧增大，较大地影响了染料敏化太阳电池的性能。

由于普通玻璃容易碎裂，安装不方便，金属箔片和聚合物薄膜基底等也被广泛应用于染料敏化太阳电池中，制作柔性太阳电池。

### 9.3.2 纳米半导体材料

在染料敏化太阳电池中应用的半导体薄膜材料主要有纳米 $TiO_2$、ZnO、$SnO_2$ 和 $Nb_2O_5$ 等半导体氧化物。其主要作用是利用其巨大的比表面积来吸附单分子层染料，同时也是电荷分离和传输的载体。在这些材料中，纳米二氧化钛的染料敏化太阳电池光电转换效率已超过 11%，纳米 ZnO 材料的电池转换效率也达到了 4.1%。

纳米二氧化钛在电池中起到重要作用，首先，其结构性能决定染料吸附量的多少。虽然薄膜表面只吸收单分子层染料，但海绵状的二氧化钛多孔薄膜内部却能吸附更多的染料分子。内部表面的大小取决于二氧化钛颗粒的大小，为使染料分子和电解质进入多孔薄膜内部，二氧化钛颗粒又不能太小；随着膜厚的增加，光吸收效率显著增加，但界面复合反应也增大，电子损耗增加，因而纳米二氧化钛薄膜存在一个最优化问题。我们的研究表明，膜厚在10～15$\mu m$ 将是一个最优化的厚度，其光电转换效率能达到最大值。

其次，纳米二氧化钛对光的吸收、散射、折射产生重要影响。太阳光在薄膜内被染料分子反复吸收，大大提高染料分子对光的吸收效率。

最后，纳米二氧化钛薄膜对染料敏化太阳电池中电子传输和界面复合起到重要作用。在染料敏化太阳电池中，并不是所有激发态的染料分子都能将电子有效地注入二氧化钛导带中，并且有效地转化为光电流，有许多因素影响电流输出，从染料敏化太阳电池原理来看，主要有以下三个方面产生的暗电流影响电流的输出。

① 激发态染料分子不能有效地将电子注入二氧化钛导带，而是通过内部转换回到基态。

② 氧化态染料分子不是被电解质中的 $I^-$ 还原，而是与二氧化钛导带电子直接复合。

③ 电解质中 $I_3^-$ 不是被对电极上的电子还原成 $I^-$，而是被二氧化钛导带电子还原。

因此，纳米二氧化钛多孔薄膜在很大程度上决定了电池的光电转换效率。纳米二氧化钛制备工艺对二氧化钛多孔薄膜电极性能的优劣又直接影响染料的吸附量、吸光率和电子转移，从而影响电池的效率。

### 9.3.3　染料敏化剂

由于锐钛矿的禁带宽度为 3.2eV，只能吸收波长小于 380nm 的紫外线，因此必须将二氧化钛表面进行光谱特征敏化，增大其对太阳光谱的吸收范围，从而提高染料敏化太阳电池的光电转换效率。最有效的方法就是将光敏材料经化学吸附或物理吸附使其吸附在高比表面积的 $TiO_2$ 介孔薄膜电极上，使宽能隙 $TiO_2$ 半导体表面敏化。当染料分子受光激发后，如果光敏染料分子的激发态能级与 $TiO_2$ 半导体的导带能级匹配，那么电子就可以从激发态染料分子注入 $TiO_2$ 半导体的导带中。这样 $TiO_2$ 半导体的光电效应就被扩展到了可见光区，把这种现象称为染料分子对半导体的敏化作用。

理想的染料敏化剂应能够吸收尽可能多的太阳光产生激发态，染料的激发态能级应比纳米半导体氧化物的导带底位置略高，使激发态染料的电子能够顺利地注入纳米半导体氧化物的导带中。

(1) 无机染料　与有机染料相比，无机金属配合物染料具有较高的热稳定性和化学稳定性。金属配合物敏化剂通常含有吸附配体和辅助配体。吸附配体能使染料吸附在二氧化钛表面，同时作为发色基团。辅助配体并不直接吸附在纳米半导体表面，其作用是调节配合物的总体性能，目前应用前景最为看好的是多吡啶钌配合物类染料敏化剂。多吡啶钌染料具有非常高的化学稳定性、良好的氧化还原性和突出的可见光谱响应特性，在染料敏化太阳电池中应用最为广泛，有关其研究也最为活跃。这类染料通过羧基或膦酸基吸收在纳米二氧化钛薄膜表面，使得处于激发态的染料能将其电子有效注入纳米二氧化钛导带中。多吡啶钌染料按其结构分为羧酸多吡啶钌、膦酸多吡啶钌和多核联多吡啶钌三类，其中前两类区别在于吸附基团的不同，前者吸附基团为羧基，后者为膦酸基，它们与多核联多吡啶钌的区别在于它们只有一个金属中心。羧酸多吡啶钌的吸附基团羧基是平面结构，电子可以迅速地注入二氧化钛导带中。这类染料是目前应用最为广泛的染料敏化剂。

(2) 有机染料　有机染料一般具有“给体 (D)-共轭桥 (π)-受体 (A) 结构”。借助电子给体和受体的推拉电子作用，使得染料的可见峰向长波方向移动，有效地利用近红外线和红外线，进一步提高电池的短路电流。

目前，非金属有机光敏染料因其具有低成本和高的光吸收效率已经成为光敏染料研究领域的热点，例如吲哚类、香豆素类、三苯胺类和卟啉类等。虽然非金属有机光敏染料在电池的稳定性、效率等方面还不能超越联吡啶钌配合物类的无机光敏染料，但其具有相对较高的摩尔消光系数，分子设计更加容易以及低廉的生产成本等优点将会使有机光敏染料具有更加实际的应用价值。

### 9.3.4 电解质

电解质在染料敏化太阳电池中起到传输电子和再生染料的作用。目前，最常用的电解质是将 $I^-/I_3^-$ 溶解在有机溶剂中，例如乙腈、碳酸丙烯酯、甲氧基乙腈或 $\gamma$-丁内酯。$I^-/I_3^-$ 氧化还原电对具有很好的稳定性、可逆性和高的扩散系数，并且它们对可见光的吸收可以忽略。$I^-/I_3^-$ 氧化还原电对能够和目前广泛应用的 $N_3$ 和“黑色”染料的氧化还原电位能级匹配，因此，$I^-/I_3^-$ 氧化还原电对成为目前电解质的首选。使用液体电解质，太阳电池的转换效率虽然可以达到10%左右，但由于存在易挥发、易泄漏等缺点，使太阳电池的长期稳定性和实际应用受到限制。Gratzel 小组、Searon 小组和 Tennakone 小组等各国研究者都在积极开发各种固态、准固态、高分子电解质和空穴传输材料，来推动染料敏化太阳电池的实用化进程。染料敏化太阳电池中电解质的主要作用就是在光阳极和对电极之间运载电荷，并且使氧化态染料还原而重生。目前可以将其分为三类：液体电解质体系、溶胶-凝胶（准固态）电解质体系和固态电解质体系。

(1) 液体电解质 液体电解质由于其扩散速率快、光电转换效率高、组成成分易于设计和调节、对纳米多孔膜的渗透性好而一直被广泛研究。它主要由三部分组成：有机溶剂、氧化还原电对和添加剂。用于液体电解质中的有机溶剂常见的有腈类和酯类。液体电解质中的氧化还原电对主要是 $I_3^-/I^-$，虽然有用取代联吡啶钴（Ⅲ/Ⅱ）的配合物作为氧化还原电对的报道，但从目前的研究来看还是难以和 $I_3^-/I^-$ 相比。而常用的添加剂是4-叔丁基吡啶。它可以通过吡啶环上的 N 与 $TiO_2$ 膜表面上不完全配位的 Ti 配合，从而阻碍了导带电子在 $TiO_2$ 膜表面与溶液中 $I_3^-$ 复合，可明显提高太阳电池的光电转换效率。

在高效率染料敏化太阳电池中，有机溶剂电解质必不可少。用于液体电解质中的有机溶剂常见的有腈类、甲氧基丙腈类、酯类、碳酸丙烯酯和 $\gamma$-丁内酯等。与水相比，这些有机溶剂对电极是惰性的，不参与电极反应，具有较宽的电化学窗口，不易导致染料的脱附和降解，其凝固点低，适用的温度范围宽。

(2) 准固态电解质 近几年，溶胶-凝胶电解质系统的研究进展很快，在 $100mW/cm^2$ (AM1.5) 光强下光电转换效率可达7%，其研究的动向主要有以下两个方面。

① 以液体电解质为基础的溶胶-凝胶电解质。在液体电解质中加入有机小分子胶凝剂或有机高分子化合物，可形成凝胶网络结构而使得液体电解质固化，得到溶胶-凝胶电解质。能用于准固态电解质的有机小分子胶凝剂有很多，最为典型的是含有酰胺键和长脂肪链的有机小分子。而用于准固态电解质的有机高分子化合物主要有聚氧乙烯醚、聚丙烯腈、环氧氯丙烷和环氧乙烷的共聚物等。

② 以离子液体介质为基础的溶胶-凝胶电解质。离子液体是完全由离子组成的液体，是低温（<100℃）下呈液态的盐，也称低温熔融盐，它一般由有机阳离子和无机阴离子所组成。离子液体中常见的有机阳离子是烷基胺阳离子、烷基咪唑阳离子和烷基吡啶阳离子等，常见的无机阴离子是 $BF_4^-$、$AlCl_4^-$、$PF_6^-$、$AsF_6^-$、$SbF_6^-$、$F(HF)_n^-$、$CF_3SO_3^-$、$CF_3(CF_2)_3SO_3^-$、$(CF_3SO_2)_2N^-$、$CF_3COO^-$、$CF_3(CF_2)_2COO^-$ 等。

(3) 固态电解质 染料敏化太阳电池用固体电解质的研究十分活跃，研究得较多的是有机空穴传输材料和无机 $p^-$ 型半导体材料。其中有机空穴传输材料主要是 OMeTAD、$P_3HT$、$P_3OT$、PDTI、PTPD 等取代三苯胺类的衍生物与聚合物、噻吩和吡咯等芳香杂环类衍生物的聚合物。而无机 $p^-$ 型半导体材料主要是 CuI 和 CuSCN 等。虽然固态电解质的研究十分活跃，但如何提高空穴传输的速率，降低传输材料自身的电阻，提高固体电解质太阳电池的光电转换效率等许多问题都需进一步深入研究。

### 9.3.5　对电极

对电极也称光阴极，由透明导电 $SnO_2$ 膜构成，主要用于收集电子。对电极除了起光阴极作用以外，还有一个主要作用是催化作用，加速 $I^-/I_3^-$ 以及阴极电子之间电子交换速度，这就需要对对电极进行修饰，以提高其催化性能。目前主要采用的修饰方法有 C 修饰、Pt 修饰以及其他金属修饰。其中 Pt 修饰可以大大提高对电极的催化活性，提高 $I^-/I_3^-$ 以及阴极电子之间的电子交换速度，进而提高 DSSC 对光的利用率。

## 9.4　染料敏化纳米薄膜太阳电池性能

染料敏化太阳电池的性能分为电化学性能和光伏性能。其中电化学性能测试主要有电化学阻抗的测量、暗电流的测量、调制光电流谱/光电压谱的测量等；光伏性能的测试则可获得电池的伏安特性曲线。

### 9.4.1　电化学性能

(1) 电化学阻抗的测量　电化学阻抗方法是电化学测试技术中一类十分重要的研究方法，是对研究体系施加一小振幅的正弦波电位（或电流），收集体系的响应信号，并且测量其阻抗谱，然后根据数学模型或等效电路模型对测得的阻抗进行分析、拟合，来研究界面化学特征的反应方法。

(2) 暗电流的测量　暗态下通过在染料敏化太阳电池工作电极施加一负偏压，测得电极上阴极电流随偏压的变化曲线。阴极电流的方向与光电转换的电荷复合电子的流向相同，因此线性伏安特性曲线能够反映电池的光阳极与电解质中 $I_3^-$ 之间的复合反应程度。纳米半导体薄膜通过其巨大的比表面积，吸附大量的单分子层染料，增大了其对太阳光的收集。同时，半导体电极的巨大比表面积也增加了电极表面的电荷复合，从而降低太阳电池的光电转换效率。为了改善电池的光电性能，人们开发了 $TiCl_4$ 处理、表面包覆纳米 $TiO_2$ 电极等物理化学修饰技术和电解质中加入暗电流抑制剂法。暗电流抑制剂 TBP 和染料对纳米 $TiO_2$ 电极上 $I^-/I_3^-$ 氧化还原行为可通过暗态下电池的阴极电流随偏压的变化来研究。

(3) 调制光电流谱/光电压谱的测量　调制光电流谱/光电压谱是一种非稳态技术，激励半导体的入射光由背景光信号和调制光信号两部分组成，其中调制光信号强度按照正弦调制对半导体进行激励，通过不同频率下光电流/光电压响应来研究界面动力学过程。对于染料敏化太阳电池内部电子的产生、运输和复合可以建立一个数学模型，将输入的光强和输出的电流密度或电压联系起来。模型中的各种参数代表实际染料敏化太阳电池内部过程中相应事件的发生，这样可以由实验测量的结果与理论数值进行拟合，得到各种反应电子传输参数。

在染料敏化太阳电池中，从光生载流子产生到扩散至收集基底需要一段时间，输出光电流/光电压的波动分量相位将滞后于入射光的调制分量而反映在 IMPS/IMVS 图谱中。IMPS 的测量是在短路状态下调制信号的光电流响应。提供了电池在短路条件下电荷传输和背反应动力学的信息，可以得到有效电子扩散系数 $D$。IMVS 是与 IMPS 相关的一种技术，测量的是在开路状态下调制信号的光电压响应，可以得到电池在开路条件下的电子寿命 $\tau_n$。IMPS/IMVS 为认识染料敏化太阳电池内载流子的传输和复合过程提供了全新的视角。目前有关 IMPS/IMVS 在染料敏化太阳电池中应用相当广泛。

## 9.4.2 光伏性能

### 9.4.2.1 太阳电池四线测量法原理

为了保证电池的测量精度，消除导线电阻和夹具接触电阻引入的误差，太阳电池一般采用四线测量法，其原理如图 9.2 所示。当电子负载给电池施加一个由负到正的电压时，在被测电池与电流线的回路中便有一个变化的电流产生，其值通过电流测量线测出，再用测量仪表经电压测量线测出对应每一个电流值的电池端电压。一次改变电子负载值，测出相应的电压与电流值，便得到电池伏安曲线的测量数据。

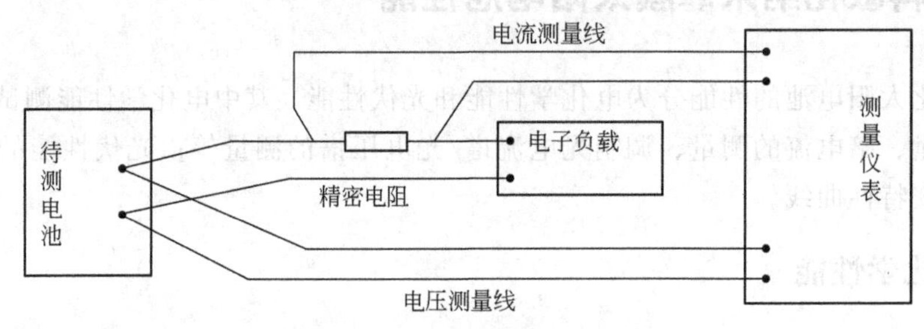


图 9.2 四线测量法原理

### 9.4.2.2 染料敏化太阳电池的测量标准

太阳电池的电性能测量归结为电池的伏安特性测试，由于伏安特性与测试条件有关，所以必须在同一标准测试条件下进行测量，或将测量结果换算到标准测试条件。标准测试条件包括标准太阳光（标准光谱和标准辐照度）和标准测试温度。测试光源可选用模拟测试光源（太阳模拟器或其他模拟太阳光光源）或自然太阳光。使用模拟测试光源时，辐照度用标准太阳电池短路电流的标定值来校准。

染料敏化太阳电池的电性能测试（标准测试）一般规定如下。

(1) 标准测试条件

① 规定地面标准太阳光谱采用 AM1.5 的标准太阳光谱，而且采用具有较高稳定度的稳定光源，光强最好可调。

② 地面太阳光的标准总辐射度规定为 1000W/m$^2$（实际总辐射有两种标准，即 1350W/m$^2$ 和 950W/m$^2$）。

③ 标准测试温度为 25℃。

④ 对定标测试，标准测试温度的允差为±1℃。

⑤ 对非定标测试，标准测试温度的允差为±2℃。

(2) 测试仪器和装置

① 标准太阳电池或辐照计，用于校准测试光源的辐照度。

② 数字源表测试速率能达到毫秒数量级（最好可调），测试时仪器的采集速率不能超过染料敏化太阳电池的电子传输速率。

③ 电压表的精确度不低于 0.5 级，内阻不低于 20kΩ/V。

④ 电流表的精确度不低于 0.5 级，内阻小至能保证在测试短路电流时，被测电池两端的电压不超过开路电压的±5℃，最好有恒温装置。

(3) 负载

① 负载电阻应能从零平滑地调节到画出完整的伏安特性曲线为止。

② 必须有足够的功率容量，以保证在通电测量时不会因发热而影响测量精确度。

(4) 采用四线测量法　四线测量法是用一对电流线和一对电压线将驱动电流回路和感应电压回路分开，并且采用高阻抗的测量仪器仪表对电压值进行测量，可以消除测量时接触电阻和导线电阻引入的误差，从而使得测量精度大大提高。

### 9.4.3　染料敏化太阳电池的性能指标

光电流工作谱反映了染料敏化半导体电极在不同波长处的光电转化情况，它反映了电极的光电转化能力。而判断染料敏化太阳电池是否有应用前景的最直接方法是测定电池的输出光电流和光电压的关系曲线，即 *I-V* 曲线。典型的 *I-V* 曲线示于图 9.3 中。

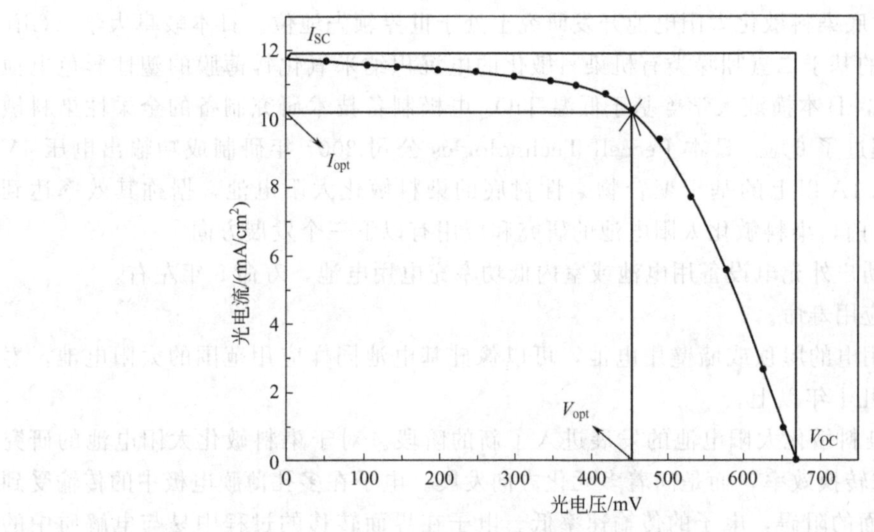


图 9.3　染料敏化太阳电池的 *I-V* 曲线

从图 9.3 中可以看出，短路光电流为 *I-V* 曲线在纵坐标上的截距，而开路光电压为曲线在横坐标上的截距。短路光电流为电池所能产生的最大电流，此时的电压为零。开路光电压为电池所能产生的最大电压，此时的电流为零。曲线的拐点对应着最大输出功率时的电流和电压，另外，该点所对应的矩形面积即为最大输出功率。具有短路光电流和开路光电压值的那一点所对应的矩形面积为电池理论上所能产生的最大功率。拐点所对应的面积（实际产生的最大功率）与最大面积（理论功率）之比即为填充因子。很显然，它是影响电池输出性能的一个重要参数。短路光电流和开路光电压是电池最重要的参数，较高的短路光电流和开路光电压值是产生较高能量转化效率的基础。对于短路光电流和开路光电压都相同的两个电池，制约其效率大小的参数就是填充因子，填充因子大的能量转化效率就高。

## 9.5　染料敏化纳米薄膜太阳电池的发展趋势

纳米晶 $TiO_2$ 太阳电池以它廉价的成本和简单的工艺及稳定的性能成为目前太阳电池研

究领域的一大热点。染料敏化太阳电池主要是模仿光合作用原理，研制出来的一种新型太阳电池，其主要优势是：原材料丰富、成本低廉，制备工艺简单，性能稳定，在大面积工业化生产中具有较大的优势，同时所有原材料和生产工艺都是无毒、无污染的，部分材料可以得到充分的回收，对保护人类环境具有重要的意义。

自从染料敏化太阳电池在Grätzel实验室研究取得突破以来，各国学者对染料纳米多孔半导体电极、电解液和对电极方面都进行了大量的研究。对染料敏化太阳电池的研究也引起了企业界人士的极大关注，专利公布生效开始即有澳大利亚、瑞士和德国等的7家公司购买了专利使用权，并且投入人力、物力进行实用化和产业化研究。澳大利亚STA公司在2001年5月1日，建立了世界上第一个中等规模的染料敏化太阳电池工厂，于2002年10月完成，集中体现了未来工业化的前景；瑞士EPFL、欧盟ECN研究所、日本夏普公司和东京科技大学等在面积大于$1cm^2$条状电池上取得与小电池相当的效率，日本夏普公司和Arakawa等分别报道了6.3%和8.4%的染料敏化太阳电池光电转换效率。日本日立公司、富士公司、丰田公司和夏普公司等在产业化研究上取得了很好的成绩，并且在有机染料的探索性研究和柔性衬底染料敏化太阳电池开发研究上处于世界领先地位。日本岐阜大学（Gifu University）开发的基于二氢吲哚类有机染料敏化的电沉积纳米氧化锌薄膜的塑性彩色电池效率达到了5.6%，日本横滨大学等基于低温$TiO_2$电极制备技术研究制备的全柔性染料敏化太阳电池效率超过了6%。日本Peccell Technologies公司2007年研制成功输出电压4V以上、输出电流0.1A以上的基于聚合物柔性衬底的染料敏化太阳电池，据称其效率达到4.3%～5.2%。目前，染料敏化太阳电池的研究和应用有以下三个发展方向。

① 折叠式移动户外充电设备用电池或室内低功率充电用电池，寿命5年左右。

② 提高电池应用寿命。

③ 解决家庭用电的屋顶或墙壁用电池，可以像硅基电池同样应用范围的太阳电池，寿命要求10年甚至几十年以上。

21世纪后，染料敏化太阳电池的发展进入了新的阶段。对于染料敏化太阳电池的研究不再是一味地追求转换效率，而是向着多元化方向发展。电子在多孔薄膜电极中的传输受到$TiO_2$纳米颗粒界面的阻碍，电子的传输速率低。电子在界面转移的过程中易与电解质中的$I_3^-$发生复合产生暗电流，降低染料敏化太阳电池的光电转换效率。采用具有直线电子传输能力的一维半导体材料，如纳米线、纳米管、纳米棒等作为染料敏化太阳电池光阳极材料，可有效提高电子的传输速率，降低电子的复合概率，成为染料敏化太阳电池研究中的热点。柔性染料敏化太阳电池是另一个重要的发展方向。首先，柔性染料敏化太阳电池采用柔性聚合物作为电池基底，电池可弯曲，可折叠，大大扩展了染料敏化太阳电池的应用范围；其次，柔性染料敏化太阳电池还具有电池质量小、生产成本低等优势。日本横滨大学开发的基于低温条件下制备的全柔性染料敏化太阳电池光电转换效率超过了6%，这一研究表明，柔性染料敏化太阳电池具有巨大的开发潜力和应用前景。大模块电池是染料敏化太阳电池另一个重要的发展趋势。2001年，澳大利亚STA公司建立了世界上第一个中试规模的染料敏化太阳电池工厂，生产大模块电池，开始进行染料敏化太阳电池的产业化生产。2002年，STA建立了面积为$200m^2$的染料敏化太阳电池显示屋顶，展示了未来工业化的前景。

我国在染料敏化太阳电池研究和产业化研究上都与世界研究水平相接近，特别是在产业化研究上，通过国家重点基础规划项目和中国科学院知识创新项目的资助，经过国内外合作和努力，取得了很大的成果。2004年10月，中国科学院等离子体物理研究所承担的大面积染料敏化纳米薄膜太阳电池研究项目取得了重大突破性进展，建成了 500W 规模的小型示范电站，光电转换效率达到 5%。2005 年，中国科学院物理研究所孟庆波研究员和陈立泉院士等合作，合成了一种新型的具有单碘离子输运特性的有机合成化合物固态电解质，研制的固态复合电解质纳米晶染料敏化太阳电池效率达到了 5.48%。这些工作都为染料敏化太阳电池的最终产业化、知识产权国产化奠定了坚实的基础。

充分开发利用太阳能，已成为世界各国政府可持续发展能源的战略决策。降低太阳电池成本和实现太阳电池的薄膜化，已被我国定为发展太阳电池的主要方向。染料敏化太阳电池作为一种长期置于室外的装置，必将受到各种自然条件的影响。而基于液体电解质的染料敏化太阳电池，无疑将会存在一个长期稳定性的问题。

## 参 考 文 献


[1] 李文欣，胡林华，戴松元．染料敏化太阳电池的研究进展 [J]. 中国材料进展，2009，28 (7-8)：20-25.

[2] 范佳杰．二氧化钛空心结构的制备及其在太阳电池中的应用 [D]. 武汉：武汉理工大学硕士学位论文，2010：1.

[3] 钱迪峰，张青红，万钧等．二氧化钛纳米晶溶胶内渗透电极对染料敏化太阳能电池的光伏性能的提高 [J]. 物理化学学报，2010，26 (10)：2745-2751.

[4] 张耀红，朱骏，戴松元等．染料敏化太阳能电池用固态及准固态电解质的研究进展 [J]. 化学通报，2010，12：1059-1065.

[5] 许元妹，方小明，张正国．纳米晶 $TiO_2$ 在染料敏化太阳电池中的应用 [J]. 华南理工大学学报：自然科学版，2010，38 (4)：87-91.

[6] 伏治甲．纳米 $TiO_2$ 在太阳能电池中的应用研究新进展 [J]. 宝鸡文理学院学报：自然科学版，2010，30 (3)：47-52.

[7] 石德辉，周艺，李宏等．多孔 $TiO_2$ 薄膜电极的制备及光电性能 [J]. 长沙理工大学学报：自然科学版，2010，7 (2)：76-80.

[8] 林红．低成本染料敏化太阳能电池的机遇和挑战 [J]. 新材料产业，2010，6：40-44.

[9] 黄春雷．染料敏化纳米晶太阳能电池的研究进展 [J]. 广州化工，2010，38 (10)：23-25.

[10] 林红，王宁，梁宏等．染料敏化太阳能电池研究进展及产业化前景 [J]. 透视，2004，8：45-48.

[11] 曾礼丽．染料敏化 $TiO_2$ 薄膜结构及光电性质研究 [D]. 长沙：中南大学硕士学位论文，2009：5.

[12] 熊绍珍，朱美芳等．太阳能电池基础与应用 [M]. 北京：科学出版社，2005：408-455.

# 第10章

# 薄膜的衬底材料

任何薄膜都要在衬底上制备，合适的衬底材料是制作优质薄膜材料的必备条件，如果没有合适的衬底材料，就无法生产出优质的薄膜，衬底材料的选择强烈地影响薄膜生长的方法及性能。

## 10.1 薄膜衬底材料的选择

### 10.1.1 衬底材料的选择标准

衬底材料的选择一般有如下几个方面标准。

（1）强度　具有足够的机械强度和硬度，起到支撑的作用。

（2）热膨胀系数匹配　当较高温度下制备的薄膜冷却时，如果衬底和薄膜的热膨胀系数不同，将产生热应力。假定薄膜的热膨胀系数大于衬底的热膨胀系数，那么冷却时薄膜将收缩得较快，而产生压缩应力，否则会产生拉伸应力。在这样的温度下如果组成薄膜的原子还能移动，作为这种应力释放的结果将出现位错。如果无法产生位错，热应力会使薄膜产生破裂。如果二者均不发生，热应力将使衬底发生弯曲。

（3）电绝缘性　薄膜的电学性能依赖于电绝缘的衬底材料。衬底都要有一定的绝缘特点，要么衬底本身绝缘，要么预沉积一层绝缘层。

（4）热稳定性　衬底的热稳定性是一个重要的特性。

（5）成本　低的生产成本。在一般情况下，在低成本的衬底材料上薄膜性能较差，在高成本的衬底材料上薄膜性能较好，这里存在一个选择较好的性价比问题。

（6）外延　在衬底上容易生长。

当然，除了以上考虑外还有非毒性；不应向薄膜中渗入有害杂质等。

我们以多晶硅薄膜太阳电池衬底选择进行说明。制备多晶硅薄膜太阳电池的技术路线，按处理温度的高低划分，可以分为三类：低温工艺、中温工艺和高温工艺。

① 低温一般是指电池制备过程的处理温度在550℃以下。适宜这类电池的衬底通常有玻璃、不锈钢以及塑料等，通过直接沉积法制备晶粒尺寸仅在纳晶范围（几十纳米左右）的薄

膜太阳电池。

② 中温是指电池制备过程的处理温度在 550～1000℃之间。先利用 PECVD 法在可以耐较高温度的玻璃等衬底上低温沉积硅薄膜，然后采用中温晶化工艺（550～1000℃）将晶粒增大，制备 $n^+$-p-$p^+$、p-i-n 等结构电池。

③ 高温是指电池制备过程的处理温度在 1000℃以上。适宜这类电池的耐高温衬底主要有石墨、功能陶瓷和硅基材料等。制作工艺不需要真空室，可以用 CVD 气相外延（1100～1250℃）或液相外延（1420℃）高温沉积薄膜 Si，制备 $n^+$-p-$p^+$ 等结构电池，晶粒可增大到 100μm。

低温工艺最大优点就是耗能少，可以利用廉价衬底、透明、易于大面积制备。但缺点是低的沉积温度使沉积速率较低，晶粒较小；因为晶粒较小，光电性能较差，电池效率偏低。所以通常做成与非晶硅电池相仿的 n-i-p 结构，并且使 $n^+$ 型掺杂区和 p 型掺杂区减薄到几十纳米的厚度，而 i 型本征区在 1～2μm 的厚度，后者是光生载流子的主要产生区域，在玻璃衬底上制备的小晶粒 p-i-n 结构的晶硅薄膜电池小面积效率接近 10%。这种纳晶硅或微晶硅薄膜电池的性能优于非晶硅（a-Si:H）三结电池。德国 I. P. Julich 在 10cm×10cm 和 30cm×30cm 两种尺寸的玻璃上，采用低温、高功率、高沉积压、高速的 PECVD 法制备了 p-i-n 单结 μc-Si:H 电池，总厚度小于 3μm 时沉积时间不到 1h，效率分别为 8.3%和 7.3%。其中 10cm×10cm 的电池经过 1000h 光照后，效率为 8.2%。日本 Kaneka 公司制造的多晶硅薄膜太阳电池，由于生长温度低于 550℃，采用玻璃为衬底，利用 PECVD（等离子增强化学气相沉积）法生长多晶硅薄膜，太阳电池的转换效率为 10.7%。但由于生长温度低，薄膜沉积的生长速率也较低，太阳电池的厚度为 2～10μm，必须采取陷光措施，这些都加大了技术的复杂性，使工业化难度加大。

中温工艺采用较高温度固相晶化，不仅把 PECVD 法直接沉积 μc-Si:H 电池时遇到的薄膜质量与沉积速率之间的矛盾化解了，而且能得到更大的晶粒尺寸。澳大利亚太平洋太阳能公司 P. A. Basore 等制造出 $n^+$-p-$p^+$ 薄膜晶硅电池（CSG）。它采用较高的沉积温度和固相晶化温度，这种制作在面积为 600$cm^2$ 的钢化玻璃上的多晶硅薄膜太阳电池的效率达到 8.2%，已通过 IEC 61646 标准认证，并且做了室外稳定性考核和环境加速试验，电池效率为 10%，其制作工艺为：在有织构的玻璃上先沉积一层氮化硅，在其上制作非晶硅电池；然后进行晶化和氢钝化，通过激光将整个电池划分成多个单体电池，再通过内部连接分开的单体电池串联起来构成组件，这种连接使整个硅薄膜面积的 99%可用于光伏发电。

高温工艺最大优点就是：因为处理温度高，其制备工艺不需要真空室，可形成大批量；沉积速率快，生产周期短，生产效率高。目前所获得的较好研究结果主要有：日本三菱公司在 $SiO_2$ 衬底上制作的多晶硅薄膜太阳电池，其效率达 16.5%；德国 Fraunhofer 研究所在石墨和 SiC 陶瓷材料衬底上的太阳电池，效率分别为 11%和 9.3%，大晶粒多晶硅薄膜电池的效率接近 17%。一般来说，多晶硅薄膜电池的效率随着晶粒尺寸增大而增大。当晶粒尺寸＞1mm 时，多晶硅电池的效率接近 18.8%。大晶粒多晶硅薄膜电池的厚度一般需要 100μm，如果具有良好的光陷阱结构，厚度可减小到 10μm，仍具有比较高的效率。高温工艺虽然效率较高，但缺点是一直没有廉价的耐高温的衬底；另外，高温处理耗能高，加大工业生产成本。可见，对多晶硅薄膜电池工艺和生产成本与衬底材料的选择紧密相连。多晶硅薄膜电池不同温区的对比见表 10.1。

表 10.1 多晶硅薄膜电池不同温区的对比

| 温区 | 低温(<550℃) | 中温(550～1000℃) | 高温(>1000℃) |
| --- | --- | --- | --- |
| 晶粒大小 | 几十纳米 | 微米级 | 几十微米以上 |
| 效率 | 小于10% | 10%左右 | 大于10% |
| 主要问题 | 效率偏低 | 工艺不成熟 | 耗能高,无廉价衬底 |

### 10.1.2 几种常用的衬底材料的性能和特点

(1) 石墨 在较高的温度下（如3000℃）仍然具有良好的化学稳定性和导电性。

(2) 陶瓷材料 如$Al_2O_3$、AlN、SiC等，它们具有与硅相近的热膨胀系数，具有较好的高温热稳定性和化学稳定性，具有足够的机械强度等，但成本昂贵。

(3) 硅 与硅薄膜具有较好的匹配，孔隙度、粗糙度等问题也易于解决或控制，但高质量硅成本较高。

(4) 聚酰亚胺（PI） 具有耐高温、抗氧化、抗辐射、耐腐蚀、耐湿热、高强度、高模量等独特的综合性能。聚酰亚胺通常分为两大类：一类是热塑性聚酰亚胺，如亚胺薄膜、涂层、纤维及现代微电子用聚酰亚胺等；另一类是热固性聚酰亚胺，主要包括双马来酰亚胺（BMI）型和单体反应物聚合（PMR）型聚酰亚胺及其各自改性的产品。透明的聚酰亚胺薄膜可作为柔性薄膜太阳电池的衬底材料。

(5) 塑料 是一种价格低廉、化学稳定性好、耐腐蚀性好、刚性和可加工性好的轻质材料。基于以上优势，在很多领域金属材料已经逐渐被塑料所取代。特别是由于聚合物材料表面涂覆金属或金属氧化物膜可增加金属功能，所以聚合物材料的应用领域大为扩展。这种材料既有金属的优点，包括硬度、更好的刚性、导电性等，也具有聚合物的优点，包括质轻、可加工性、生产性等，因此，非常有希望作为金属加工材料（如铜等）的代用材料。另外，人们还可以对塑料表面进行改性。通过在塑料制品表面覆盖一层金属膜或者硬质膜，既可以提高塑料制品的表面耐磨性能，又能改善塑料制品的外观，提高其观赏性能。

## 10.2 太阳能玻璃

对于衬底的选择可以有不同的考虑，可以是硅、陶瓷、不锈钢和塑料等。玻璃是较好的衬底。它有优良的透光性和一定的强度，成本低廉；透光，绝缘，化学性能稳定；可以耐一定的高温，特别是它可以作为建筑材料，美观，是其他材料无法比拟的。玻璃是一种混合料，以天然原料加各种配料融合烧结而成。主要成分为二氧化硅，以不同的配料形成不同熔点和软化点的玻璃，其价格将随着大规模生产而降低。因此，我们重点研究玻璃衬底在太阳电池上的应用。

太阳能玻璃（solar glass）是指应用于太阳能设备上对太阳光具有较普通玻璃更高透过率或能选择性透过的玻璃。目前太阳能玻璃主要应用于太阳电池，所以也称光伏玻璃。太阳能玻璃可以使用钢化或非钢化的压花玻璃和浮法玻璃。在太阳能玻璃中，高透光率特性的应用更为广泛，现今应用最广的高透光率玻璃是低铁含量的玻璃，也就是俗称的“超白”玻璃。“白”不是指玻璃是白色，而是说玻璃是透明的，其英文名称为ultra-clear glass。其基本要求与普通的透明平板玻璃类同，特别之处在于铁含量低（不超过0.015%），低的杂质铁含量带来高的太阳光透过率。就国内应用最多的 3.2mm 和 4mm 玻璃而言，太阳光透射比一般达到 90%～92%。目前各企业测定太阳光透射比的波段也各不相同：有的企业测可见光波段；有的企业测 50～1100nm、350～1200nm；少数企业测整个太阳可见光和近红外光谱 350～2500nm。

当然，太阳能玻璃其他要求是：有一定的机械强度；对雨水和环境中的有害气体有一定的耐腐蚀性能；长期暴露在大气和太阳光下，性能不严重恶化；膨胀系数必须与其他结构材料相匹配；要求表面反射尽可能少，以增加透过率。

在“超白”无色透明玻璃中，主要有害杂质是铁元素，铁在普通玻璃中属于杂质（吸热玻璃除外）。铁杂质的存在一方面使玻璃着色，另一方面增大玻璃的吸热率，也就降低了玻璃的透光率。铁是由原料本身、耐火材料或金属材质的生产设备等引入的，不可能完全避免。人们只能通过生产控制尽可能减少铁在玻璃中的含量。普通玻璃本来就是透明的，为了提高透光率，要进一步将玻璃成分中 $Fe_2O_3$ 含量降低。早在 20 世纪 40～50 年代，以美国 Weyl 教授为代表的一些学者就对玻璃中的铁进行了系统的研究，认为玻璃中铁的氧化价态存在以下动平衡关系：

$$Fe^{2+} \underset{\text{温度高、酸性强、还原性增强}}{\overset{\text{温度低、碱性强、氧化性增强}}{\rightleftharpoons}} Fe^{3+}$$

一方面，$Fe^{2+}$ 极易氧化，因此自然界极少见到纯的亚铁氧化物；另一方面，高温下 $Fe^{3+}$ 氧化物也不太稳定，易于分解生成 $Fe^{2+}$。1475℃时 $Fe_2O_3$ 的分解压达到 101325Pa，而在 1575℃时的分解压甚至达到 1013250Pa，这就是说，在 1400～1500℃，即使加入纯的 $Fe_2O_3$ 也会部分分解放出氧，生成 $Fe^{2+}$。硅酸盐玻璃中 $Fe^{2+}$ 和 $Fe^{3+}$ 总是共存的，只是随熔制条件不同其含量有所变化而已。

两种价态铁的氧化物共存，产生了一种极其重要的结构形态：$Fe^{3+}$-O-$Fe^{2+}$，或称铁酸亚铁结构，这是一种 $Fe_3O_4$ 的结构，这种铁酸亚铁结构才是含铁玻璃着色的根本原因，而并不是 $Fe^{2+}$ 形成的硅酸亚铁（$Si^{4+}$-O-$Fe^{2+}$）或 $Fe^{3+}$ 形成的硅酸铁（$Si^{4+}$-O-$Fe^{3+}$）结构产生着色。这是因为 $Fe^{2+}$ 只在红外区产生吸收，$Fe^{3+}$ 只在紫外区产生吸收，二者都不会在可见光区产生颜色。铁酸亚铁结构在可见光的红光到近红外区产生强烈吸收和强烈着色，使玻璃生成明亮的绿蓝色调。

根据原子物理学，当物质受到光照射时，原子中的电子（主要是价电子）受到光能的激发，从能量较低（$E_1$）的“轨道”跃迁至能量较高（$E_2$）的“轨道”，亦即从基态跳跃至激发态所致。因此，只要基态和激发态之间的能量差（即 $E_2-E_1=h\nu$）处于可见光的能量范围时，相应波长的光就被吸收，从而呈现颜色。

从光学原理上讲，物质呈色的总的原因在于光吸收和光散射，尤其是前者。物质吸收一定波长的光，同时呈现出相应的互补色。如果物质吸收光能后进行电子跃迁所产生的发射光谱在可见光范围内，物质的颜色则实际上为其吸收的入射光的互补色与发射光谱产生的光的混合色；若产生的发射光谱不在可见光范围内，物质的颜色则取决于物质吸收入射光后产生的互补色。当白光投射到透明物体上时，如全部透过，则呈现无色；如果吸收某些波长的光，而透过另一部分波长的光，则呈现透过部分相应的颜色。

在平板玻璃的生产中，常用的澄清剂为芒硝，其化学组成是硫酸钠（$Na_2SO_4$）。硫酸钠在 1200℃左右开始分解生成 $SO_3$，即 $Na_2SO_4 = SO_3 + Na_2O$。在更高温度下 $SO_3$ 分解放出 $SO_2$，即 $2SO_3 = 2SO_2 + O_2$，$SO_2$ 在玻璃中几乎不溶，所以放出 $SO_2$ 的过程就是玻璃液中的气泡被带出的澄清过程。由于 $SO_3$ 的分解温度高，所以芒硝适合用于平板玻璃。

在芒硝配合料中加入还原剂炭粉，有利于芒硝在相对较低的温度下分解：$2SO_3+C$ ══ $2SO_2+CO_2$。若炭粉加入量适宜，则 $SO_3$ 充分分解放出 $SO_2$，这是芒硝最好的澄清结果。如果炭粉加入过量，或者说配合料化学需氧量（COD 值）较高，则芒硝澄清剂配合料中的硫质就会进一步还原为 $S^{2-}$，形成硫化物，如 $Na_2S$、FeS。而硫化物溶于玻璃，除降低芒硝的澄清效果外，硫化物大多带有颜色，特别是 FeS 具有较强着色能力，可使玻璃着成棕黄色，甚至会掩盖绿色，而且这种着色也很不稳定，属于生产的异常着色，要极力避免。由此可见，以芒硝为澄清剂的含铁玻璃随炭粉加入量由少到多，颜色变化为：黄绿色→绿色→棕色。所以，在“超白”无色透明玻璃中，主要就是要控制这种有害的杂质铁元素。降低其铁含量，玻璃“白度”虽然增加，但成本提高，因此可以在保持基础铁含量不变、低制造成本的情况下，加入复合脱色剂作为改变 $Fe^{2+}$ 和 $Fe^{3+}$ 的平衡状态的修正剂，来提高玻璃的透光性的“白度”。

太阳能光伏玻璃与普通平板玻璃都是平板玻璃，只是生产工艺、品质上不同。按生产工艺分，光伏玻璃可以分为两类：压延光伏玻璃和浮法光伏玻璃。

## 10.3 压延光伏玻璃

### 10.3.1 光伏玻璃原料选择的一般原则

一般来说，光伏玻璃原料选择除对铁元素的控制外，还要遵循以下原则。

① 原料的质量必须符合要求，而且要稳定。原料的质量要求主要包括原料的化学成分、结晶状况（矿物组成）及颗粒组成等指标。原料的主要化学成分（对于简单组成或矿物也可称为纯度）、杂质应符合要求。有害杂质特别是铁的含量必须在要求的范围内。原料的矿物组成、颗粒度要符合要求。原料的质量要稳定，尤其是化学成分要稳定，其波动范围根据玻璃化学成分所允许的偏差值进行确定。

② 易于加工处理。若质量符合要求，我们优先选用易加工处理的原料。例如引入二氧化硅时，对于石英砂和砂岩，若石英砂符合质量要求，就不选用砂岩。因为在一般情况下，石英砂只要经过筛分和精选处理就可以应用，而砂岩要经过煅烧、破碎、过筛等加工过程，其加工处理设备的投资以及生产费用就比较高，条件允许情况下应尽量选用石英砂。

③ 不使用对环境有污染和人体有害的原料。如果必须用，一定要做好防护措施。轻质原料易飞扬，容易分层，并且对人体呼吸系统有害，因此应少用过轻原料。例如能采用重质纯碱，就不采用轻质纯碱等。

④ 对耐火材料的侵蚀要少。氧化物如萤石、氟硅酸钠等是有效的助熔剂，但其对耐火材料的侵蚀非常大，在熔制条件下最好不使用。

当然，还有在保证质量的情况下尽可能成本低、来源稳定等。

### 10.3.2 光伏玻璃的原料

根据光伏玻璃高透光率的要求，从原料制备起就要严格控制铁含量，一般要求原料中 $Fe_2O_3$ 含量不超过 0.015%。为了避免主要原料的成分波动，从原料品位、水分、颗粒度、仓储、运输等各环节采取相应措施，对生产过程中混入的铁等要采取措施尽量除去。

#### 10.3.2.1 引入 $SiO_2$ 的原料

$SiO_2$ 是形成玻璃骨架的主体，引入的 $SiO_2$ 硅质原料是玻璃生产中最主要和用量最大的原料，也是太阳能玻璃生产中首先要解决和控制的。要求其化学成分中，$SiO_2>99.0\%$，$Al_2O_3$、$Fe_2O_3\leqslant 0.006\%$，$TiO_2\leqslant 0.01\%$，当然，对水分和 pH 值也有一定要求。其来源主要有两种：一种是优质的石英岩，其本身的品位就满足低铁玻璃生产的要求，在加工过程中要尽量减少铁的混入，磨矿不能采用常用的棒磨，可以采用传统的石碾或用其他方法；另一种是对普通平板玻璃用优质硅砂进行浮选等选矿处理，使其满足要求，这种砂的成本相对较高，其生产过程中排放的尾矿和废水对环境的破坏也较大。

石英砂的颗粒度与颗粒度组成是重要的质量指标，首先要求颗粒度要适中。实践证明，硅砂的熔化时间与颗粒度成正比，颗粒度过大石英砂难以熔化，但过细又容易飞扬结块，使配合料不易混合均匀，同时过细的硅砂含有较多的黏土，而且由于其比表面积大，附着的有害物质也较多。其次要求颗粒度组成合理。小于 100 目粒级中的化学成分波动严重，二氧化硅含量低，三氧化二铁、三氧化二铝杂质含量高，偏离平均数值远。细级别含量高，其表面能增大，表面吸附和凝聚效应增大。当原料混合时，发现成团现象。另外，细级别多，在储存、运输过程中受振动和成锥作用的影响，与粗级别间产生强烈的离析。这种离析的结果，使得进入熔窑的原料化学成分处于极不稳定状态。对于优质的石英砂如不需要经过破碎、粉碎处理，成本较低，是理想的玻璃原料，含有害杂质较多的石英砂如不经富选除铁，不宜使用。

#### 10.3.2.2 引入 $Al_2O_3$ 的原料

$Al_2O_3$ 为中间体氧化物，既可以处于网络间隙，也可以进入玻璃网络，起到补网作用，增加玻璃的稳定性，降低玻璃的热膨胀系数。少量的 $Al_2O_3$ 可以提高玻璃的抗析晶能力，增加玻璃的化学稳定性，但会显著提高玻璃的熔化温度。

普通玻璃制品通常由长石引入 $Al_2O_3$，但长石矿一般伴生矿物多，不可避免要混进有害杂质，最主要的是氧化铁，对玻璃的熔化质量和透光率都要造成不利的影响。因此在太阳能玻璃生产中用氢氧化铝代替长石引入 $Al_2O_3$。氢氧化铝是一种化工产品，一般纯度较高，为白色结晶粉末，相对密度为 2.34，加热失水而成 $\gamma$-$Al_2O_3$。$\gamma$-$Al_2O_3$ 活性大，称为活性氧化铝，易与其他物料化合，所以采用氢氧化铝比采用氧化铝容易熔制。同时氢氧化铝放出的水汽，可以调节配合料的气体率，并且有助于玻璃液的均化。

#### 10.3.2.3 引入碱金属氧化物的原料

氧化钠（$Na_2O$）是玻璃网络外体氧化物，能提供游离氧，使 Si—O 发生断键、网络破坏，从而可以降低玻璃的黏度，是玻璃良好的助熔剂。引入 $Na_2O$ 的原料主要为纯碱和芒硝，有时也采用一部分氢氧化钠和硝酸钠。纯碱是引入玻璃中 $Na_2O$ 的主要原料，主要成分是 $Na_2CO_3$。在熔制时 $Na_2O$ 进入玻璃，$CO_2$ 则逸出进入炉气中。超白玻璃用纯碱一定要严格控制杂质含量，特别是 $Fe_2O_3$ 的含量。

芒硝分为无水的、含水的多种，工业生产多使用无水芒硝，主要成分是 $Na_2SO_4$。芒硝在提供 $Na_2O$ 的同时，还能起澄清作用。但是，用纯碱引入 $Na_2O$ 比芒硝要好，因为芒硝蒸气对耐火材料有强烈的侵蚀作用，并且 $Na_2O$ 含量低，增加生产费用。因此，在太阳能玻璃生产中，主要使用纯碱提供 $Na_2O$，同时使用少量芒硝起高温澄清作用。无水芒硝或化学工业的副产品硫酸钠，在 884℃熔融，热分解温度较高，在 1120～1220℃之间，但在还原剂作用下，其分解温度可降至 500～700℃，反应速率也相应加快。

还原剂一般使用焦炭粉，为了促使 $Na_2SO_4$ 充分分解，应将芒硝和还原剂预先混合均匀，然后加入配合料中。还原剂的用量按理论计算占 $Na_2SO_4$ 质量的4.22%，但考虑到还原剂在未与 $Na_2SO_4$ 反应前的燃烧损失以及熔炉气氛的不同性质，根据实际情况进行调整，实际上为4%～6%，有时甚至在6.5%以上。用量不足时 $Na_2SO_4$ 不能充分分解，会产生过量的"硝水"，对熔窑耐火材料的侵蚀较大，并且使玻璃制品产生白色的芒硝泡，用量过多时会使玻璃中的 $Fe_2O_3$ 还原成 FeS 和生成 $Fe_2S_3$，与多硫化钠形成棕色的着色团——硫铁化钠，导致玻璃呈棕色。

硝水中除含有 $Na_2SO_4$ 以外，还含有 NaCl 和 $CaSO_4$。为了防止硝水的产生，芒硝与还原剂的组成最好保持稳定，预先充分复合，并且保持稳定的热工制度。硝酸钠（$NaNO_3$），又称硝石，我国所用的都是化工产品。$NaNO_3$ 分解生成 $Na_2O$ 的同时还放出氧气，也是澄清剂、脱色剂和氧化剂，所以需要氧化气氛的熔制条件时，可使用硝酸钠引入一部分 $Na_2O$。

#### 10.3.2.4 引入碱土金属氧化物的原料

方解石是自然界分布极广的一种沉积岩，主要成分是碳酸钙。无色透明的菱面体方解石结晶称为冰洲石，用于制造光学玻璃。用于玻璃原料的一般是不透明的方解石。粗粒方解石的石灰岩称为石灰石，石灰石（$CaCO_3$）是除硅砂外的另一种主要矿物原料，主要用来引入 CaO，其化学成分中 $Fe_2O_3$ 也要控制在0.01%以下。

白云石化学成分为 $CaCO_3 \cdot MgCO_3$，在一般情况下，白云石中常见的杂质是石英、方解石和黄铁矿，铁含量较高，无法满足超白玻璃的成分要求，因此，部分厂商不使用白云石引入 CaO 和 MgO，玻璃中需要的少量 MgO 由其他矿物原料带入。当然，如果铁含量可以控制在要求范围内，也可使用。

#### 10.3.2.5 辅助原料

向玻璃配合料或玻璃熔体中加入一种高温时自身能气化或分解放出气体，以促进排除玻璃中气泡的物质，称为澄清剂。常用的澄清剂有白砒、三氧化二锑、硝酸盐、硫酸盐、氧化物、氯化物、氧化铈、铵盐等。白砒是极毒的原料，0.06g 即能致人死命，所以一般不用；三氧化二锑（$Sb_2O_3$）的相对分子质量为291.5，相对密度为5.1，白色结晶粉末，其澄清作用与白砒相似，三氧化二锑的毒性小，必须与硝酸盐共同使用，才能达到良好的澄清效果。

关于配方，不同的公司会有不同，这主要是公司根据成本、性能指标等因素的不同做出的必要调整。

### 10.3.3 碎玻璃的使用

破碎的不合格的玻璃制品、生产过程中产生的玻璃碎片和社会上玻璃的废弃物，均可用于玻璃的原料，统称为碎玻璃。在配合料中加入部分碎玻璃，不但可以合理利用废物，还可以防止配合料分层，加快熔制过程。降低玻璃熔制的热量消耗，从而降低玻璃的生产成本和增加产量，在长期使用碎玻璃的同时，要及时检查成分中的碱性氧化物烧失和二氧化硅升高等情况，应及时调整补充，确保成分稳定。

碎玻璃的表面有很快吸附水汽和大气作用的倾向，使表面形成胶态，与玻璃内部的组成形成差异。碎玻璃中也缺少一部分碱金属氧化物和其他易挥发的氧化物。由于玻璃在熔制过程中与耐火材料相互作用，碎玻璃中的三氧化二铝和三氧化二铁有所增加，碎玻璃会在玻璃熔体中形成由界面分割的所谓细胞组织，引起不均匀现象，使玻璃变脆。

碎玻璃在使用的过程中要确定粒度大小、用量、加入方法、合理的熔制制度，以保证玻璃的快速熔制和均化。当循环使用本厂碎玻璃时，要补充氧化物的挥发损失（主要是碱金属氧化物、氧化硼、氧化铅等）并调整配方，保持玻璃的成分不变。碎玻璃比例加大时还要增加澄清剂的用量。使用外来碎玻璃时还要清洗、选别、除去杂质，特别是采用磁选法除去金属杂质。同时，必须取样进行化学分析，根据其化学成分进行配料。

虽然碎玻璃的粒度没有一定的要求，但应当均匀一致。如碎玻璃的粒度与配合料的其他原料的粒度相当，则纯碱将优先于碎玻璃反应，使石英砂熔解困难，整个熔制过程就要变慢变差。碎玻璃的粒度应当比其他原料的粒度大得多，这样有助于防止配合料分层并使熔制加快。一般来说，碎玻璃的粒度在2～20mm之间，熔制较快；当考虑到片状、块状、管状等碎玻璃加工处理因素，通常采用20～40mm的粒度。碎玻璃可预先与配合料中的其他料混合均匀，也可以与配合料分别加入熔炉中。在熔炉冷修后点火时，常用碎玻璃预先填装熔化池；或在烤炉后开始投料时，先投入碎玻璃，使池炉砖的表面先涂上一层玻璃液，以减少配合料对耐火材料的侵蚀。

### 10.3.4　光伏玻璃的化学组成

在确定光伏超白玻璃的化学组成时，要考虑以下几个因素。

① 由于平板玻璃生产规模大，产量高，要求玻璃熔制过程要迅速，因而设计的玻璃成分要易于熔化和澄清。

② 超白玻璃使用过程中往往会遇到高温高湿的环境，这时玻璃会发生硅酸盐水解过程，出现白斑，降低透过率。因此要求超白玻璃应有良好的化学稳定性，在保存及使用过程中不发霉。

③ 在成形温度范围内析晶性能要小。玻璃的组成要保证玻璃析晶范围小、析晶上限温度低和析晶速率慢。

④ 玻璃料性要短，有较快的硬化速率，以适应高速成形。

太阳能玻璃各基本成分及含量（质量分数）见表10.2。

表10.2　太阳能玻璃各基本成分及含量（质量分数）

| 成　分 | 含量(质量分数)/% |
|---|---|
| $SiO_2$ | 67～75 |
| $Al_2O_3$ | 0.1～3 |
| $Na_2O$ | 10～18 |
| $K_2O$ | 0～5 |
| CaO | 7～17 |
| MgO | 0.1～6 |
| $Fe_2O_3$ | <0.015 |

此范围较宽泛，实际生产中，根据具体要求有不同的结果。

### 10.3.5　压延光伏玻璃的生产

压延光伏玻璃也称超白布纹（绒面）玻璃，具有高太阳光透过率、低吸收率、低反射率、低铁含量等优异特性，是最理想的太阳能光电、光热转换系统封装材料，能大大提高光电、光热转换效率。

采用压延法生产的玻璃品种有压花玻璃（2～12mm厚的各种单边花纹玻璃）、夹丝网玻璃（制品厚度为6～8mm）、波形玻璃（有大波、小波之分，其厚度在7mm左右）、槽形玻璃（分为无丝和夹丝两种，其厚度为7mm）、熔融法制成的玻璃马赛克（20mm×20mm、25mm×2mm的彩色玻璃马赛克）、熔融法制成的微晶玻璃花岗岩板材（晶化后的板材经研磨和抛光而成制品，板材厚度为10～15mm）。超白压延玻璃和普通压延玻璃的生产工艺相比，熔制过程除因为铁含量差异带来不同外，成形过程基本一样。压延法有两种形式：一种是间歇式生产的平面压延法和辊间压延法；另一种是连续式生产的连续压延法。

平面压延法是将玻璃液倒在浇注台的金属板上，然后用沉重的金属辊压延，使之变为平板在隧道窑中退火。由于工作台温度条件不同，玻璃液的温度高，很难建立温度的热制度，制得的平板玻璃表面不平整，玻璃板的下面常有很多小裂纹，需要经过研磨和抛光磨去很厚一层玻璃，是间歇式生产。辊间压延法采用对辊，是将玻璃液浇注到承重板上，然后在两个压辊间压过，展开成平板送去退火，是平面压延法的改进版，仍需研磨和抛光去掉一层玻璃，是间歇式生产。连续压延法是在辊间压延法的基础上发展得来的，玻璃液由池窑的工作池沿流料槽连续流出，经过唇砖进入由两个用水冷却的压辊所组成的压延设备中，压延成的玻璃经辊式输送机送入退火炉进行退火，可以连续生产。对压延玻璃的成分有以下要求：压延前，玻璃液应具有较低的黏度以保持良好的可塑性；压延后，玻璃的黏度应迅速增加，以保证固型，保持花纹稳定及清晰度，制品应具有一定的强度并易于退火。

压延法玻璃生产是一项成熟的技术，技术门槛低，竞争激烈。

## 10.4 浮法光伏玻璃

### 10.4.1 浮法玻璃生产线

浮法玻璃工艺是将高温熔融的玻璃液漂浮在重金属液面，通常是锡液面上，借助于这两种液体的表面张力和重力的共同作用，使玻璃液获得抛光成形的一种新工艺，因其是用漂浮法成形的，称为浮法玻璃。它是英国皮尔金顿公司经过近30年的研究，在1959年开始进行工业生产的。这种生产方法的主要优点是，玻璃质量高（接近或相当于机械磨光玻璃），拉引速度快，产量大，产品规格多样化。浮法生产的出现，是玻璃生产发展史上的一次重大变革。

浮法玻璃生产线主要分为熔窑、锡槽、退火窑及冷端设备。在进行浮法玻璃生产时，原料车间制备好的配合料经原熔皮带送入熔窑料仓，经投料机送入熔窑，熔化成合格玻璃液，液流从熔窑末端带有调节闸板的溢流口，经托砖流入锡槽，熔融成玻璃板，然后经输送辊台进入退火窑。玻璃带在退火窑内按一定的温度曲线退火，消除成形、冷却过程中产生的残余应力，使应力降低到切割和使用所要求的数值。退火后的玻璃带由退火窑进入切割区。经切割、掰断、掰边、加速分离，最后到人工取板桌进行人工取板。合格的玻璃板经人工包装后由吊车经吊装孔运至成品库。不合格的玻璃板经破碎后送至碎玻璃堆场备用，堆场碎玻璃由装载机运至原料车间，经提升机送至碎玻璃仓，经称量后均匀地撒到混合料料带上，经原熔皮带送入窑头料仓。

### 10.4.2　浮法成形特点

#### 10.4.2.1　浮法成形工艺流程

浮法玻璃生产是原料按一定比例配制，经熔窑高温熔融在通入保护气体（$N_2$ 和 $H_2$）的锡槽中完成的。熔融玻璃从池窑中连续流入并漂浮在相对密度大的锡液表面上，在重力和表面张力的作用下，玻璃液在锡液面上铺开、摊平，上下表面平整，经硬化、冷却后被引上过渡辊台。辊台的辊子转动，把玻璃带拉出锡槽进入退火窑，经退火、切裁，就得到平板玻璃产品。玻璃表面特别平整光滑，厚度非常均匀，光学畸变很小。浮法玻璃按外观质量分为优等品、一级品、合格品三类。另外，浮法玻璃选用的矿石石英砂，原料要求高，生产出来的玻璃比一般玻璃纯净、洁白，透明度好。

浮法生产的工艺要求浮抛金属液在 1050℃下的密度要大于 2500kg/m$^3$，这是保证玻璃能漂浮在金属液上的基本条件；金属的熔点应低于 600℃，沸点高于 1050℃。在 1000℃左右的蒸气压应尽可能低，要求小于 13.33Pa。这就是说，在玻璃带离开浮抛窑的温度，金属应呈液态，并且高温时的蒸气压不能太高，以免大量挥发；在还原气氛中能以单质金属液存在；在 1000℃左右温度下不与玻璃发生化学反应。能满足上述要求的金属有镓、铟、锡三种。其中锡的价格低，在高温下与玻璃反应最小，没有毒性，因而被选为浮抛介质。

#### 10.4.2.2　保护气体的输送和混合

(1) 保护气体的输送　浮法玻璃作业是连续性生产，在运转期间保护气体的生产和供应不能间断，必须保持其连续性。氢气在纯化前设一湿式储气柜储存（常压生产时）和中压储罐储存（压力生产时）。氮气储存则可采用中压储罐储存和液氮储存。要注意高纯气体长期储存时其纯度将会降低。保护气体为高纯度气体，与大气中氧浓度相差几万倍，也就是说，它们之间的氧分压相差很大。所以，保护气体在输送过程中，会产生大气中的氧向输送系统内渗透的现象。随着输送距离的增加，保护气体的纯度可能相应地有所下降。因此，保护气体输送系统的严密性就显得十分重要。保护气体输送距离应力求缩短，输送管道的接头要少。管材应选用优良的无缝钢管和不锈钢管。

(2) 保护气体的混合　氮气和氢气的混合可以在气体混合罐内进行。但较为简单的是在输送管道上混合，即在氮气管道上装混合器，$H_2$ 以径向通入管道。$N_2$ 流动时将氢气带走。$N_2$ 和 $H_2$ 在输送管道内可得到很好的混合。$H_2$ 压力应与 $N_2$ 压力相近并稍大于 $N_2$ 压力，$N_2$ 和 $H_2$ 混合前应分别在各自的输送管道上装设计量装置，以便调节氮氢的混合比例。

#### 10.4.2.3　成形玻璃液控制

玻璃流液稳定是浮法生产稳定的基础。流道上的流量调节阀门是为了稳定生产而设置的，但在生产过程中，由于黏度变化或其他条件的变化往往在不变动闸门和拉引速度的情况下玻璃带仍出现忽窄忽宽的现象。玻璃液在熔窑出口处因溢满而流入流道中。流道是开口渠道，黏滞的玻璃液在调节闸板门下流过，再经过溜槽才流淌到锡液表面上，它远比黏性流体在管道中流动要复杂得多。具体操作中要注意以下几点。

① 闸板开度对流量影响很大，因此闸板必须有微调装置，在生产中只能微量调节，以免造成流量大的波动。

② 熔窑液面波动和玻璃液温度波动时，对板宽也有一定影响，要达到生产平衡，熔窑内气氛压力稳定，尽量少调流量闸板。

③ 玻璃液在锡液面上摊平，当玻璃液的表面张力和重力充分起作用并达到平衡时，它

的上下表面互相平衡，厚度均一，但玻璃液是黏性液体，它从流到锡槽的自然流股摊平到平整需要一定的时间，这样才能保证表面张力充分发挥作用，这段时间称为摊平时间。在生产中适当延长高温区或作用时间，可防止玻璃液和锡液降温过快，对平整化有利，同时为了使玻璃板在摊平区域有足够的时间，就必须在成形过程中很好地控制拉引速度、黏度和表面张力之间的关系。

④ 浮在锡液表面的玻璃液在没有外力的作用下，它的厚度与水银在玻璃板的状况相同，同样取决于两个因素：一是表面张力，它力图使玻璃液收缩变厚，从而使其表面积最小；二是重力，它力图使玻璃液摊开变薄，从而使其位能最低。当两种相反的力达到平衡时，此时的玻璃液厚度就称为平衡厚度。在一定的温度范围内，玻璃厚度超过平衡厚度时，它将展开变薄；当玻璃液的厚度小于平衡厚度时，它将收缩变厚。通过计算，在850℃成形结束时获得玻璃带的平衡厚度约为7mm。在保持规定的工艺过程生产浮法玻璃的情况下，当玻璃液、锡液和保护气体的化学组成波动不大时，自然厚度实际上是相同的。虽然熔融锡液面和玻璃带之间的摩擦力不大，但玻璃带的整个拉引力却导致了玻璃带厚度减小到6.3～6.6mm。

#### 10.4.2.4 薄玻璃生产技术

薄玻璃的生产难点是，既要维持一定的玻璃带宽度和保持良好的表面质量，又要维持一定的拉引速度。通过各国研究者多年的研究得出：机械拉边法在生产中具有良好的经济效益并日趋完善。机械拉边法是在玻璃带适当位置设置若干对拉边机，对玻璃带两边施加横向拉力，同时适当加快玻璃带的拉引速度把玻璃拉薄，此法用于生产2～5mm的玻璃，还可生产小于1mm的超薄玻璃。拉边机使用对数和拉制玻璃的厚度直接相关，拉制玻璃越薄，使用拉边机台数越多。

由浮法玻璃拉薄原理可知，拉边机放在玻璃带黏度为104.25～105.75Pa·s范围内。拉边机放置区温度太高，拉薄效果差；放置区温度太低，辊头打滑，拉不住带边。确定拉边机放在锡槽位置以后，还要根据生产的玻璃带宽度，拟定拉边机辊头深入锡槽的距离，并且在杆上做好标记，作为调整的依据。以上工作完成后，就可以把预先安排好的锡槽操作孔打开，同时推上拉边机。辊头位于玻璃带边部的上方，接着是压拉边机。通常按照拉边机所处温度高低顺序进行，先压温度较高处的拉边机，再压温度较低处的拉边机，同时注意两边操作的协调。薄玻璃的生产一般是在6mm的基础上进行的，所以在所有拉边机都压上以后需要提高玻璃带的拉引速度，同时调整拉边机的速度。

#### 10.4.2.5 浮法成形与其他成形的比较

浮法成形的优点有以下几点。

① 浮法成形适于高效率制造优质平板玻璃，上下表面相互平衡，厚度均匀，表面受机械损伤小，光洁度高。

② 生产规模可以不受成形方法的限制。

③ 可以根据需要进行在线切割，成品率高。

④ 连续作业周期长，设备利用率高，有利于稳定生产。

⑤ 易于科学化管理和实现自动化，机械化生产效率高。

浮法成形的缺点有以下几点。

① 浮法成形对于实现生产小于2mm的超薄玻璃非常困难。

② 浮法是单机生产，所以它的市场适应能力差，同时对生产的各个生产环节、设备、操作等要求很高，任何一个环节出现故障都可能造成全线停产的大事故。

③ 浮法玻璃生产有一些不良的副作用，它加剧了剩余铁原子在玻璃中的光堵倾向，所以，浮法玻璃生产所需原料中的铁成分与压延玻璃生产所需原料的铁成分相比，减少三成左右，才可以达到相同等级的透明度。为了弥补这一点，原材料需要更纯一些，这意味着，这些原材料会变得更加昂贵。

## 10.4.3 浮法锡槽技术

浮法锡槽成形工艺技术是浮法技术的核心，锡槽是实施该工艺最关键的热工设备，所有品种规格的玻璃均要在锡槽内形成。

### 10.4.3.1 锡槽的组成结构

锡槽是浮法玻璃生产的关键部位，锡槽主要包括槽体、胸墙、顶盖、钢结构、出口端和入口端等部分。锡槽顶部设有电加热装置，以便适应在投产前烘烤升温、临时停产时保温及生产时调节温度等需要。为了防止锡液的氧化，可从顶部或侧部导入还原性气体。锡槽底部有一定的空间高度，可以通风，并且设置冷风装置，冷却槽底，使槽底钢板温度降低，防止锡液对钢板和固定螺栓的侵蚀，减小锡液对耐火材料的浮力和引起钢壳的热变形。

(1) 槽体　槽体是用来装金属锡液的。锡液密度较大，高温时黏度很小，渗透性很强，所以锡液从耐火材料衬里向下渗漏是不可避免的。为了防止锡液漏出，在耐火材料衬里外面设有金属外壳，加之有锡槽底部的吹风冷却，锡液被限制在金属外壳里而不会外漏。槽体的耐火材料衬里有耐火混凝土和耐火砖两种。

(2) 顶盖　在耐火混凝土预制块中配有钢筋，下表面预埋了耐热钢的吊钩，用来支撑电热丝瓷管，瓷管可以沿锡槽横向布置，也可以沿纵向布置，顶盖上表面有露头的螺栓，以便将顶盖固定吊挂，露头螺栓的另一头为弯形，预埋时，弯形部分应勾住主筋。顶盖的吊挂有两种形式：一种是用一根顶盖横梁将几块预制块固定连接在一起，这种结构适用于顶部无密封罩的锡槽；另一种形式是用螺栓直接吊挂在密封罩上部的梁上，这种结构适用于顶部有密封罩的锡槽。

(3) 胸墙　在顶盖和池壁之间的墙体称为胸墙。在生产过程中的许多操作是通过胸墙上的开口进行的，所以胸墙结构应该满足操作方便的要求，同时还要有较好的气密性和保温性。在胸墙上应设置操作孔、拉边机、观察孔、电视摄像头孔、挡边器孔、冷却器孔和测温孔等。

(4) 钢结构　钢结构是锡槽的骨架部分，锡槽的各部分依靠骨架连接成一个整体。钢结构大体上有两种结构形式：一种是带顶丝拉条结构，在基础柱上放置滚轮和纵梁，然后是槽底横梁，在横梁的两个端头固定着锡槽立柱，立柱上部是拉条，中部用顶丝顶住槽体，顶盖则架设在由支撑件托住的顶盖纵梁上；另一种是立柱与槽体分离结构，立柱直接固定到基础柱上，立柱顶部固定上横梁，上横梁之间架设横纵梁，用来吊挂密封罩和顶盖。槽体通过槽底纵梁和滚轮架设在纵梁上，这样热膨胀位移时阻力小，槽底梁不会变形，立柱也不会随槽体膨胀而移动。这种结构整体性好，适用于有密封罩的大型锡槽。

(5) 入口端　入口端是连接窑尾和锡槽的主要通道，它主要由流道、流槽、顶盖、侧墙、安全闸板和流量调节闸板等部分组成。

(6) 出口端　出口端是锡槽尾部的延伸部分。出口端结构在很大程度上决定了锡槽气密性的好坏。所以出口端的结构既要方便操作，又要有良好的密闭性。

#### 10.4.3.2 锡槽的日常操作

(1) 引头子　浮法玻璃的引头子简单方便，引头子前，将流液道的玻璃温度升高到1150℃以上，略比正常时的玻璃温度高一些，然后提起调节闸板，玻璃液便畅通流到锡液面上，逐渐摊开，并且向前延伸。当玻璃液在离锡槽首端1.5m时，逐步打开相应于玻璃带位置的锡槽两侧操作孔门，以专用工具轻轻地拨动漂浮在锡液面上的玻璃带，使之缓慢地向锡槽末端移动。当玻璃带延伸到锡槽末端时，通过最后一对操作孔，用扁铲将玻璃带轻轻托起并向前移动，越过锡槽末端沿口，将其搭在过渡辊台第一根辊子上，由于辊子不停地转动，玻璃带便连续地进入退火窑。

(2) 砸头子　首先放下事故闸板，随即提起调节闸板，当玻璃液不再流到锡槽时，玻璃带的头子即被铲断，并且拉出锡槽。同时应把拉边机、冷却水管和挡边轮等设施从锡槽内撤出。为了不使锡槽内温度制度遭受破坏，应开启电加热，以维持正常操作温度制度。

(3) 换流槽（唇砖）　首先将流槽及其相关的砖材，如盖板砖等拆除；然后做好锡槽首端部分的密封降温处理。最后将事先经过预热的流槽砖安装就位。流槽中心线与锡槽中心线重合，流槽深入锡槽的距离和离锡液面的高度应符合要求。

(4) 换闸板　在生产过程中，如果发生调节闸板断裂，应立即将安全闸板放下；同时将断裂闸板提起，并且移向侧方，待换上新闸板后，要求在该闸板位置上预热，便可正常使用。

(5) 加锡　尽管锡槽内有还原性气体保护，但是锡液还是不断地被氧化消耗，因此要进行补充。加锡前要对锡液深度进行测定，然后计算加锡量。固态锡转变为液态锡时，体积约增大2.7%。加锡一般通过锡槽高温区操作孔投放，也可用锡叉送入。锡锭每次加入量不宜太多，否则会使锡液温度大幅度下降，温降最好控制在40℃以内。

(6) 清锡渣　锡槽内的锡液被以各种形式锡槽内的氧气所氧化，产生二氧化锡，又称锡渣。二氧化锡呈白色、淡黄色和浅灰色。通常积聚在低温区的锡液面上。由于锡渣具有一定硬度，如不及时清除，会擦伤玻璃带的下表面。

(7) 锡的存放　锡有α、β、γ三种变体，它以环境温度为转移。γ变体存在于161～232℃范围内，β变体在18～161℃范围内是稳定的，当温度下降到18℃以下，特别是在−50～−20℃范围内，β变体明显地转变为灰色粉末α变体，称为锡疫。为避免锡疫的发生，在冬天，锡锭应存放在温度高于12℃的库房内。

#### 10.4.3.3 锡槽的生产指标及注意事项

(1) 锡槽的生产指标

① 锡槽利用率　锡槽利用率是指锡槽实际拉引玻璃液量与理论拉引玻璃液量之比率。利用率高，说明有效生产时间长，事故少。锡槽利用率一般达到99%以上。

② 一级品率　浮法玻璃生产的每一道工序，都有可能给产品带来缺陷，由于锡槽成形不良造成的弊端主要有平整度差、开口气泡、粘锡、钢化彩虹、光畸变点以及厚薄公差大等。如果出现上述问题，应及时采取相应措施，以提高产品的一级品率。

③ 锡耗　锡液的消耗，除与保持气体量和纯度有关外，还与锡槽的密闭性、玻璃带对锡液的覆盖面等操作管理因素有联系。锡耗低，不仅可以节省生产投资，而且能够提高玻璃质量。

④ 电耗　生产单位玻璃量的电耗，虽然和玻璃厚度有直接关系，但与锡槽内冷却措施是否得当、加热方式是否合理等情况紧密相关。因此，在一定意义上讲，电耗的大小也反映

出锡槽操作水平的高低。以上四项指标中，第一项是对锡槽成形玻璃数量的要求；第二项是对锡槽成形玻璃质量的要求；第三项既是对玻璃质量又是对日常运行费用的要求；第四项偏重于对经常性生产开支的要求。这四项相互联系，不可分割。

（2）锡槽操作注意事项

① 稳定性　是指锡槽工艺参数的稳定，它是浮法玻璃成形的基础。包括：玻璃液流量和拉引量的稳定；锡槽温度制度的稳定；槽内气氛、压力的稳定；拉边机工艺参数的稳定等。

② 对称性　玻璃带在锡槽中的位置、形状和温度分布，应尽可能保持对称，以利于稳定生产。

③ 密闭性　加强锡槽的密闭性，对提高产品质量的作用极为重要。稳定性、密闭性和对称性是对锡槽操作的基本要求，也是锡槽操作的核心。

**10.4.3.4　玻璃退火**

在玻璃生产中，原料是基础，熔化是保证，成形是关键，退火是效益。退火的目的是消除玻璃带中的残余应力和光学不均匀性，稳定玻璃内部的结构，保证玻璃制品的机械强度、热稳定性、光学均匀性以及其他各种性质。退火窑如果运行和调整不好，会导致玻璃在退火窑内炸裂，直接影响玻璃的产量和质量，严重时还可能引起停产，因此退火设备对玻璃生产的影响是至关重要的。

玻璃的退火可以分成两个主要过程：一是内应力的减弱和消失；二是防止内应力的重新产生。玻璃中内应力的消除是以松弛理论为基础的，所谓的内应力松弛是指材料在分子热运动的作用下内应力消散的过程，内应力松弛的速度在很大程度上取决于玻璃所处的温度。

玻璃退火点到应变点的温度区间内是退火的重要区域，作为两种工艺的代表 CUND 和 STEIN 公司，两者在做法上不同，前者用冷风逆流间接冷却，后者用热风逆流循环冷却。而在退火前区，玻璃温度在 550～600℃范围内，两种工艺在认识与装备上几乎达到一致。即在这个温度区间内，由于玻璃的塑性性能较好，可以用冷风顺流换热方式冷却玻璃板。在这个区域内，如果采用逆风方式冷却，则开始由于 50℃的风温与 550℃的玻璃板温差较大，换热速率较高，玻璃本身感到的降温速率是由大到小。结束时由于两者温差小（600－500＝100℃），换热速率就低，而从玻璃本身产生残余应力的机理上看，600℃的玻璃液黏度比 500℃的小，也就是玻璃在高温时吸收温差的能力比低温时大，550℃相对 600℃更易产生残余应力，因而更需要缓慢冷却玻璃板。如果在这个区域采用顺风间接冷却，则开始冷却时，由于玻璃板与风温差较大（600－50＝550℃），换热速率大；冷却结束时，由于玻璃与风温差（550－500＝50℃）较小，换热速率小，玻璃本身感到的换热速率是由大到小，这样就满足了玻璃退火合理控制残余应力的要求。

（1）玻璃的退火工艺

① 玻璃的退火温度取决于玻璃的化学成分及玻璃制品的厚度。对于大多数钠钙硅玻璃，其最高退火温度介于 500～600℃之间。根据经验，对于压延玻璃、平拉玻璃、垂直引上玻璃及浮法玻璃最高退火温度约为 540～570℃。

② 玻璃在退火窑中按退火工艺分为加热均热预冷区（即预退火区）、重要冷却区（即退火区）、冷却区（即后退火区）及急速冷却区。

a. 加热均热预冷区。在正常生产情况下，玻璃带进入退火窑的温度一般为（590±10)℃。此温度高于玻璃的退火温度，可以不加热。但是，玻璃带的上下表面和带中与带边往往存在温差，有时还比较大。为使玻璃带进入退火区创造良好的温度场条件，提高玻璃的退火质量，必须适当加热，尤其是边部。同时使玻璃带通过此区，逐步预先均匀地冷却到玻璃的最高退火温度。

b. 重要冷却区。所谓重要冷却区是指在退火过程中最关键的区域，因为经退火后的玻璃中永久应力的大小及分布状况取决于玻璃在此区的冷却速率和温度分布情况，因此，只有准确地确定其冷却速率，精心地进行退火，才能保证玻璃的退火质量。

c. 冷却区。玻璃退火区域以下，可以以较快的速率进行，但冷却速率也不能太快。玻璃在低于退火下限温度进行冷却所产生的内应力为暂时应力，暂时应力沿板厚度方向分布与永久应力相反，其最大的张应力在板的表面。因此冷却速率过快会引起暂时应力过大而使玻璃破裂。一般暂时应力不得大于玻璃破坏强度的1/4。

d. 热风循环强制对流冷却区。玻璃带在退火窑中的退火过程是有控制的冷却过程，它是以对流和辐射的方式，把自身的热量传递给其周围介质和壳体，而使玻璃自身逐步冷却下来。玻璃从后退火区出来时的温度约为370～380℃，这时其综合给热系数大大减小。退火窑在此区之后就没壳体了，一般有一个过渡的自然冷却段，再后面就是直接室温空气冷却区。

e. 室温风强制对流冷却区。玻璃带经过热风直接冷却，使玻璃表面温度降到230℃以下。为了使玻璃在此区能比前区大10%或以相同的速率进行冷却，必须进一步加大玻璃带与介质的温差，使玻璃的热量能散发出去。因此，可以采用室温空气进行直接喷吹强制对流冷却。玻璃带在此区的后半部，由于玻璃表面和室温空气的温差大大减小，单位时间的散热量也随之降低，这就意味着玻璃实际冷却速率也不可能太快，玻璃带在此区后半部的冷却速率，约是前半部的1/2～2/3。

(2) 玻璃在退火中出现的问题及处理方法

① 玻璃带上下表面不对称冷却。玻璃带上下表面冷却速率不相同，则会由于沿厚度温度分布不对称而引起玻璃板厚度方向应力分布不对称。

a. 玻璃板在退火区域中，如果下表面冷却得快，使沿厚度温度分布不对称，则当玻璃冷却到室温均衡时，会引起应力分布不对称，压应力会向冷却得快的那一面偏移。由于玻璃中应力分布不均衡，玻璃则力图改变这种应力的不均衡状态而引起变形。由于下表面压应力大于上表面，玻璃带向上弯曲，使下表面受拉张，上表面受压缩，因而，玻璃中原来的应力抵消一部分，而使应力分布或多或少趋于平衡。若玻璃板的上表面比下表面冷却得快，则压应力大的一边在上表面，变得相反，板向下弯曲。当玻璃冷却到室温切裁后发现玻璃板有弯曲现象，说明玻璃在退火区冷却时，上下表面冷却不一致，严重时会发生炸裂。

b. 玻璃在退火区域温度以下，如果上下表面退火温度不一致，则会产生暂时应力分布不均衡，因为这时最大张应力在板的表面，而且向冷却得快的一面偏移。如果产生的暂时应力过大，由于表面是张应力，就会引起玻璃带纵向炸裂。这种情况在我国压延玻璃和浮法玻璃退火窑中经常发生，对生产影响非常大。因此要非常注意玻璃带在退火区域以下的不对称冷却问题。

不管是在退火区域中，由于上下表面不对称冷却使玻璃产生永久应力的不平衡分布，还是在退火区域以下，由于上下表面不对称冷却使玻璃产生永久应力的不平衡分布，都是不符合退火要求的。这两种应力在厚度方向偏移超过一定限度，都会引起炸裂，尤其是在退火区域以下。

② 玻璃带横向温度不均匀。玻璃带在退火窑中的退火过程，横向温度不均匀有以下几种情况：温度对称于中心线分布，但边部比中部冷或边部比中部热。玻璃在冷却过程中，只要有温差存在就会产生温度应力。玻璃带宽度方向有温差存在，同样也会产生永久内应力或暂时内应力。

a. 当玻璃带边部比中部冷时，永久应力为压应力在外部，张应力在中部。暂时应力为张应力在外部，压应力在中部。

b. 当玻璃板边部比中部热时，则板面方向的应力分布为：永久应力压应力在中部，张应力在边部；暂时应力压应力在边部，而张应力在中部。

上面几种情况所产生的应力，可以用偏光仪放在退火窑末端位置，沿玻璃带宽度方向移动来测量。但测量结果往往不够准确，需要进行校正。玻璃的抗压强度比抗张强度大 10 倍左右，玻璃板通常首先在承受张应力的板面发生破裂，然后裂纹可能继续向压应力区发展。因此第一种情况的暂时应力对玻璃破坏性最强，只要产生的张应力等于或稍大于玻璃的抗张强度，在没有任何外力作用下，玻璃将自行破裂。可以根据破裂时的裂纹来判断玻璃板面的应力分布情况。如果玻璃板面只有单条横向裂纹，则表示应力基本平衡，玻璃板边部有轻微的压应力，不需要进行调整。如果板面裂纹呈 Y 形，则表示玻璃一边处在过高的压应力之下，这是由于在退火区域中，玻璃带一侧的边部冷却太快所造成。如果板面的裂纹呈 X 形，则表示玻璃带在退火区域中两边冷却太快，而使两边产生过大的压应力的缘故。

③ 玻璃板横向温度不对称分布。玻璃板面两边冷却速率不相同，而引起一边温度高一边温度低，而使板面应力分布也不对称。应力存在使材料发生变形。由于材料的变形而消除一部分应力，材料最后达到应力和变形平衡。由于应力不对称于板的中心线分布，左边处于高压应力下，而右边处于张应力下，玻璃板必然发生变形，则玻璃带总是向热的一边偏移。这时，玻璃板面的理论应力值是不能测量的，因为一部分应力由于变形而消除了。玻璃带离开退火区域，可以比较快的速率进行冷却，因为玻璃不会再产生永久应力了。但此时如果冷却速率过快，或横向温差太大，则会产生过大的暂时应力或应力分布不平衡而使玻璃在退火窑中破裂，这是在实际生产中经常发生的。

太阳能光伏玻璃生产流程如图 10.1 所示。

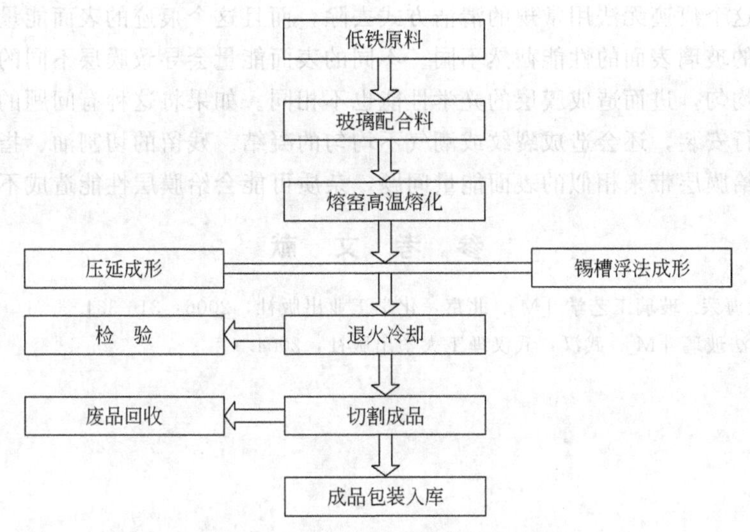


图 10.1　太阳能光伏玻璃生产流程

## 10.5 平板玻璃的原始表面

玻璃的表面是在成形过程中形成的，成形过程和冷却期间所发生的物理效应和化学效应（特别是与大气发生的反应）会给玻璃表面的性能带来非常显著的影响。气体环境主要包括$O_2$、$H_2O$、$SO_2$等。生产过程中表面主要反应物有钠蒸气等。钠蒸气主要是氧化钠（$Na_2O$）和氢氧化钠，它的出现会导致玻璃表面的钠成分比玻璃体内的低。在浮法玻璃的生产过程中，漂浮区内的温度约为600～1050℃。这会使玻璃液中的钠盐发生蒸发。在约600℃时，如果在冷却区的气体环境中含有$SO_2$会发生脱碱作用。玻璃表面的钠就会与$SO_2$以及大气中的氧气发生反应，反应生成的硫酸钠（$Na_2SO_4$）会滞留在玻璃表面上。

在室温到600℃的温度范围内，玻璃表面会与大气中水蒸气发生反应。这样在玻璃表面内和表面上都会产生活性很高的羟基。这些羟基对镀膜过程的影响非常大。羟基的活性很高，它可以确保镀膜层具有可靠的附着力。但却会吸收潮气，导致玻璃表面总是覆盖着一层很薄的水膜。正是这层水膜会给镀膜工艺带来很严重的不良影响。

污染玻璃表面的所有外来物质都可以称为杂质。这些物质牢固地黏着在平板玻璃表面上，即使不牢固，同样会对镀膜过程或膜层本身造成伤害。它可能是在玻璃生产期间产生的，也可能是在后续加工过程中出现的。

生产期间产生的杂质可能是：在生产过程中从周围环境中吸收的气体或蒸汽，例如氧气、氮气、二氧化碳、二氧化硫、氯化氢、水等；环境空气中的灰尘颗粒；还有用于保护玻璃片、防止玻璃在运输期间发生划伤的物质，目前最通常使用的物质是PMMA粉粒或纸张，这些物质会产生剩余的颗粒。

在后续加工期间产生的杂质主要来自：切割玻璃片时所使用的切割油；镀膜之前在中间存储区沉积的灰尘；搬运过程中造成的污染，指纹或真空提升设备留下的印迹；镀膜前清洁过程中使用的清洁剂的残余物等。

在传输玻璃片时需要使用橡胶吸盘，而这些橡胶吸盘在加工的时候所使用的脱模剂可能会在接触玻璃表面时与腐蚀层发生化学反应。这个反应所生成的化合物会在玻璃表面形成一个环形痕迹。这个痕迹无法用常规的清洁方式去除，而且这个痕迹的表面能量以及光学性能和它没接触到的玻璃表面的性能截然不同。不同的表面能量会导致膜层不同的生长行为，即膜层沉积得不均匀，进而造成膜层的光学性能也不相同。如果将这种有问题的表面向外作为窗户玻璃片进行安装，还会造成裂纹或潮气不均匀的凝结。残留的切割油、指纹、黏性标签的印迹等都会给膜层带来相似的表面能量问题，杂质可能会给膜层性能造成不良影响。

## 参 考 文 献

[1] 赵彦钊，殷海荣. 玻璃工艺学 [M]. 北京：化学工业出版社，2006：316-334.
[2] 陈正树. 浮法玻璃 [M]. 武汉：武汉理工大学出版社，2004.

# 第11章

# 光伏玻璃减反膜

## 11.1 光伏玻璃减反膜简介

减反膜（即减反射薄膜）是光学薄膜的一种，17世纪“牛顿环”的发现是光学薄膜的最早萌芽，到1801年，扬（Young）在世界上第一次用光的干涉原理来对其进行解释。1817年，夫琅禾费制成了世界上第一批单层减反膜。1866年，瑞利发现，年久失泽的玻璃的反光比新鲜玻璃的反光弱，但瑞利的发现在当时并未引起人们的重视。后来，泰勒用腐蚀法使玻璃表面人工失泽，以降低折射界面的反射，这种减反射效果曾被解释为在玻璃基底与空气之间形成了一层具有中间折射率的膜层，当时还发现反射光的颜色随蚀刻的厚度不同而变化。

在现代光学系统中，有两种原因需要降低材料表面的反射。第一种原因是未经处理的光学材料由于有反射等损失，其透射率总是低于100%，例如，一般的光伏压延玻璃的透射率只有92%。大多数仪器都包含许多个串置的零件，若零件表面不镀制减反膜，则仪器的总透射率将更低。第二种原因是仪器表面的反射光经过多次反射，有一部分成为杂散光，最后也到达像平面，使像的衬度降低。这在某些应用中显得更为重要，如电影放映用的镜头，包含十多个零件，若不镀制减反膜，则完全无法使用。目前已有很多不同类型的减反膜可供利用，并且能满足技术光学领域的绝大部分需要，复杂的光学系统和激光器件对减反膜的性能往往有特别严格的要求，如大功率激光系统，要求某些元器件要有极低的表面反射，以避免敏感元件受到不必要的反射的破坏。减反膜在现代光学薄膜生产中占有十分重要的地位，其生产总量超过所有其他的光学薄膜。

减反膜也称增透膜，减反膜在光学器件中的作用是增大透射率。增大光的透射有两种途径：一是在器件表面形成一层透明膜，入射光经过此膜的光程正好为$\lambda/4$；二是形成一层膜，折射率大小处在外界和器件本身之间，最佳状态是折射率呈梯度变化。

目前，主流的太阳电池是晶硅电池，没有封装成组件的单片太阳电池因为易碎不具备实用性，太阳电池组件是由太阳电池装玻璃挡板作为保护层组合而成的，太阳电池转换效率的损失原因之一在于表面玻璃挡板对入射太阳光存在10%左右的反射损失，因此减少表面太阳光反射是提高太阳电池转换效率的有效途径之一。

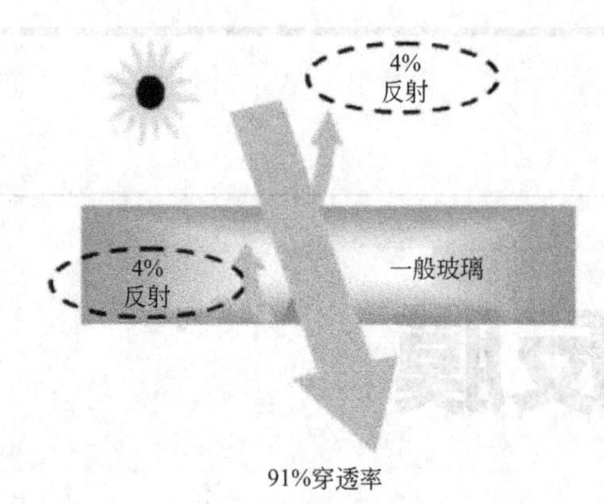

图 11.1　无镀膜玻璃光线入射示意图

无镀膜玻璃光线入射示意图如图 11.1 所示。

过去获得光学薄膜的主要方法是以物理为基础的真空镀膜法，但该过程所需设备复杂、昂贵，而且对膜料和被镀件也有一定的限制。采用溶胶-凝胶（sol-gel）法制备光学薄膜是一种新兴的镀膜工艺。溶胶-凝胶法除了设备便宜外，其膜料来源也很广泛，在镀膜中可以利用不同的溶液获得不同的厚度，其膜厚精度不受前一层或前几层积累误差的影响。通过几种溶液的不同混合比任意选择，能很容易地调配光学薄膜的折射率，由于薄膜是通过镀膜溶液水解产生，与玻璃表面以及各层之间以化学键结合，因此膜层的附着力强，本身的牢固性好。该镀膜方法在光学领域中的应用发展很快，用溶胶-凝胶法制备的折射率可调 $SiO_2$ 增透薄膜具有高损伤阈值和优良的光学特性，多孔 $SiO_2$ 薄膜具有密度低、折射率可调、介电常数低、热稳定性高等特性，可应用于光学镀膜、传感器、过滤器以及集成电路和超声探测器等领域。多孔 $SiO_2$ 薄膜因具有高的透光率和热阻而成为理想的太阳能器件的首选材料，下面我们重点介绍这种方法。

## 11.2 减反膜的工作原理

光具有波粒二相性。减反膜的原理是：光的波动性决定了光具有干涉特点。两个频率相同的光，传播方向相同，在光波叠加区形成干涉。有的区域光强增加，有的地方减弱。如果两个振幅相同，又符合相干相消条件，那么振幅相消，就互相抵消了，没有反射光，光全部穿过。例如，在玻璃镜头前面涂上一层减反膜，如果膜的厚度等于光在膜中波长的 1/4 时，那么在这层膜的两侧反射回去的光就会发生干涉，从而两束光振幅相互抵消，就达到减反射的效果。具体减反条件有振幅条件和相位条件。

（1）振幅条件　膜层材料的折射率必须等于镜片片基材料折射率的平方根。

（2）相位条件　膜层厚度应为基准光的 1/4 波长。

结构最简单的减反膜是单层膜。

膜有两个界面就有两个矢量，每个矢量表示一个界面上振幅反射系数。如果膜层的折射率低于基片的折射率，则在每个界面上的反射系数都为负值，这表明相位变化为 180°，膜层的光学厚度为某一波长的 1/4 时，则两个矢量的方向完全相反，合矢量便有最小值。如果矢量的模相等，则对该波长而言，两个矢量将完全抵消，于是出现了零反射率。根据图 11.2 所示的符号，镀制有减反射薄膜的太阳电池的反射率 $R$ 为：

$$R=\frac{R_1^2+R_2^2+2R_1R_2\cos\Delta}{1+R_1^2+R_2^2+2R_1R_2\cos\Delta} \tag{11.1}$$

式中，$R_1$、$R_2$ 分别为外界介质-膜和膜-硅表面上的菲涅耳反射系数；$\Delta$ 为膜层厚度引起的相位角。其中：

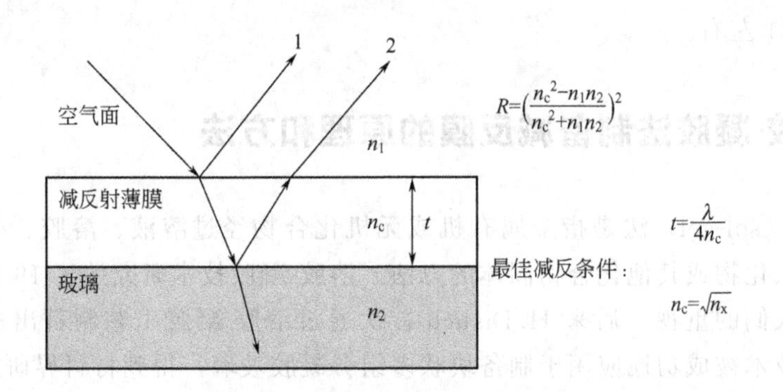


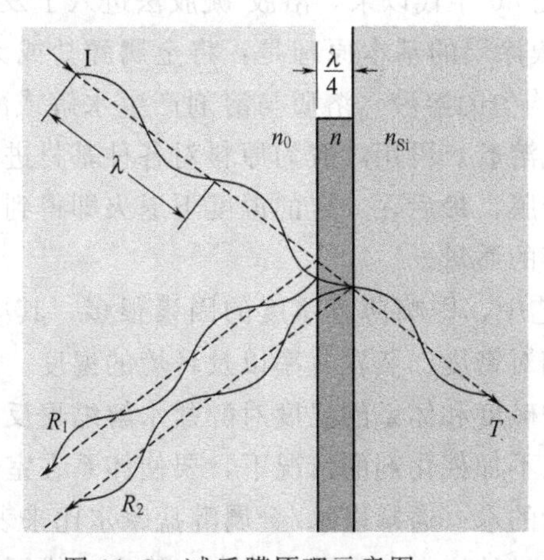


图 11.2 减反膜原理示意图

$$R_1=\frac{n_0-n}{n_0+n} \qquad R_2=\frac{n-n_{Si}}{n+n_{Si}} \qquad \Delta=4\pi nd/\lambda_0$$

式中，$n_0$、$n$ 和 $n_{Si}$ 分别为外界介质、膜层和硅的折射率；$\lambda_0$ 为入射光的波长；$d$ 为膜层的实际厚度；$nd$ 为膜层的光学厚度。当波长为 $\lambda_0$ 的光垂直入射时，若 $nd=\lambda_0/4$，则：

$$R=\frac{R_1^2+R_2^2+2R_1R_2\cos\Delta}{1+R_1^2+R_2^2+2R_1R_2\cos\Delta}$$

$$R_{\lambda_0}=\left|\frac{n^2-n_0n_{Si}}{n^2+n_0n_{Si}}\right|$$

若要求 $R_{\lambda_0}=0$，则：

$$n=(n_0n_{Si})^{1/2} \tag{11.2}$$

因此，完善的单层减反膜的条件是：膜层的光学厚度为 1/4 波长，其折射率为基片和入射介质折射率乘积的平方根。

对于一般玻璃折射率为 1.47～1.57，空气折射率为 1，所以理论上膜材的折射率希望为 1.21～1.24。一般的致密材料很难达到如此低的折射率，而膜材的折射率与其气孔率有关。

$$n_p^2=(n^2-1)(1-p)+1 \tag{11.3}$$

式中，$n_p$ 为含孔隙膜材的折射率；$n$ 为致密膜材的折射率；$p$ 为非散射性孔洞所占膜材的体积分数。这种孔隙结构会吸收水分，尽管这种水分容易挥发，但是仍然可能降低减反性能。含氟的固体材料（如 $PVF_2$ 和氟化镁）已经用于制备减反膜。它们的折射率较高，减反效果较多孔材料差，但不会受到吸湿问题的影响。$SiO_2$ 膜材的孔隙率达到 50%左右时，其折射率在 1.21 左右。

## 11.3 溶胶-凝胶法制备减反膜的原理和方法

溶胶-凝胶（sol-gel）法是指金属有机或无机化合物经过溶液、溶胶、凝胶而固化，再经热处理而成氧化物或其他化合物固体的方法。溶胶-凝胶技术研究始于 19 世纪中叶，但在当时并未引起人们的重视。后来 H. Dislich 首次通过溶胶-凝胶工艺制备出多元氧化物固体材料以后，该技术被成功地应用于制备块状多组分凝胶玻璃，得到材料界研究者的广泛关注并获得迅速发展。20 世纪 80 年代以来，溶胶-凝胶法进入了发展的高峰时期。

溶胶-凝胶法制备薄膜涂层的基本原理是：将金属醇盐或无机盐作为前驱体，溶于溶剂（水或有机溶剂）中形成均匀的溶液，溶质与溶剂产生水解或醇解反应，反应生成物聚集成几纳米左右的粒子并形成溶胶，再用溶胶为原料对各种基材进行涂膜处理，溶胶膜经凝胶化及干燥处理后得到干凝胶膜，最后在一定的温度下退火即得到所需的涂层。溶胶的制备和涂膜方法的选择决定了薄膜的质量。

在溶胶-凝胶薄膜工艺中，影响薄膜厚度的因素很多，其中包括溶液的黏度、浓度、相对密度，溶剂的黏度、相对密度、蒸发速率以及环境的温度、干燥条件等。当溶剂种类和加入量确定后，加水量、酸碱度和体系的温度对醇盐水解缩聚反应的速率至关重要，对形成的凝胶结构有很大影响。在不加催化剂的情况下，要使体系在室温下缩聚反应能以一定速率进行，应往体系中加入适量的水（通常以水/金属醇盐摩尔比来表示）。当加水量很少时，凝胶形成链状结构，随着加水量的增多，凝胶逐步向二维和三维网络结构发展。人们可以通过控制加水量来控制凝胶时间，改变凝胶结构。也可以改变溶胶的黏度获得适合的镀膜溶液。首先以 $Si(OR)_4$（正硅酸乙酯）制备 $SiO_2$ 溶胶为例，在 $Si(OR)_4$-$C_2H_5OH$-$H_2O$ 体系中，水解缩聚的总反应式为：

$$n\mathrm{Si(OR)_4} + 2n\mathrm{H_2O} \longrightarrow n\mathrm{SiO_2} + 4n\mathrm{ROH} \tag{11.4}$$

式(11.4) 表明，理论上 1mol 的 $Si(OR)_4$ 只要 2mol 的水就可得到二维甚至三维网络结构，但实际上为了使 $Si(OR)_4$ 较快水解，往往加入过量的水。这里用 $R_0$ 表示水/金属醇盐的摩尔比，当 $R_0<2$ 时，体系中 $SiO_2$ 含量<78%，此时形成线型聚合物；当 $R_0<6$ 时，$SiO_2$ 含量<87%，形成具有二维网络结构的聚合物；当 $R_0>10$ 时，$SiO_2$ 含量达到 90%以上，形成具有三维网络结构的聚合物。

反应体系中加水量不同，形成的聚合物可呈线型、二维或三维结构。要制备薄膜，则希望聚合物是线型的，因此，水的加入量要适当。为调节溶液的酸度而加入的少量的酸或碱可以起到催化剂的作用，它对溶胶向凝胶转变的反应过程和凝胶结构也有影响。在酸催化情况下，形成无规则分支的聚合物结构，它们互相渗透、缠绕，相互交叉导致凝胶化。在碱催化情况下，形成聚合物链基团，它们在凝胶化之前并不相互交叉和缠绕，而是相互独立，高度分支。

减反膜分为多层膜和单层膜。一般是先配制 $SiO_2$ 涂膜液，使用提拉涂膜机或旋转涂膜机来涂膜，凝胶膜厚度由提拉或旋涂速度控制，然后进行固化，在光伏玻璃上提拉镀单层膜可以得到平均在 95%以上的透过率，并且膜层致密性好，表面均匀，具有更强的环境适应性。

## 11.4 溶胶-凝胶法的特点

### 11.4.1 溶胶-凝胶法的优点

溶胶-凝胶法制备的纳米多孔 $SiO_2$ 减反膜，具备结构可控、折射率可调、损伤阈值高、光学特性优良等特点。溶胶-凝胶法制备 $TiO_2+SiO_2$ 的复合薄膜，通过调节掺入的 $TiO_2$ 的量来调节折射率，从而得到折射率在 1.46～2.3 范围内可调的薄膜。多孔 $SiO_2$ 薄膜因具有高的透光率和热阻而成为理想的太阳能器件的首选材料。多孔 $SiO_2$ 薄膜由于强声阻性能和超声延迟以及高声率特性而用于超声检测器。有序多孔 $SiO_2$ 薄膜还可用于诸如敏感器件、过滤薄膜、催化薄膜相关的吸收剂以及分离技术、分子工程和生物工程等。由于应用前景广阔，孔径分布介于 5～50nm 的多孔 $SiO_2$ 薄膜的制备及性能表征的研究已成为材料界研究的热点之一。与其他一些传统的无机材料制备方法相比，溶胶-凝胶工艺具有以下优点。

① 薄膜制品均匀性好，纯度高，颗粒细。由于所用原始材料是分子级的材料，纯度较高，而且溶剂在处理过程中易被除去；在溶胶-凝胶过程中，溶胶由溶液制得，故胶粒内及胶粒间化学成分完全一致，胶粒尺寸小于 100nm。

② 工艺较简单，成本较低。反应过程易于控制并可避免结晶，适宜大面积基底的镀膜。烧结温度比传统方法低很多，因为该所需物在烧结前已部分形成，而且凝胶的比表面积很大。

③ 可控制孔隙度，容易制备各种形状。薄膜化学组成比较容易控制，能从分子水平上设计、剪裁，特别适于制备多组元氧化物薄膜材料。从一种原料出发，改变工艺过程即可获得不同的制品，如纤维、粉料或薄膜等。

溶胶-凝胶法制备薄膜不需要物理气相沉积（PVD）法和化学气相沉积（CVD）法那样复杂昂贵的设备，具有工艺简便、设备要求低以及适合于大面积制膜等特点。随着溶胶-凝胶工艺应用领域的不断拓宽，这种方法已越来越受到人们的青睐。

### 11.4.2 溶胶-凝胶制膜工艺的缺点

① 溶胶-凝胶过程较长，影响因素很多，控制难度增大。

② 对于溶胶-凝胶工艺来说，干燥过程中大量有机溶剂的蒸发将引起薄膜的严重收缩，这通常会导致龟裂，这是溶胶-凝胶工艺的一大缺点。应力松弛，毛细管力的产生和消除，孔隙尺寸及其分布对凝胶干燥方法的影响很大。

目前，关于溶胶-凝胶法的基本理论、工艺方法和应用尚待探索的问题有以下几个。

① 对硅体系以外其他体系的详细动力学理论。

② 与 $H_2O$、$C_2H_5OH$ 等普通溶剂相反的惰性溶剂的应用。

③ 凝胶在陈化过程中发生的物理化学变化的深入认识。

④ 多组分体系有关配合物的形成和反应特性。

⑤ 溶胶-凝胶过程的计算机模拟。

在工艺方面，对最佳工艺包括表干、固化等工艺的探索，在工艺方面值得进一步探索的问题有固化过程的干裂问题。但是人们发现当薄膜厚度小于一定值时，薄膜在干燥过程中就不会发生龟裂。这可解释为当薄膜小于一定厚度时，由于衬底的黏附作用，在干燥过程中薄膜的横向（平行于衬底表面）收缩被完全限制，而只能发生沿衬底平面法线方向的纵向收缩。人们正在开展在凝胶干燥过程中加入化学添加剂以及非传统干燥方法探索。

## 11.5 溶胶-凝胶法制备减反膜的常用方法

采用溶胶-凝胶工艺制备氧化物薄膜的方法很多，在制备过程中，镀膜液是原材料，利用各种方法进行镀膜。如旋涂法、浸渍提拉法、辊涂法、喷涂法等。

### 11.5.1 旋涂法

旋涂法包括两个步骤，即旋覆和热处理。衬底在电机的带动下以一定的角速度旋转，当溶胶液滴从上方落于衬底表面时，它就被迅速地分覆衬底的整个表面。溶剂的蒸发使得旋覆在衬底表面的溶胶迅速凝胶化，紧接着经过一定的热处理后得到了氧化物膜。旋涂法是在匀胶机上进行，将基板水平固定于匀胶机上，用滴管将预先准备好的溶胶溶液滴在基板上，在匀胶机旋转产生的离心力作用下使溶胶均匀地铺展在基板表面。形成的薄膜厚度除受溶胶浓度影响外，匀胶机的转速便是另外一个决定成膜厚度的因素。匀胶机转速的选择主要取决于基板的尺寸。要在整个基板表面获得均匀的薄膜，需要考虑到溶胶在基板表面的流动性能，与黏度有关。

旋涂法涂膜溶胶用量少，特别适合多层膜的制备，但由于边缘效应，对大尺寸、非圆形基片不太适合，而且膜层均匀性难以保证。再者液膜的固化和溶剂的蒸发可能会造成黏度和温度的变化，导致膜层厚度不均匀，特别是一些黏度对剪切应力敏感的镀膜液，会引起基片的中心部位与边缘部位的膜厚不同。该方法只适用于小面积应用。

### 11.5.2 浸渍提拉法

浸渍提拉法主要包括三个步骤，即浸渍、提拉和热处理。首先将衬底材料浸入预先准备好的溶胶之中，然后以一定的速度将衬底向上提拉出液面，这时在衬底的表面会形成一层均匀的液膜，紧接着溶剂迅速蒸发，于是附着在衬底表面的溶胶迅速凝胶化并同时干燥，从而形成一层凝胶膜。当该膜在室温下完全干燥后，将其置于一定的温度下进行适当的热处理，为增大薄膜厚度，可进行多次浸渍循环，但每次循环之后必须充分干燥和进行适当的热处理。这种方法特别适用于制备大面积的薄膜。薄膜的厚度取决于溶胶的浓度、黏度和提拉速度。膜层厚度与提拉速度间存在如下关系。

① 在约 20cm/min 以下的提拉速度范围内，膜厚与提拉速度成 1/2 次幂关系。

② 大于 20cm/min 的提拉速度，膜厚变化偏离以上关系，而且膜厚随提拉速度增加缓慢。

与旋涂法相比，浸渍提拉法更简单，但它受到环境因素的影响较多，较难控制，例如液面的波动、周围空气的流动以及衬底在提拉过程中的摆动等因素都会造成膜厚的变化。特别是当衬底被完全拉出液面之后，由于液体表面张力的作用，会在衬底的下部形成液滴，进而在液滴的周围产生一定的厚度梯度。同样地，在衬底的顶部也会有大量的溶胶附着在夹头的周围，从而产生一定的厚度梯度。所有这些因素都会导致厚度的不均匀性，最终影响薄膜的质量。浸渍提拉法不适用于小块薄膜，尤其当衬底为圆片状时的生产。在固定黏度的条件下，旋涂法却相反，它特别适合于在小圆片衬底上制备薄膜。但若要制备大面积的薄膜，从技术上来说，采用旋涂法非常困难。

浸渍提拉法适用于任意尺寸、形状的基片，对同一类涂膜溶胶，液面下降法与浸渍提拉法尽管在原理上相似，但所制备薄膜的厚度因与液面下降或提拉速度有关而出现差异。薄膜的厚度随着溶液的黏度及提拉速度的增大而增加。另外，它还随着溶液的浓度增大而增加。值得注意的是，当溶液的提拉速度大于一定值时，无法制得牢固的薄膜，这时所制备的薄膜很容易剥落。

浸渍提拉法的优点是：对镀膜基质无特殊要求，片状、块状、圆柱状等均可镀膜。其缺点是：由于需要进行双面镀膜，镀膜液利用率不高；人工成本高；洁净间面积大，动力成本大；对环境要求高，外界环境的波动会影响镀膜质量（如产生波形纹）；在提拉的后期会产生蓝带现象；固化质量需要进一步提高。

### 11.5.3　辊涂法

辊涂法是一种对大尺寸、长方形基片的光学膜镀制有广泛应用前景的方法。它用含胶体溶液涂筒的移动来加工。此方法具有溶液用量少、对不同材料的多层膜镀制方便和工艺上相对便于保证清洁度等优点，但仅适用于平面基片，不宜在基片的两面镀膜。

辊涂法的优点是：人工少，涂装效率高；洁净间面积小，耗电少；易与光伏玻璃原片生产线和钢化线实现连续化对接，生产效率高；涂膜外观质量较好，膜厚控制容易；污染小等。其缺点是：对被涂物的形状要求过窄，不能涂立体工件。

在上述过程中，黏度也随着溶胶的使用而不断变化，它和温度之间呈指数关系，轻微的温度变化就会引起膜层厚度的很大变化。所以在实际应用时，先将溶胶的浓度以及镀膜环境（包括温度、湿度等）固定，膜层厚度可通过改变其中一个参数改变，这样得到的膜层厚度误差在±5%以内。更精确的操作要考虑所有因素，并且建立一个数学模型，通过计算机控制，由传感器感知外界环境的变化和基片类型，以此改变操作参数，达到精确控制膜层厚度的目的。

### 11.5.4　喷涂法

喷涂镀膜也称喷雾涂层技术，超声喷雾和喷枪喷雾是实现喷涂镀膜的常用手段。超声喷雾的载气流速和镀液雾化微粒的直径无关，仅起携带雾化微粒的作用。而喷枪是依靠强气流喷射溶液来产生雾化，雾化微粒的直径随气流的增加而减小。超声喷雾的载气流量可远小于喷枪喷雾的载气流量。在制备薄膜时，超声喷雾气流对基板温度的影响远小于喷枪喷雾的情形，这使得超声喷雾的镀膜工艺控制较容易。喷涂法是水性涂料施工最主要的方法之一，用喷涂法涂饰物体表面，可获得薄而均匀的涂膜，对于几何形状各异，有小孔、缝隙、凹凸等情况均能应用，对于涂料喷涂大物面，较涂刷更为快速而有效；但是多用于不规则表面应用，另外，存在涂料均匀分布问题。

通过对比可以看出，浸渍提拉法操作简单，适用于任何形状的基片。但它受到环境因素的影响较多，较难控制，例如液面的波动、周围空气的流动以及衬底在提拉过程中的摆动等因素都会造成膜厚的变化。特别是当衬底被完全拉出液面之后，由于液体表面张力的作用，会在衬底的下部形成液滴，进而在液滴的周围产生一定的厚度梯度。同样地，在衬底的顶部也会有大量的溶胶附着在夹头的周围，从而产生一定的厚度梯度。所有这些因素都会导致厚度的不均匀性，最终影响薄膜的质量。浸渍提拉法需要的洁净间面积较大，工人的劳动量较大，在密闭的洁净间中对工人的健康有一定的影响，抽风机对环境也造成了一定的影响。总之，浸渍提拉法在生产过程中也存在很多问题，降低了成膜的质量。

四种镀膜法的优缺点见表 11.1。

表 11.1 四种镀膜法的优缺点

| 镀膜法 | 优点 | 缺点 |
|---|---|---|
| 浸渍提拉法 | 用于各种形状的基片，双面镀膜且镀膜均匀 | 环境要求苛刻，镀膜质量影响因素较多 |
| 喷涂法 | 节约镀膜液，便于多层镀膜 | 镀膜不均匀 |
| 辊涂法 | 机械化程度高，适于批量生产，生产成本低，厚度易于控制 | 对基片形状要求窄，容易出现辊印 |
| 旋涂法 | 实验室应用方便 | 不适于大片、不规则、大批量镀膜 |

综上所述，使用辊涂工艺进行光伏玻璃减反膜涂布，随着设备精度和稳定性的提高，一定会达到较好的使用水平；从长远看，使用辊涂光伏玻璃减反膜涂布成本低，在未来价格竞争中可能具有比较优势。

## 11.6 溶胶-凝胶法制备减反膜的改性

一般来说，决定 $SiO_2$ 薄膜增透效果的主要因素是薄膜的折射率和薄膜厚度，而它们又主要受溶胶的成分、陈化时间和热处理温度等工艺因素的影响，产生稳定性欠佳，力学性能差，表面龟裂，易吸附水和灰尘等问题。改变制备配方和工艺是目前人们对用溶胶-凝胶技术制备减反膜的主要发展方向之一。

肖铁群、沈军等以正硅酸乙酯为前驱体，利用溶胶-凝胶法成功探索出制备短波段减反膜的工艺；另外，利用三甲基氯硅烷溶液对薄膜进行表面修饰，改善了薄膜的疏水性，提高了薄膜的稳定性；采用氨气后处理工艺解决了薄膜耐磨性差的问题。施蓓蓓利用溶胶-凝胶法，在玻璃基底上制备了不同成分比的 $SiO_2$（$TiO_2$）薄膜，$SiO_2$ 成分增加，薄膜反射率变小。田辉、杨泰生等采用溶胶-凝胶法，以正硅酸乙酯（TEOS）为前驱体，在硅溶胶中添加聚丙烯酸（PAA）引发相分离，通过控制 PAA 的含量来控制相分离的程度，而相分离程度又可控制薄膜表面粗糙度，从而制备出表面微观结构可控制的 $SiO_2$ 薄膜，用三甲基氯硅烷（TMCS）进行化学气相修饰，制备出接触角达 158°的超疏水 $SiO_2$ 薄膜。李春红、赵之彬等采用溶胶-凝胶工艺，以正硅酸乙酯为前驱体，结合三甲基氯硅烷（TMCS）对胶粒的修饰作用，利用浸渍提拉法在玻璃表面制备了具有一定疏水能力的 $SiO_2$ 薄膜，TMCS 的掺杂量、醇硅比、加水量及热处理温度对薄膜疏水性有一定的影响。章春来、祖小涛等以正硅酸乙酯为前驱体，氨水作催化剂，采用溶胶-凝胶法提拉镀制 $SiO_2$ 双面膜，对薄膜进行氨处理和热处理，经氨热两步后处理，膜厚持续减小，折射率经氨处理先增大了 0.236，再经热处理又减小了 0.202，膜层透光性变好，透过率峰值持续向短波方向移动；经两步后处理的膜面平整度明显变好，与水的接触角先增大到 58.92°后减小到 38.07°。吴晓培通过研究 $SiO_2$、$SiO_2$-$TiO_2$ 和 $SiO_2$-$B_2O_3$ 等不同溶胶-凝胶系统组分和薄膜制备工艺对在玻璃基板上制备的减反射薄膜增透效果的影响规律，发现不同的提拉速度、溶胶催化条件和陈化时间对涂覆有减反射薄膜的玻璃透过率有很大的影响。刘会娟采用掺杂的办法，通过在 TEOS 中添加一种硅油作为第二前驱体，在碱性催化体系中制备出了稳定的有机硅改性二氧化硅溶胶，并且获得了具备疏水性的颗粒状无规则网络结构的二氧化硅凝胶。晏良宏、蒋晓东等通过自组装技术，利用氟硅烷对二氧化硅薄膜进行表面修饰，使薄膜的疏水性得到提高。徐耀、范文浩等采用溶胶-凝胶法，在碱性条件下水解缩聚正硅酸乙酯获得含有 $SiO_2$ 颗粒的溶胶；以甲基三乙氧基硅烷在酸性条件下水解缩聚获得双链聚合物溶液，薄膜既保持了纳米氧化硅薄膜的多孔性，又在颗粒及孔表面以甲基修饰，水对薄膜的浸润能力大大降低，使薄膜的时间稳定性大大增强，同时也保证了较高的损伤阈值和透射率。郑华、陈奇等以正硅酸乙酯（TEOS）、不同分子量的聚乙二醇（PEG）为主要原料，采用溶胶-凝胶法在硼硅酸盐玻璃板上制备单层 $SiO_2$ 减反射薄膜，研究了制备工艺对薄膜光学性能的影响。

目前，关于减反膜的研究已经有了很多成果，有关玻璃减反射薄膜的研究也有报道，但大多数研究工作都是以提高基片玻璃的抗激光损伤阈值为目的，关于平板玻璃减反射镀层的研究却较少，特别是针对工业化生产的研究。

下面的研究内容主要是在光伏压延玻璃表面制备性能优良的减反射膜，从催化剂、添加剂、制备工艺及固化方法等方面对 $SiO_2$ 薄膜性能的影响进行研究，在大片光伏玻璃上制备出适合工业化生产的减反射薄膜。

## 11.7　溶胶-凝胶法制备减反膜的工艺研究

### 11.7.1　薄膜的制备过程

#### 11.7.1.1　玻璃基板的清洗

为了要制得质量优良的薄膜，不发生膜面龟裂、剥落现象，衬底黏附作用是一个非常重要的因素，它可以使干燥中薄膜的横向收缩受限制，而发生沿衬底平面法线方向的纵向收缩。薄膜在衬底玻璃上的黏附性主要取决于醇与玻璃表面 Si—OH 基团间的反应，所以衬底表面清洁与否对镀膜的好坏有重要影响。常用的清洗方法包括化学清洗法、超声清洗法、离子轰击法、真空烘烤法等。玻璃片的处理过程如下：

洗洁精清洗→硝酸溶液浸泡→自来水冲洗→乙醇冲洗（三遍）→去离子水冲洗（三遍）→晾干备用

各种清洗步骤的作用如下。

（1）洗洁精清洗　这样可以先洗去基片表面明显的附着物和污染物。

（2）硝酸溶液浸泡　把基片放入 $HNO_3$ 中浸泡。此步骤目的在于除去基片表面不易洗掉的附着物，靠近玻璃基板表面层的碱金属离子会被溶出而生成富集 $SiO_2$ 的表面层。这一点对玻璃尤其重要，因为玻璃中碱金属离子含量高往往容易引起在其上面沉积的薄膜的性能不稳定。例如，当 $Na_2O$ 浓度较高时，特别是在高温高电场下，$Na^+$ 在玻璃中就会变得相当容易移动。如果有湿气存在，便在玻璃表面形成一层高电导率层，使得薄膜，尤其是邻近电源负极接头处的薄膜受到电解腐蚀作用。另外，玻璃表面富集 $SiO_2$ 表面层与薄膜在成分上有相似性，可以增强薄膜与基板的结合力。

（3）乙醇冲洗　可以将黏附在基片表面的油脂等污染物除去。

（4）去离子水冲洗　在乙醇清洗后，需要用水去清洗少量残留的污染物。硬水会在玻璃表面上残留钙、镁的不溶物，所以水洗时应用去离子水。

制备所用基本材料是河南安彩高科股份有限公司生产的光伏玻璃原片，厚度为3.2mm，透过率为91.5%。

#### 11.7.1.2 溶胶的配制

实验原料主要有正硅酸乙酯，分子式$Si(OC_2H_5)_4$，分析纯，含量（质量分数，下同）以$SiO_2$计不少于28.4%，密度0.932～0.936g/mL。盐酸，分子式HCl，分析纯，含量36%～38%。氨水，分子式$NH_3 \cdot H_2O$，分析纯，含量25%～28%。无水乙醇，分子式$C_2H_6O$，分析纯，含量不少于99.7%，密度0.789～0.791g/mL。异丙醇，分子式$(CH_3)_2CHOH$，分析纯，含量不少于99.7%，密度0.784～0.786g/mL。

从图11.3可以看出，作为溶剂的无水乙醇都是分为两份加入的。另外，在乙醇和水的混合液中要加入催化剂——浓盐酸/浓氨水。需要注意的是，因为正硅酸乙酯不溶于水，溶于乙醇，因此，在与水反应前应充分搅拌一段时间，然后无水乙醇和水及催化剂的混合液再滴加到正硅酸乙酯和无水乙醇的混合液中。另外，溶胶经陈化后，在镀膜前需进行过滤，去除杂质。

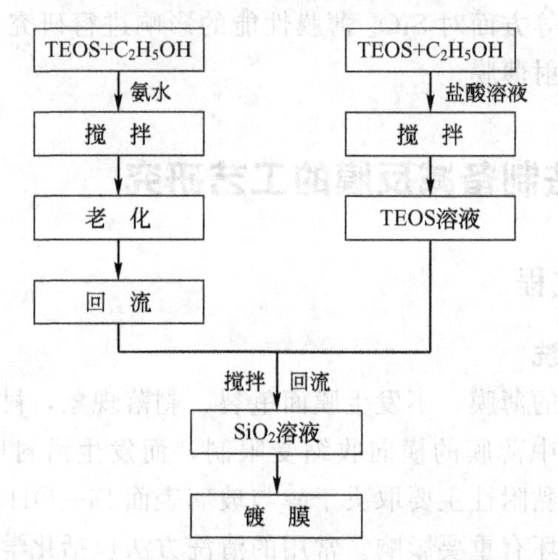


图11.3 酸/碱混合法制备$SiO_2$溶胶的流程

#### 11.7.1.3 薄膜的表征

减反膜的厚度和折射率需要椭偏仪，表面情况除需要扫描电镜外，还需要测量透光率，有时还需要对镀膜液黏度进行表征。

（1）紫外-可见分光光度计　紫外-可见分光光度计测量薄膜的透光率要涉及分子的吸收光谱。当入射光源入射到样品表面时，样品中的分子就会吸收一定的能量，发生能级的跃迁。分子对辐射的吸收，可以看成是分子或分子中某一部分对光子的俘获过程。物质分子对辐射的吸收，既和分子对该频率辐射的吸收本领有关，又和分子同光子的碰撞概率有关。吸收光谱曲线体现了物质的特性，不同的物质具有不同的特征吸收曲线。因此吸收光谱可以鉴定物质。波长在200～400nm之间的光谱范围称为近紫外区，一般的紫外光谱是指区域的吸收光谱，波长在400～800nm范围的光谱称为可见光谱。

薄膜的吸收和透射光谱是用紫外-可见分光光度计测量的。分光光度计一般包括光源部分、分光系统、光度计（改变光强度）部分和检测记录系统四个部分。仪器的核心是分光系统与光度计部分。紫外-可见分光光度计一般采用双光路测量的原理。其中透过测试样品的光束称为测量光束，另一束称为参考光束。调制板使测量光束和参考光束交替进入单色仪，

参考光强 $I_r$ 和测量光强 $I_m$ 由接收器转换成电信号后将波放大，最后将 $I_m/I_r$ 用记录仪记录下来，因此可以直接得到透射率随波长变化的光谱透射曲线。进一步可以转化成薄膜的吸收率与反射率。

(2) 旋转黏度计 NDJ-1 旋转黏度计是用于测量液体黏度的新型仪器。广泛适用于测定油脂、涂料、塑料、食品、药物、胶黏剂等各种流体的黏度。

### 11.7.2 溶胶-凝胶法制备减反膜过程中的关键参数

以正硅酸乙酯为例，正硅酸乙酯完全水解最终会生成二氧化硅和乙醇，其水解反应式可表示如下：

$$Si(OC_2H_5)_4 + H_2O \longrightarrow SiO_2 + C_2H_5OH \tag{11.5}$$

从式(11.5) 可看出，完全求解 1mol 正硅酸乙酯需要 2mol 水。另一种极端情况是所有硅羟基都没有缩合，此时完全水解 1mol 正硅酸乙酯要 4mol 水。

水解过程很复杂，在不同的条件下会生成不同形式的中间体。研究表明，正硅酸乙酯的水解缩聚反应可分为三步，第一步是正硅酸乙酯水解形成单硅酸和醇，此即水解反应。

$$Si(OC_2H_5)_4 + H_2O \longrightarrow Si(OH)_4 + C_2H_5OH \tag{11.6}$$

第二步是第一步反应生成的硅酸之间或者硅酸与正硅酸乙酯之间发生缩合反应。此时 Si—O—Si 键开始形成。由于二者除生成聚合度较高的硅酸外，分别生成水和醇，因此又分别称为脱水和脱醇缩合。第三步是由此前形成的低聚物进一步聚合形成长链的向三维空间扩展的骨架结构，因此称为聚合反应。

$$2Si(OH)_4 \longrightarrow SiO(OH)_6 + H_2O \tag{11.7}$$

$$Si(OH)_4 + Si(OC_2H_5)_4 \longrightarrow SiO(OH)_6 + C_2H_5OH \tag{11.8}$$

$$n\,Si{-}O{-}Si \longrightarrow \left[ Si{-}O{-}Si \right] \tag{11.9}$$

第二步和第三步反应通常又合称为缩聚反应。从以上两个反应式可以看出，第一步的水解反应对 TEOS 与水的反应全过程有重要影响。因为水解反应的生成物是第二步反应的反应物，而且缩聚反应常在水解反应未完全完成前就已开始了，当水解和缩合反应发生后反应体系中出现微小的、分散的胶体粒子，该混合物称为溶胶。而第三步聚合反应时，这些胶体粒子通过范德华力、氢键或化学键相互联结而形成一种空间开放的骨架结构，因而称为凝胶。有鉴于此，从微观、亚微观、宏观的尺度可将上述 TEOS 转变为凝胶的过程概括为单体聚合成核、颗粒生长、粒子连接三个阶段。

按催化剂本身水溶液的特性将 TEOS 水解和缩聚反应的催化剂分为酸性和碱性两类，二者均包括无机的和有机的。TEOS 水解反应的速率与水解程度主要受酸或碱的强弱及浓度影响。在浓度相同时，在酸性条件下水解速率大于缩聚速率；而在碱性条件下缩聚速率则大于水解速率。

溶胶制备过程中的关键因素如下。

#### 11.7.2.1 水量控制

生产溶胶有两种方法：聚合法和颗粒法，两者间的差别是加水量多少。所谓聚合溶胶，是在控制水解的条件下使水解产物及部分未水解的醇盐分子之间继续聚合而形成的，因此加水量很少；而颗粒溶胶则是在加入大量水，使醇盐充分水解的条件下形成的。

在溶胶-凝胶生产过程中，醇盐前驱体一般为正硅酸乙酯（TEOS)，它与水反应生成溶胶。涂覆于玻璃上的溶胶应具有一定分子量且透明无沉淀，若水解条件控制不当，一旦形成凝胶就无法正常生产；加水量过大，水解剧烈，会产生如氢氧化物等沉淀，也无法涂覆。只有水解程度一定，大部分形成线型分子链，少部分为小分子的溶胶才能进行正常的生产，在经过固化热处理后可以获得均匀、完整的薄膜。溶胶-凝胶过程包含水解和聚合两个反应，加水量将对所制备溶胶的黏度和凝胶时间产生影响。加水量少，黏度增加，凝胶时间缩短；加水量大，由于水冲淡了缩合物的浓度，黏度下降，凝胶时间延长。而加水量的多少对水解和缩聚过程有至关重要的影响。根据水解反应式，正硅酸乙酯（TEOS）与水的摩尔比取1：2比较合适。

溶胶陈化一段时间所制得的减反膜透过率有所增加。这说明正硅酸乙酯与水的催化反应需要一定的时间。因为陈化时间是影响薄膜性能最重要的因素之一，直接影响溶胶体系中缩聚反应的进程。减反膜要起到较好的减反效果，薄膜需要具备一定的孔隙率，对于 $SiO_2$ 膜层则需要约53％的孔隙率。而要达到这样的孔隙率，就要使制备薄膜的溶胶粒子达到一定的尺度。经过几小时的初步反应，并不能形成所必需的溶胶粒子，粒子要成长到一定尺度，必须进行必要的陈化。研究发现，溶胶陈化时间对膜层增透效果有较为显著的影响。它一方面直接影响溶胶体系中缩聚反应的进程，另一方面影响溶胶的黏度。溶胶在初期黏度较低，团簇的粒度也很小，膜层的增透效果不明显；随着陈化时间的增加，溶胶的黏度变化趋于平缓，团簇的粒度也逐渐增大，所制得的膜层增透效果较好，随后由于团簇粒度的进一步长大，形成不均匀的大颗粒，堆积后将形成较大的孔径，造成光散射，而且团簇之间形成不规则的网状大孔或链状的三维网络结构，所制得的膜层增透效果较差。随着团簇的进一步长大以及所形成的交联网络结构的不断变化，由于膜层厚度发生变化，光学增透峰中心逐渐向长波方向移动。

#### 11.7.2.2 溶剂的控制

正硅酸乙酯与水的互溶性较差，必须采用溶剂，溶剂一般为挥发性的醇类和酮类，占溶胶质量的相当大一部分，溶剂的挥发并不是单纯的挥发过程，随着挥发聚合物浓度逐渐增大，聚合物分子间距缩短，分子可反应基团（如—SiOH）进一步缩聚，从而形成薄膜网络结构。因此，挥发过程不仅包括溶胶中已有 $SiO_2$ 成分的沉积，也伴随新的 $SiO_2$ 结构的生成，这对最终膜层的折射率有着不容忽视的影响，而溶剂种类是影响挥发过程的重要因素之一。

主要溶剂包括甲醇、乙醇、异丙醇、乙二醇乙醚、异丁酮、丙酮等。目前最常用的溶剂是乙醇，最常见的方法是正硅酸乙酯与水反应，用酸或者碱催化（如盐酸、氨水等）溶胶制备。溶剂配比以及催化的方式都是影响胶体形成的重要因素。溶剂可以使用一种和多种的混合，如果采用单一溶剂，那么单一溶剂在特定温度挥发过快，容易在干燥过程中导致薄膜开裂；如果采用多挥发点混合溶剂，那么在干燥过程中，在不同的温度相应挥发点的溶剂挥发，比采用单一溶剂在同一温度挥发，表面张力相对减少，使得薄膜在干燥过程中不易开裂，所以采用多挥发点混合溶剂的方式比采用单一溶剂的方式效果好。另外，选用多挥发点混合溶剂应力和毛细管力也相对分散，薄膜在挥发过程中不容易发生孔的塌陷，孔隙率得以保障。因此应选用多挥发点混合溶剂作为溶剂。至于使用多少，不同情况要与后续控制过程相配合。

另外，乙醇对水解有抑制作用，同时对溶液也有稀释作用，水解产物之间的碰撞概率变小，对缩聚反应不利。因此整体反应速率明显降低，反应产物的黏度降低，达到凝胶点所需的时间延长。

### 11.7.2.3　酸碱度的控制

为了加快反应速率，应适当提高体系的温度或加入催化剂（如盐酸或氨水）。无论是酸性催化剂还是碱性催化剂，经过长时间的老化，都逐渐形成溶胶。

催化剂对溶胶的凝胶时间影响很大，催化剂加入过多，溶胶会迅速凝胶化。要想得到稳定的溶胶，需要严格控制催化剂的添加量。另外，碱性溶胶明显比酸性溶胶易凝胶。这主要是因为正硅酸乙酯在催化剂的作用下与水发生水解、聚合反应，在碱催化下，聚合反应速率快于水解反应速率，因此碱性催化下凝胶时间较短；相反，在酸催化下，水解反应速率大于聚合反应速率，因此酸性溶胶保存时间较长。正硅酸乙酯是在酸或碱的催化下进行水解和缩合的。

酸催化得到的溶胶黏度比碱催化得到的溶胶黏度大，是因为酸催化时，TEOS 水解是由 $H_3O^+$ 的亲电机理引起的，水解速率快，随水解进行，醇盐水解活性随分子上烷氧基数量减少而下降，因而很难完全水解；水解速率加快，倾向于产生偶尔会交叉偶合的线型联结，在凝胶化的过程中产生长的分子链，酸催化使用酸的量越大，溶胶的黏度越高，是因为酸量增多，水解速率加快，不断产生新的 $SiO_2$ 胶粒。

而碱性条件下 TEOS 的水解过程是一种水解由 $OH^-$ 亲核取代的反应，碱催化加入的碱量越大，黏度越小，这是因为氨水浓度过大，缩聚速率大大超过水解速率，容易完全水解，产生大量的 $SiO_2$ 胶粒，并且在水解速率很小的情况下，无法产生新的胶粒，$SiO_2$ 胶粒越长越大形成大的颗粒变成沉淀，无法与其他胶粒形成链状。氨水浓度过大，缩聚速率大大超过水解速率，产生大量的 $SiO_2$ 胶粒，并且在水解速率很小的情况下，无法产生新的胶粒，$SiO_2$ 胶粒越长越大形成大的颗粒变成沉淀，溶液变化太大，稳定性低，无法与其他胶粒形成链状，无法进行甩膜，导致最终得到的薄膜表面紧致。因此必须找到合适的碱的加入量，使水解和缩聚速率适中，得到的溶胶稳定，适合甩膜。所以，碱催化溶胶时间比酸催化溶胶时间短，稳定性也比酸催化的好。

还有一种先酸后碱的催化方法，先加入盐酸进行催化，隔一段时间待水解进行比较完全的时候加入一定量的碱中和 pH 值，增加缩聚速率。据文献报道，这样的催化方式能够得到孔隙率、膜厚等要求都符合的薄膜，但是因为酸碱催化法中间变量太多，如反应温度、水解时间、酸碱量、缩聚时间控制等，因此，一般选用碱催化的方法。

无论是酸催化还是碱催化，经过长时间的老化，都逐渐形成溶胶，碱催化的样品，稳定的时间也比较长，离凝胶化还有段时间，便于保存。酸催化的样品在溶胶形成以后，黏度还有继续上升的趋势，溶胶还在继续活动，变化大，不适合保存。

图 11.4 是不同情况下的扫描电镜情况，有的膜表面没有出现裂纹，有的膜表面出现龟裂现象。这说明合适的酸碱比例不但影响折射率和薄膜厚度，而且影响不同温度时薄膜的表面形貌和裂纹情况。

### 11.7.2.4　有机添加剂的作用

对于溶胶-凝胶工艺来说，干燥过程中大量有机溶剂的蒸发将引起薄膜的严重收缩，这通常会导致龟裂，这是溶胶-凝胶工艺的一大缺点。但人们发现当薄膜厚度小于一定值时，薄膜在干燥过程中就不会发生龟裂。这可解释为当薄膜小于一定厚度时，由于衬底的黏附作用，在干燥过程中薄膜的横向（平行于衬底表面）收缩被完全限制，而只能发生沿衬底平面法线方向的纵向收缩。但是，减反射层对厚度有一定的要求，不会是越薄越好，所以需要用其他办法防止薄膜在干燥过程中龟裂，加入添加剂就是一个方法。

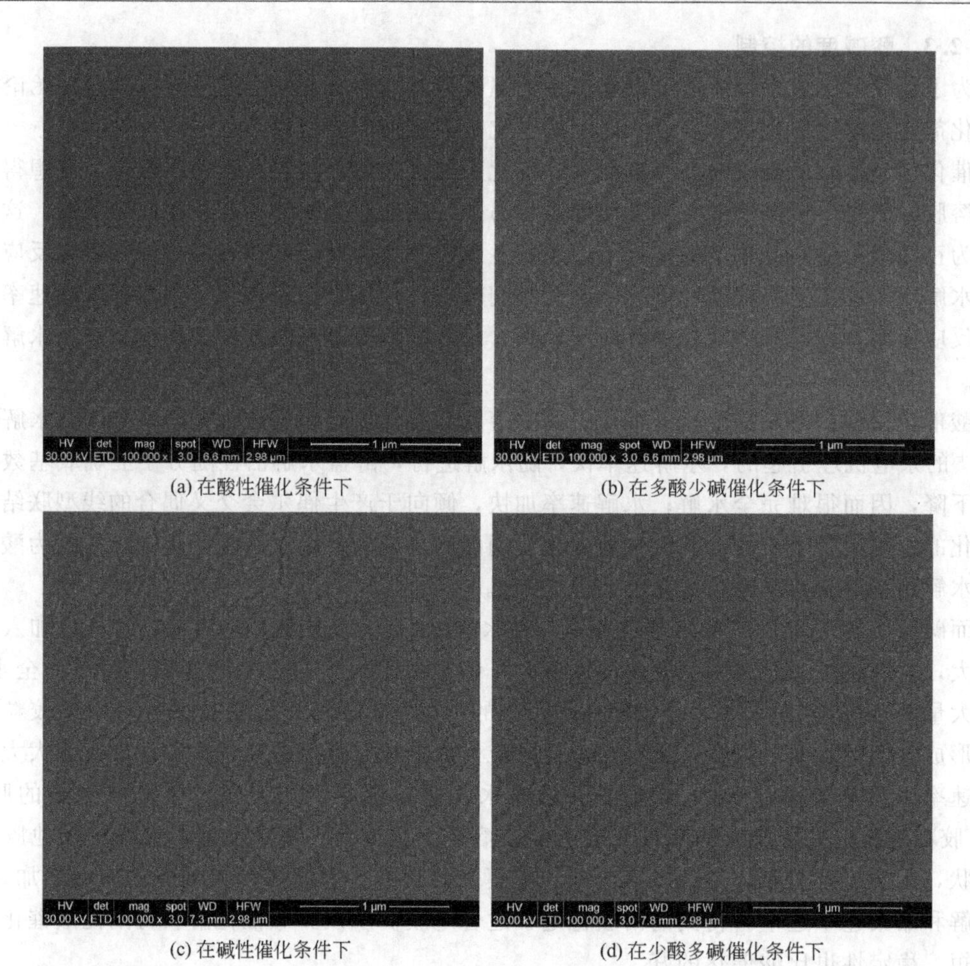


(a) 在酸性催化条件下　(b) 在多酸少碱催化条件下

(c) 在碱性催化条件下　(d) 在少酸多碱催化条件下

图 11.4　样品的扫描电镜照片（一）

添加剂有控制水解速率的乙酰丙酮等、对溶胶起分散作用的聚乙烯醇（PVA）等和防止凝胶开裂的乙二酸、甲酰胺、二甲基甲酰胺、二氧杂环乙烷等。控制干燥化学添加剂（DCCA）是一类具有低蒸气压的有机液体，可以减少干燥过程中凝胶破裂，常用的 DCCA 有甲酰胺、乙酰胺、$N,N$-二甲基甲酰胺、$N,N$-二甲基乙酰胺、丙三醇、乙二醇、聚乙二醇、乙二酸等，可以抑制凝胶颗粒生长，使凝胶网络的质点和网络间隙大小均匀，还可以增加凝胶骨架的强度，使之能够更好地抵抗毛细管力的作用，从而避免干燥过程中由于应力不均匀而引起的收缩和开裂。另外，可以提高缩聚反应速率，同时提高了溶胶颗粒在凝胶前的支化度和交联度，有利于部分水解的中间产物的交叉缩合，从而使大部分烷氧基被包容在硅氧聚合物的网络状结构之中，改变了所生成的凝胶的结构，改变了凝胶在干燥过程中小分子的挥发过程，其强度升高，抗压能力增强，提高凝胶强度。这样有助于生成交联度或支化度高但密实度却较低的二氧化硅骨架，孔径分布范围较窄，降低了施加在凝胶体上的毛细管力，从而提高二氧化硅薄膜强度。

以 $NH_3 \cdot H_2O$ 为催化剂，用正硅酸乙酯（TEOS）溶胶工艺制备纳米多孔 $SiO_2$ 薄膜，添加聚乙烯醇（PVA）和丙三醇两种化学添加剂，可以得到很好的效果。强碱催化使 $SiO_2$ 胶粒溶解度增大并增大了体系的离子强度；丙三醇的加入，与水解中间体结合，有效抑制了 $SiO_2$ 溶胶颗粒的长大；PVA 对 $SiO_2$ 胶粒有强的吸附作用，使胶粒聚联成大的网络结构，增加了成膜性能。PVA 易与过多的 $SiO_2$ 溶胶吸附而发生絮凝，而丙三醇可以抑制该絮凝现象。另外，$SiO_2$ 溶液中加入丙三醇和 PVA 可增加 $SiO_2$ 薄膜的塑性形变和蠕动，在热处理过程中消除薄膜热应力；并且伴随热处理温度的升高，丙三醇和 PVA 向表面富集，也会抑制薄膜的开裂。

图 11.5 是镀膜液中不加入添加剂和加入 5%（质量分数）的 PVA，然后分别加入 10%（体积分数）的异丙醇（$C_3H_8O$）的扫描电镜照片。

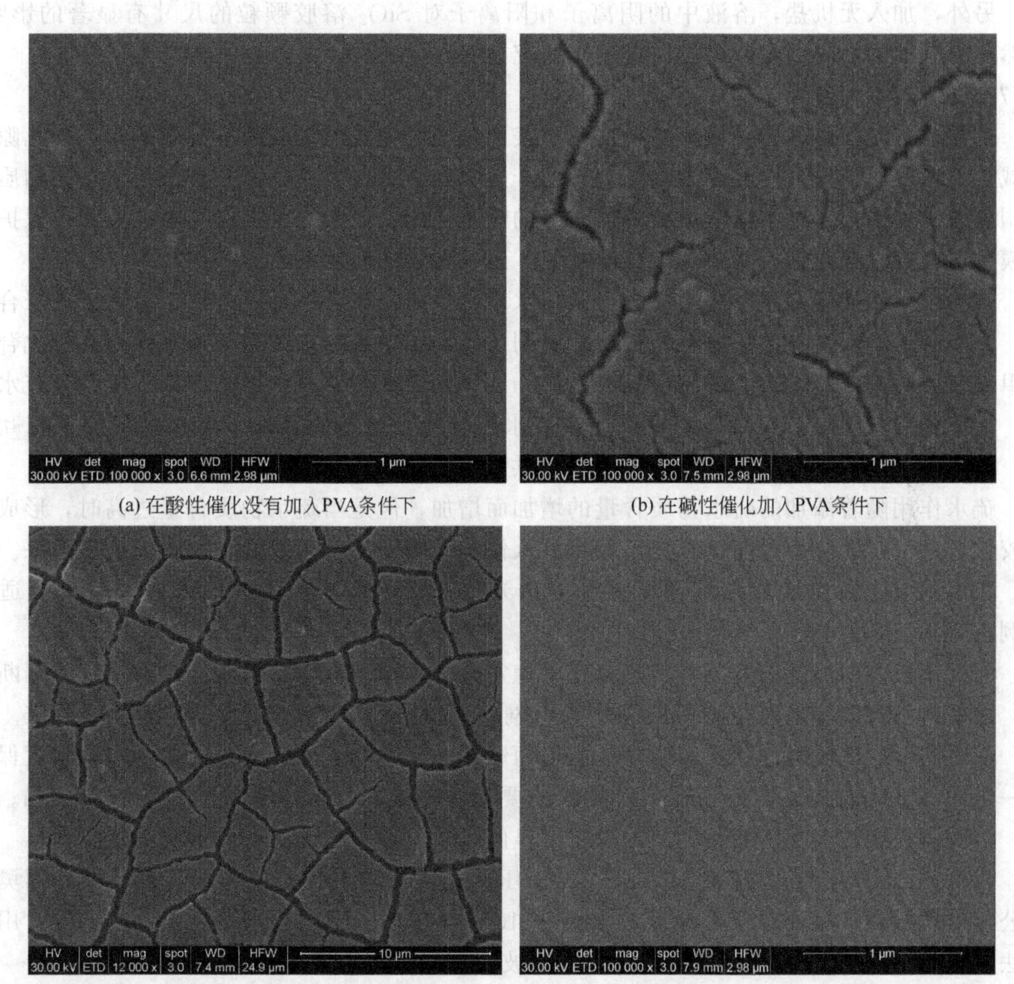


(a) 在酸性催化没有加入PVA条件下　(b) 在碱性催化加入PVA条件下

(c) 在碱性催化没有加入PVA条件下　(d) 在酸性催化加入PVA条件下

图 11.5 样品的扫描电镜照片（二）

没有加入 PVA 添加剂的薄膜折射率与加入 PVA 添加剂的薄膜折射率相比，折射率没有大的变化，说明 PVA 添加剂对 $SiO_2$ 减反膜折射率没有大的影响。

在没有 PVA 添加剂条件下，薄膜的表面存在微裂纹。在有 PVA 添加剂条件下，薄膜的表面十分平整，结构相对比较紧致。因为单一溶剂在特定温度挥发过快，凝胶时间过短，表层溶剂挥发较快，较早达到凝胶点而固化，而内层仍含有较多溶剂，仍未凝胶，所以在加热干燥过程中导致薄膜开裂。加入 PVA 添加剂后，PVA 对二氧化硅胶粒有强的吸附作用，可以抑制凝胶颗粒生长，使胶粒聚联成大的网络结构，使凝胶网络的质点和网络间隙大小均匀，还可以增加凝胶骨架的强度，使之能更好地抵抗毛细管力的作用，延长凝胶时间，并且可增加薄膜的塑性形变和蠕动，在热处理过程中消除薄膜热应力，从而避免干燥过程中由于应力不均匀而引起的收缩和开裂，有利于膜层的干燥。当然，在这一实验过程中，因为PVA与溶剂互溶性差，可以通过提高温度的办法解决，在温度下降之前完成镀膜过程。

总之，添加剂PVA对溶胶-凝胶法制备二氧化硅减反膜的表面形貌有较大的影响。在有添加剂PVA条件下，薄膜表面十分平整，结构相对比较紧致。在没有添加剂PVA条件下，薄膜表面存在微裂纹。添加剂PVA的加入对薄膜折射率没有大的影响。

另外，加入无机盐，溶液中的阴离子和阳离子对$SiO_2$溶胶颗粒的尺寸有显著的影响。当然还有其他的影响因素，都需要进一步研究。

#### 11.7.2.5 疏水性薄膜

常规减反膜的表面是大量羟基，由亲水表面构成的孔隙能够吸附空气中的水，使孔隙逐渐减少，使膜的减反射性能逐渐降低，甚至产生霉变，直至失效，添加具备疏水基团物质可以制备疏水性薄膜。疏水性减反膜降低水分的吸附作用，大大减少水对孔隙的浸润，保护了薄膜的多孔性，有效保持薄膜的减反射性能，延长薄膜的使用寿命。

常用疏水性薄膜制备方法是添加具备疏水基团物质，如含甲基、含氟烷基有机硅聚合物等。镀制一层含氟材料方法原料昂贵，而且制备过程比较复杂，常用的疏水性硅有机化合物有甲基三甲氧基硅烷、二乙基二甲氧基硅烷、二乙基二氯硅烷、有机硅漆等。掺杂入疏水基团，在催化剂作用下，发生自缩聚反应或者水解反应，烃基的氢原子与水的氢原子相互排斥，使水分子难以与亲水的氧接近，因而提供了疏水效能。

疏水作用随着添加的疏水物质含量的增加而增加，但是当疏水物质含量过高时，形成的溶胶粒子过大，孔隙率过高，水分比较容易入侵到孔隙中，反而降低了薄膜的疏水效果。另外，疏水物质含量的增加一定程度上影响透光率，所以疏水物质的加入要有一个合适的比例。

为满足长时间镀膜的需要，溶胶储存的稳定性因素十分重要，溶胶在储存过程中不断水解、缩聚，不可避免地产生颗粒不断生长，网络不断交联，黏度变大，最终导致凝胶。另外，较大的颗粒度还将使薄膜由于介孔散射而影响光学性能。因此应尽量使溶胶颗粒度保持在一定的尺度，以满足长时间储存和镀膜的要求，一般在50nm左右，不大于100nm。这样，溶胶颗粒在较长时间储存期间内没有明显的增长，适合长期保存和镀膜。

我们在1m×1.9m、透过率为91.5%的压延光伏玻璃上辊涂单面单层减反膜，用奥博特公司生产的透过率测试仪测试，在280～1100nm波长范围内透光率达到94.23%。用提拉法制备的双面单层减反膜在280～1100nm波长范围内透光率达到95.60%。

## 11.8 双层减反膜

对大多数单层减反膜来说，剩余反射还是显得太高。另外，如果减反膜应用在大相对孔径等复杂的透镜系统中，在色彩上不能符合要求，因为未镀膜表面反射的光线，在色彩上保持中性，而从镀膜表面反射的光线破坏了色的平衡。要克服这些缺陷，提高减反射效果，一般可采用以下两条途径：途径一是采用变折射率薄膜，也就是膜层的折射率沿着膜层法线方向，从基片向入射介质连续变化；途径二是在基底材料表面形成高、低折射率层交替的多层膜，通过每层膜间折射率的匹配及膜厚的控制，使入射光线在膜层间通过时，遵循设定的合理光路发生干涉而达到减反射的目的。考虑到工艺条件的复杂性及生产成本，一般采用途径二的方法，即通过制备两层或者两层以上的高、低折射率层薄膜，从而达到所需的减反射效果。在一个多层膜系中，光束将在每一个界面上多次反射，因此涉及大量光束的干涉。如果薄膜内存在吸收，则情况更复杂。即使是一个只有几层膜的组合，如果直接基于多光束干涉的特性来计算，也是异乎寻常的烦琐。因此这种类型的多光束计算很少用来确定多层膜系统的特性。通常采用涉及矩阵连乘积的矩阵方法，其中每一个（2×2）矩阵表示一层薄膜。这种方法构成了光学薄膜解析设计的基础，通常采用计算机编制一定的程序，进行辅助膜系设计。

对于减反射薄膜可由简单的单层膜直至二十层以上的多层膜系构成，单层膜只能使某一波长的反射率为零，双层膜或多层膜则可以使某一波段的实际反射率为零。

太阳辐射的波长范围主要分为三个区域，即紫外区、红外区和可见光区，太阳辐射的能量主要分布在可见光区和红外区，前者占太阳辐射总量的50%，后者占43%，紫外区只占能量的7%，从可见光波段（400～760nm）到近红外波段的太阳辐射能占了绝大多数。由于晶硅太阳电池在红外波段透过率很高，但是红外波段太阳辐射能目前对光伏转换效率的贡献很少，并且红外线的热效应会降低电池的太阳能转换效率，而紫外线对电池板胶合材料EVA有老化作用。因此减反射的重点主要放在400～800nm范围实现，对紫外线（小于400nm）有较强的吸收，对红外线（大于800nm）的透过率也有较大抑制。在紫外波段，由于双层膜反射率的迅速提高以及$TiO_2$薄膜对紫外线的强吸收，极大地降低了该波段光透过率；在红外波段，双层膜反射率的大幅度增加也抑制了该区太阳光的透过率，双层减反膜十分适合应用在太阳能光伏电池封装玻璃上，降低反射，减少能量损失，提高整个电池的转换效率，可望获得更好的实际应用性。

根据薄膜光学原理，高、低折射率双层减反膜主要有两种膜系（$A$为中心波长）：$A/4$-$A/4$的V型膜系和$A/4$-$A/2$的W型膜系。考虑到W型膜系更加优越的宽带减反射性能，选用W型膜系。以酸性催化的$SiO_2$（$n=1.416$，在632.8nm处）为低折射率材料，$TiO_2$（$n=1.95$，在632.8nm处）为高折射率材料，根据堆积密度的概念模拟溶胶-凝胶法制备的$SiO_2$、$TiO_2$薄膜的折射率，$SiO_2$、$TiO_2$薄膜的厚度优化结果为93.55nm和125.45nm。

关于二氧化钛薄膜的制备，一般采用的金属盐溶液如$Ti(OC_4H_9)_4$、$TiCl_4$、$Ti(SO_4)_2$等，溶剂通常选用乙醇，催化剂常用$HNO_3$、HCl、$CH_3COOH$等。一般选用钛酸丁酯作为前驱体，加入去离子水和无水乙醇配制成反应液，并且加入冰醋酸、乙酰丙酮或二乙醇胺作为催化剂，以缓解钛酸丁酯的强烈水解，在不断的搅拌下，使其形成均匀、透明的溶胶。

在以$Ti(OBu)_4$（钛酸丁酯）为原料制备$TiO_2$溶胶时，$Ti(OBu)_4$发生如下水解和缩聚反应：

水解　$Ti(OBu)_4+nH_2O \longrightarrow Ti(OBu)_{4-n}(OH)_n+nBuOH$

失水缩聚　$-Ti-OH+HO-Ti- \longrightarrow -Ti-O-Ti-+H_2O$

失醇缩聚　$-Ti-OBu+HO-Ti- \longrightarrow -Ti-O-Ti+BuOH$

其中，$n=4$时，$Ti(OBu)_4$与少量水发生水解反应，生成$Ti(OBu)_{4-n}(OH)_n$单体，如果$n=4$，则出现水合$TiO_2$沉淀。在反应中加入催化剂的目的是，为了控制$Ti(OBu)_4$的水解和缩聚反应速率。均匀分散在醇中的$Ti(OBu)_{4-n}(OH)_n$单体发生缩聚反应，经过$Ti(OBu)_{4-n}(OH)_n$单体的失水和失醇缩聚，生成═Ti—O—Ti═桥氧键，并且导致二维和三维网络结构的形成。

然后进行镀膜。薄膜在基材上成形后需要固化，固化温度一般为80～200℃。

两层薄膜的交界面处会有一定程度的混杂，如果膜层未干进行镀膜，化学环境被打破，进一步发生水解缩合，可能出现膜层破裂，所以应尽量使两溶胶的pH值接近，干燥后镀膜。另外，在热处理时，$SiO_2$ 薄膜和 $TiO_2$ 薄膜都会收缩，故而会导致薄膜的开裂。采用每镀一层热处理一次的方法，可以达到部分缓解薄膜应力的作用，薄膜热处理前先在常温下静置一段时间效果更好。对于双层薄膜，膜层之间可能有少量的Ti—O—Si键形成。

双层减反膜薄膜有以下特性。

### 11.8.1 薄膜的自洁性

含有二氧化钛的薄膜与单纯二氧化硅薄膜相比，具有较宽的禁带宽度、高的折射率和机械强度、稳定的化学性能等特征，其薄膜材料在紫外线的照射下，能产生活泼自由基，自由基分解有机化合物，具有杀菌和自清洁作用。因此，镀有纳米二氧化钛薄膜的表面具有高度的自清洁效应，一旦这些表面被油污等污染，因其表面具有超亲水性，污物不易在其表面附着，而附着的污物也会因光催化作用而分解，分解后的污物经雨水冲刷可除掉，这样不仅有利于美化环境，也可减少因清扫带来的不便和不安全因素。而太阳光中的紫外线足以维持纳米二氧化钛薄膜表面的亲水特性，从而使其表面具有长期的防污自清洁效应。

$TiO_2$ 是一种n型半导体氧化物，其光催化原理可用半导体的能带理论来阐述。

半导体化合物纳米粒子，由于其几何空间的限制，电子的费米（Fermi）能级是分立的，而不是像金属导体中那样是连续的。在半导体化合物的原子或分子轨道中具有空的能量区域，这个空能区由充满电子的价带顶（价带缘）一直伸展到空的导带底（导带缘），称为禁带宽度或带隙能（$E_g$），$E_g$ 在数值上等于导带与价带的能级差。

当半导体二氧化硅纳米粒子受到不小于禁带宽度能量光子照射后，电子从价带跃迁到导带，产生电子-空穴对，电子具有还原性，空穴具有氧化性，空穴和氧化物半导体纳米粒子表面吸附的水反应生成氧化性很高的·OH自由基，活泼的·OH自由基可以把许多难降解的有机物氧化为 $CO_2$ 和水等无机物。在多数场合里，光催化反应都离不开空气和水溶液，这是因为氧气或水分子和光生电子及光生空穴结合产生化学性质极为活泼的自由基基团，主要的自由基及反应在下面具体说明。

以波长小于387.5nm的光照射激发产生光生电子-空穴对，激发态的导带电子和价带空穴又能重新合并，使光能以热能或其他形式散发掉。

$$TiO_2 + h\nu \longrightarrow TiO_2 + e^- + h^+$$

$$e^- + h^+ \longrightarrow \text{复合} + \text{能量}(h\nu')(h\nu' < h\nu \text{ 或热能})$$

当催化剂存在合适的俘获剂或表面缺陷态时，电子和空穴的重新复合得到抑制，在它们复合之前就会在催化剂表面发生氧化还原反应。价带的空穴是良好的氧化剂，导带的电子是良好的还原剂。大多数发生光催化氧化反应或间接地利用空穴的氧化能力。在光催化半导体中，空穴具有更大的反应活性，一般与表面吸附的 $H_2O$ 或 $OH^-$ 反应形成具有强氧化性的羟基自由基。

$$H_2O + h^+ \longrightarrow \cdot OH + H^+$$

$$OH^- + h^+ \longrightarrow \cdot OH$$

电子与表面吸附的氧分子反应，氧分子不仅参与还原反应，还是表面羟基自由基的另外一个来源，具体的反应式如下：

$$O_2 + e^- \longrightarrow O_2^-$$

$$H_2O+O_2^- \longrightarrow \cdot OOH+OH^-$$

$$2\cdot OOH \longrightarrow O_2+H_2O_2$$

$$\cdot OOH+H_2O+e^- \longrightarrow H_2O_2+OH^-$$

$$H_2O_2+e^- \longrightarrow \cdot OH+OH^-$$

通过对 $TiO_2$ 光电导率的测定,证实了在催化反应中 $O_2^-$ 的存在,另一个可能发生的反应就是:

$$H_2O_2+O_2^- \longrightarrow \cdot OH+OH^-+O_2$$

在光照下,二氧化钛表面产生了非常活泼的羟基自由基、超氧离子自由基以及·OH 自由基,这些氧化性很强的活泼自由基,能够将各种有机物直接氧化为 $CO_2$、$H_2O$ 等无机小分子,而且因为它们的氧化能力强,使氧化反应一般不停留在中间步骤,不产生中间产物。

### 11.8.2　薄膜的超亲水性

$TiO_2$ 薄膜表面被紫外线照射激发出电子-空穴对，电子-空穴对不像在光催化反应中那样与 O 和 OH 作用，而是与表面 $TiO_2$ 晶体自身发生反应，电子与 Ti 反应生成 $Ti^{3+}$，空穴与 $O^{2-}$ 反应生成 O：和氧空穴。一方面，$Ti^{3+}$ 极不稳定而迅速被空气中的 O：氧化；另一方面，氧空穴和空气中的 $H_2O$ 结合，形成化学吸附水层（·OH）。这就是 $TiO_2$ 表面产生亲水性的机理。

$TiO_2$ 薄膜表面原子的结合不同于体相内部。在 $TiO_2$ 薄膜表面，原体相内部的六配位 Ti 和三配位 O 由于原子排列被截平而变为五配位的 Ti 和二配位的 O，这比体相内部的 Ti 和 O 更有活性。在紫外线的照射下，$TiO_2$ 表面二配位的桥氧位置处易产生氧空位，使相应的 Ti 变为有利于解离吸附水的 Ti。表面氧空位由于易吸附空气中的水形成化学吸附水层，而氧空位缺陷周围成为亲水微区，表面的剩余部分则仍保持疏水亲油，成为亲油微区。亲水微区和亲油微区在表面是呈纳米级间隔分布的，亲水微区为规则的长方形（30～80nm），沿 $TiO_2$ 晶体（110）晶面的［001］方向排列，亲水微区比周围的亲油微区高出 0.4～0.6nm。由于一个液滴远比亲水微区（或亲油微区）大，它就可在 $TiO_2$ 表面不断铺展，产生二维的毛细管现象，使表面在宏观上表现出既亲水又亲油的双亲性质。

在通常情况下，$TiO_2$ 表面与水接触角约为 72°，经紫外线照射后，水的接触角在 5°以下甚至可达到 0°。水滴可完全浸润表面，显示非常强的超亲水性。停止光照后，表面超亲水性可维持数小时到 1 周左右，慢慢恢复到照射前的疏水状态。再用紫外线照射，又可表现为超亲水性。因此，紫外线照射使 $TiO_2$ 薄膜表面产生的这种电子结构和几何结构的变形，相对于原始结构并不稳定，若停止紫外线照射，$TiO_2$ 周围富集的氧气则会打破原有的吸附平衡，取代化学吸附水，吸附在氧空位上，使表面亲水、亲油微区的间隔分布消失，丧失亲水性，与水的接触角增大，表面由亲水转向疏水。当紫外线再次照射表面时，还可恢复双亲表面。即采用间歇紫外线照射就可使表面始终保持超亲水状态。利用 $TiO_2$ 表面的超亲水性可使其表面具有防污、防雾、易洗、易干等特性。如将镀有 $TiO_2$ 镀膜的玻璃置于水蒸气中，玻璃表面会附着水雾，紫外线照射后，表面水雾消失，玻璃重又变得透明，这便是防雾玻璃的工作原理。在汽车挡风玻璃、后视镜表面镀上 $TiO_2$ 薄膜，可防止镜面结雾。实验表明，镀有 $TiO_2$ 薄膜的表面与未镀 $TiO_2$ 薄膜的表面相比，显示出高度的自清洁效应。一旦这些表面被油污等污染，因其表面具有超亲水性，污物不易在表面附着，附着的污物在外部风力、水淋冲力、自重等作用下，也会自动从 $TiO_2$ 表面剥离下来。太阳光中的紫外线足以

维持 $TiO_2$ 薄膜表面亲水特性，从而使其表面具有长期的自清洁去污效应。

## 11.9 光伏玻璃减反膜的生产

目前，已经进入光伏玻璃减反膜的工业生产技术是辊涂法和浸渍提拉法。

光伏玻璃减反膜生产工艺步骤如下。

### 11.9.1 磨边清洗

磨边要去除玻璃边缘的锋边。在厚度方向，产品的爆边不能超过厚度的一半，从边缘往里要小于厚度的2/3，长度方向要小于玻璃厚度的1.5倍。

清洗工序主要是对原片玻璃表面进行清洗，为镀膜工序提供洁净的原片玻璃。玻璃表面的所有外来物质都可以称为杂质，这些物质牢固地黏着在平板玻璃表面上，对镀膜过程或膜层本身造成伤害；它可能是在玻璃生产期间产生的，也可能是在后续过程中出现的。所以玻璃原片必须选用新鲜的光伏玻璃原片，一般保证在1个月内。

然后进行清洗。清洗机是一个全自动的，由立式盘刷清洗、卧式辊刷清洗并与喷淋清洗相结合的连续工作的系统。将待清洗的玻璃原片平面卧式放置在自动进料辊道上，输送辊道缓慢将玻璃原片平面输送进去直至出料，在隧道卧式腔室内对玻璃基板进行上下面喷淋清洗、盘刷清洗、辊刷清洗、纯水喷淋清洗、风干、静电消除后得到洁净的玻璃原片。清洗分为两个过程：盘刷清洗和辊刷清洗。盘刷清洗一般采用一道盘刷清洗，清洗过程中可以注入氧化铈或其他抛光液，必要时加入洗洁精等碱性清洗剂对玻璃表面的油污进行清洗，洗洁精和水的质量比约为1∶104。辊刷清洗采用三道辊刷清洗，清洗过程中注入30～50℃的温水，清洗机选用三道风刀；清洗用水采用去离子水，表面电阻率≥10MΩ。清洗后的玻璃表面洁净、干燥、无静电，在玻璃检验灯箱上观察玻璃表面和边角无可见杂物、水渍、压痕、手指印，无表面划伤、胶辊印、风刀印及影响产品镀膜质量的其他清洗质量问题。

清洗后的玻璃表面洁净、干燥、无静电，在玻璃检验灯箱上观察玻璃表面和边角无可见杂物、水渍、压痕、手指印，无表面划伤、胶辊印、风刀印及影响产品镀膜质量的其他清洗质量问题。

### 11.9.2 镀膜

对压延光伏玻璃现在工业生产的减反膜技术有提拉法和辊涂法两种。提拉法镀膜工序由镀膜槽、烘干隧道、上下片台、回转轨道、龙门机械臂、玻璃挂篮组成的连续工作的生产线完成。操作者在上片区将清洗后的玻璃装入玻璃挂篮夹具内，计算机控制龙门机械手将挂篮依次送往各工位，对玻璃进行镀膜、烘干后送到下片区，操作者将玻璃从挂篮上卸下，回转轨道将挂篮移送到上片区。

全自动计算机控制龙门机械臂的上下移动采用伺服电机驱动，机械手可将玻璃挂篮上、下、左、右全自动移动传输。

工艺流程如下：

人工上片→提拉镀膜→膜层烘干→人工下片→清洁挂篮→挂篮回转

辊涂法工序如下。

(1) 预热　预热的目的是使玻璃具备一定的温度，使减反膜镀膜液表干速度加快，减少边部收缩；另外，使玻璃的温度恒定，稳定镀膜工艺控制参数，便于控制。

辊涂法原理示意图如图 11.6 所示。

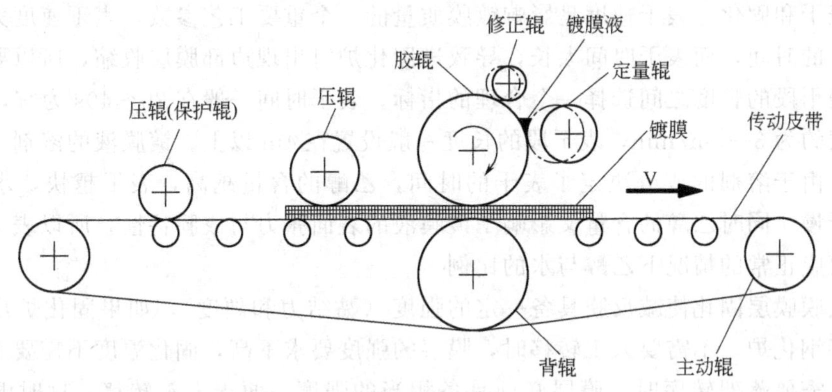


图 11.6　辊涂法原理示意图

辊涂机主要由三个辊子组成：涂布辊（coating roll）、定量辊（doctor roll）和背辊（backup roll）。根据涂布辊转动方向和玻璃前进方向的不同，可以分为顺涂法和逆涂法，逆涂法具有节省镀膜材料、玻璃边部干净、清洗方便、镀膜液更换方便的优点。通过调整定量辊和涂布辊的间隙，使液体均匀地粘到涂布辊上，然后调整涂布辊和玻璃之间的间隙，通过逆向（涂布辊转动方向和玻璃前进的方向相反）的方法，把液体均匀地镀到玻璃的表面，通过修正辊对涂布辊的修复，进入下一周的循环。胶辊和定量辊形成凹槽，用于存放镀膜液，同时对涂布胶辊不断补充镀膜液。该设备有驱动电机 3 台，分别为传送带电机、涂布辊电机、主动压辊电机，三个电机均为独立变频驱动，速度可调；压辊（保护辊）作用是使玻璃在传送带上保持平整，具有玻璃重叠时机器自动保护的功能；压辊为主动辊，位置高度可调，具有输送玻璃、防止玻璃镀膜时与传送带之间产生相对滑动的功能；胶辊为主动辊，位置高度可调，聚氨酯材料（PU）表面弹性较好，可将定量辊传送的镀膜液均匀地涂布到玻璃表面；修正辊为被动辊，设备运行时与胶辊接触，用于消除胶辊镀膜时产生的玻璃印；定量辊为被动辊，设备运行时与胶辊接触，表面有网状花纹，可将嵌入花纹中的镀膜液传递给胶辊；传送带用于输送玻璃；主动辊使传送带运动以传送玻璃；背辊为被动辊，位置不可调，位于胶辊下方，与传送带、胶辊一起对玻璃起到支撑、咬合作用。定量辊（网纹辊）一般由钢材制成，表面经过精密加工形成细小的网穴，用于向涂布辊输送镀膜液。涂布辊外层由具有良好弹性行为的橡胶材料（一般为聚氨酯）包覆，涂布辊的转动方向一般和玻璃前进方向相反，并且和玻璃之间有一定的压紧量，在转动的过程中将镀膜液均匀地涂在玻璃上表面。溶胶-凝胶法制备镀膜玻璃需对环境的温度、湿度进行控制，镀膜室的温度一般控制在(20±5)℃，减少镀膜液的挥发引起的浓度变化；湿度一般控制在（50±5）%；镀膜室洁净度要求 10 万级。

镀膜液在使用前要经过超声波振动。利用超声空化能量可以加速和控制化学反应、提高反应速率和引发新的化学反应等。所谓超声空化，是指液体中的气泡在超声场作用下所发生的一系列动力学过程。当足够强度的超声波通过液体时，一旦声波负压半周期的声压幅值超过内部静压时，存在于液体中的微小气泡就会迅速增大，而在相继而来的声波正压相中，气泡又被突然压缩，直到崩溃。超声波的空化作用所产生的局部高温、高压，将加速水分子的蒸发，减少凝胶表面的吸附水分子。另外，超声空化作用所产生的冲击波和微射流具有粉碎作用，使形成的团聚体破碎，释放出所包含的水分子，从而有可能阻止氢键的形成，达到防止团聚的目的。而超声波的机械搅拌作用有利于胶粒的充分分散。

（2）表干和固化　表干速度是影响镀膜质量的一个重要工艺参数，表干速度太快导致膜层没有流平的时间，而表干时间太长，导致进固化炉时出现边部膜层收缩，所以要在表干时间和设备表干段的长度之间选择一个合理的指标。表干时间一般在30～40s为宜，根据设备的加工速度约为3～5m/min，表干段的长度一般设置在4m以上。镀膜液的溶剂一般由乙醇和水组成，由于溶剂的成分决定了表干的时间，乙醇的含量越高，表干越快，水的含量高时，则表干慢。同时乙醇的含量又影响了镀膜液的表面张力与成膜特性，所以表干时间主要取决于在镀膜正常的情况下乙醇与水的比例。

将减反膜膜层固化使减反膜具备一定的强度（黏结力和硬度），如果固化炉出口直接通过辊道连接钢化炉，不需要人工转移时，膜层的强度要求不高，固化温度不需要太高；而在固化炉出口需要落架转序时，膜层必须具备相当的强度，便于人工转移，这时温度要更高一点。

### 11.9.3　镀膜液的使用

（1）镀膜液分类　溶胶-凝胶法制备光伏玻璃用减反膜镀膜液的成分主要由硅的前驱体硅醇盐、溶剂、催化剂以及添加剂组成。按照不同的标准，镀膜液可以分为不同类型。

① 按溶剂分类　镀膜液的溶剂分为有机溶剂型和水溶剂型。目前国内和国外做光伏玻璃用的镀膜液大部分以有机的甲醇、乙醇、异丙醇或者丁醇作为溶剂，例如著名的荷兰皇家帝斯曼集团（DSM），还有龙吟、运通、顿斯、法保曼等。以有机溶剂型的镀膜液制备减反膜时，提高光伏玻璃的光电转换效率幅度明显，但是由于有机溶剂极易挥发，在镀膜的过程中要时时添加溶剂，保持整体成分稳定。缺点是技术复杂，不易控制，而且稳定性差。由于硅源见水极易水解，只有少数的公司以水作为溶剂，像美国3M公司。水溶剂型的镀膜液存放和镀膜效果稳定，可以循环使用，刺激性气味小，但是薄膜力学性能差，透过率相对较低。

② 按催化剂分类　根据催化剂类型分为碱性和酸性。碱性催化剂主要起到催化醇盐的水解产物的缩聚作用，碱性催化剂主要有氨水、氢氧化钠或者氢氧化铵，一般常用的是氨水。碱催化得到的硅溶胶，形成的颗粒大，孔隙率较高，折射率低，在玻璃表面形成的减反膜减反射效果好。但缺点是薄膜与玻璃结合的牢固度差。酸性催化剂主要是盐酸。酸催化得到的硅溶胶，形成的溶胶颗粒度小，与玻璃表面结合牢固，力学性能好。但折射率偏高，形成的减反膜透过率偏低。也有利用酸催化溶胶和碱催化溶胶按一定比例混合，兼顾两者的优点，既保持了较高的透过率，同时保持了减反膜与玻璃结合有较高牢固度的要求。

镀膜液前驱体硅醇盐主要是硅的乙醇盐、丙醇盐或者丁醇盐，一般优选乙醇盐，例如正硅酸乙酯。添加剂一般选用的是乙烯醇、聚乙二醇、聚甲基丙烯酸甲酯或聚甲基丙烯酸酯等。例如，以正硅酸乙酯（TEOS）为原料，在酸或碱催化下，进行水解、缩聚等反应后在玻璃基底上成膜，膜层经干燥、强化后具有很好的抗擦除能力。在制备硅材料中，作为潜在的网络形成体，硅醇化物是一种极其重要的化合物，其在酸或碱催化时，水解和聚合机理是大不相同的，它的水解和聚合过程对后工序起到极其重要的作用。溶胶具有线型链、分岔团簇、多孔颗粒以及致密颗粒等多种结构，强烈依赖于溶胶制备与生长条件。按照$SiO_2$溶胶生长模型，在碱性（pH≥7.5）催化条件下，其缩聚速率快，溶胶颗粒趋向于球形颗粒生长，形成的薄膜孔隙率高、孔体积大、折射率低，因相邻颗粒间无连接而力学性能差。为此，欲提高纳米多孔薄膜的力学特性，必须使各相邻 $SiO_2$ 颗粒间建立起有效连接。通过化学键合可使颗粒间产生较大的结合力。在酸性催化条件下，单体的慢缩聚反应形成的硅氧键最终得到弱交联、低密度网络的溶胶。因此通过碱/酸两步催化可获得力学性能好的低折射率薄膜。因第一步形成的 $SiO_2$ 颗粒表面具有丰富的—OH 基团，它与第二步中的 TEOS 水解后形成的 $SiO_2$ 颗粒表面的—OH 基团将发生缩聚反应。因此，第二步中形成的 $SiO_2$ 颗粒可作为第一步中 $SiO_2$ 颗粒间的无机连接剂，从而增加相邻 $SiO_2$ 颗粒间的结合力。另外，碱催化溶胶中形成的薄膜与基片间的结合是物理吸附，酸催化溶胶中形成的薄膜与基片间则以 Si—O—Si 化学键接，后者的附着力明显大于前者。因此两步法中的酸催化能够改善薄膜与基片间的附着力。碱性催化形成的无定形 $SiO_2$ 颗粒与酸性催化形成的纤维网络粘连搭接起来，形成更加完整的网络结构，提高了力学性能，填补了部分孔洞。孔隙率的大小直接影响折射率的大小，碱性 $SiO_2$ 薄膜孔洞率较高，颗粒、团簇之间的孔隙导致其整体的折射率远远低于致密 $SiO_2$ 材料，是一种极佳的低折射率光学薄膜。酸性 $SiO_2$ 薄膜孔洞率极低，折射率比碱性 $SiO_2$ 薄膜高出许多，接近致密 $SiO_2$ 材料。因此，碱/酸两步催化 $SiO_2$ 薄膜孔洞率和折射率介于二者之间。

(2) 镀膜液使用要求　溶胶-凝胶工艺制备的二氧化硅镀膜液处在动态平衡中，在条件变化时，平衡被打破，聚合反应加剧，溶胶液体会逐渐失去流动性，最终变成固态的凝胶，而无法使用，因此，溶胶能否长久存放对二氧化硅镀膜液应用于生产起到至关重要的作用。这就对环境提出了要求，需对环境的温度、湿度进行控制，镀膜室的温度控制在（20±5)℃，减少镀膜液的挥发引起的浓度变化；湿度控制在（50±5)%。镀膜室洁净度一般要求10万级。

在生产中镀膜液的使用量非常大，如果不符合大批量合成，将会影响生产进程，无法满足客户需求。另外，对玻璃原片的要求是，光伏玻璃减反膜镀膜液的溶剂一般采用无水乙醇，为降低无水乙醇和光伏玻璃表面的接触角，使镀膜液更容易流平、铺展，必须选用新鲜的光伏玻璃原片，制造日期保证在 1 个月内。玻璃必须清洗干净。

### 11.9.4　减反膜质量的检验

镀膜玻璃生产线上常用的检测设备都必须满足国家标准所要求的检查实验，主要检测设备有温度计、湿度计、表面轮廓仪或比较仪、黏度计、膜厚仪、铅笔硬度仪、电子秤和双85 实验箱、紫外检测仪、高低温交变等仪器。

镀膜生产过程中对环境有比较严格的要求。镀膜生产过程中的环境因素通常指两个方面：一是环境温度和湿度的影响；二是洁净间和固化炉的空气清洁度。如果环境温度过低，上机镀液的流动性和流平性都会比平时差，黏度也会升高，为了使黏度值达到生产要求，操作人员必须添加稀释剂，当稀释剂过量时，在镀液的总固体含量保持不变的情况下会使涂层的单位质量成膜物质减少，稀释剂在固化过程中因完全挥发而造成稀释剂浪费，生产成本增加，同时薄膜质量下降，膜厚偏低；若镀液和环境温度过高，稀释剂挥发过快，同等工艺条件下涂层实际膜厚偏厚，会造成玻璃板面有鱼鳞纹状缺陷。同样，湿度也会造成类似情况。因此，在操作过程中必须保持辊涂间的恒温恒湿控制，以保证涂料黏度的稳定性，另外，必须保证供料桶、洁净间环境的洁净，否则灰尘、杂质容易被带入镀液造成膜层颗粒镀不到现象。

镀膜生产过程中所涉及的溶液就是指将要覆盖在玻璃上的水性或有机镀液，目前用于有机涂层的镀液品种较多，每一种镀液都有其自身的特性，因此镀液在配制过程中的技术参数（如黏度等）是否准确、工艺参数是否恰当等将会影响膜面的质量。另外，用于配制镀液的稀释剂也在膜层质量中起到非常重要的作用，如果在配制上机镀液时用了配制不当的稀释剂，稀释剂的挥发速率直接影响镀膜的质量。

影响镀膜质量的因素还有很多。如涂布辊和玻璃之间的间隙太大或太小，都会引起涂层膜厚与工艺要求的不符；如果涂布辊与玻璃板之间的平行度或涂布辊与定量辊之间的平行度达不到工艺要求，则会引起玻璃两边涂层厚度不均匀的缺陷，另外，供料系统是否正常、液体循环是否顺畅等因素都会引起膜层质量缺陷。除了辊涂机以外，涂层质量缺陷还与固化炉有很大关系。通常固化炉的结构、加热形式、热风循环形式在设计与制造过程中定格后，涂层的质量就与热风循环、废气的排放量、炉体各段的热风温度设置等有关。

辊涂镀膜过程中经常出现的问题有很多，如辊印和条纹。辊印是指带钢在涂覆时把辊子的缺陷映射到带钢上的质量缺陷现象。形状为点状或线状，辊印位置的间隔是涂辊的周长。形成的原因如下。

① 在使用过程中辊子存在质量缺陷鼓包。

② 辊子在磨削修复后的质量不合格，存在磨削痕迹或辊子的同轴度和圆度超差。解决方法为辊子上机前确定辊子的平整度，禁止不合格的辊子上机使用。

③ 涂布辊参数调整不当。例如径向跳动太大；输送带下辊子与托辊的上母线不在一个平面；输送带下托板与托辊的上母线不在一个平面；涂布辊速度与输送速度不匹配；压紧量过大等。

条纹可分为横条纹和竖条纹两种情况。出现横条纹的原因一般是涂覆辊或基板的速度抖动。出现竖条纹可能的原因是涂辊各辊的速度不匹配或镀膜液流平不好，可以通过调整各辊的相应速度和镀膜液的参数来解决。

镀膜产品应用在太阳电池上，而太阳电池一般使用在室外，因此，薄膜一定要有较好的耐候性，耐腐蚀，耐刮擦，防潮湿，生产出的镀膜玻璃需要经过一系列性能测试。

（1）双八五测试　按照国家标准 GB/T 2423.1—2001、GB/T 2423.2—2001、GB/T 2423.3—1993 要求，适用于《电工电子产品的基本环境实验规范》中《实验 A：低温测试实验方法；实验 B：高温实验方法；实验 C：湿热实验方法》，对产品进行高低温湿热实验。该实验是将镀膜玻璃放在 85℃的温度和相对湿度 85%的环境下连续运行 1000h，检测镀膜玻璃承受长期湿气渗透后的透过率衰减和减反膜玻璃外观变化情况。要求实验样品前后透过率差值小于 1%，而且膜层无脱落、剥离、起皱现象。因电池组件的设计寿命是 20～30 年，该实验可以再现环境对光伏玻璃产生的破坏，双八五实验对产品的破坏力和影响最大。

（2）太阳能紫外线老化测试　模拟太阳光紫外线照射现象，利用紫外灯管实现：紫外线波长 320～385nm，总辐射量 15kW·h/m$^2$；紫外线波长 280～320nm，总辐射量 7.5kW·h/m$^2$。累计辐射量达到设定值，设备自动关机。检验其标准：样品实验前后透过率（TAM）差值小于 1%，这个实验需要 300h。

（3）高低温交变湿热测试　根据国家标准 GB/T 2423.1—2001、GB/T 2423.2—2001、GB/T 2423.3—1993、GB/T 2423.4—1993 的要求，适用于 GB/T 2423.1—4《电工电子产品的基本环境实验规范》中《实验 A：低温测试实验方法；实验 B：高温实验方法；实验 C：湿热实验方法；实验 D：交变湿热实验方法》的产品进行高低温交变湿热实验。实验从

−40℃到 80℃，80℃时湿度 85%RH 状态，进行连续 50 次循环。样品实验前后透过率差值小于 1%，这个实验需要 270h。

### 11.9.5 镀膜玻璃质量的经验判断

为获得高的透射率，钢化后的膜面应呈现浅蓝色中泛紫色为佳，无色、弱紫色或浅黄色为膜面过薄，膜面呈金绿色、蓝色为膜面过厚。减反膜的颜色呈红紫色是好的减反膜。减反膜的颜色是由其干涉相消的光的互补颜色决定的。对于 AM1.5 太阳光来说，波长为 480～550nm 的绿光在可见光中的辐照度最大，一般希望减反膜对这个波段的光线起干涉消光作用，质量好的减反膜的颜色就呈现绿色的互补色，也就是红紫色。

为更加通俗地说明，将可见光谱围成一个圆环并分成九个区域（图 11.7），称为颜色环。

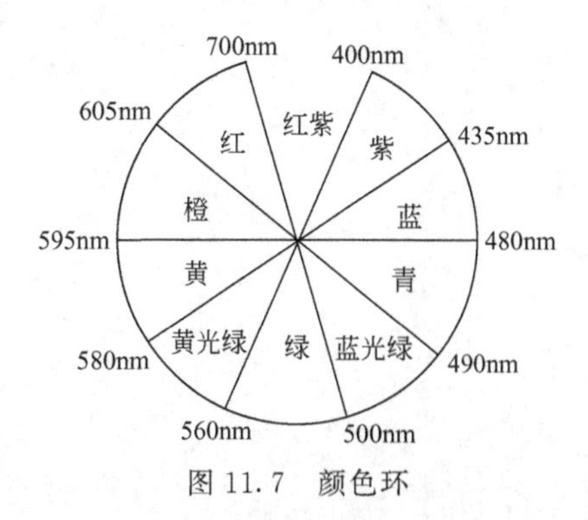

图 11.7 颜色环

颜色环上数字表示对应色光的波长，单位为 nm，颜色环上任何两个对顶位置扇形中的颜色，互称为补色。例如，蓝色（435～480nm）的补色为黄色（580～595nm）。通过研究发现色光还具有如下特性：当太阳光照射某物体时，某波长的光被物体吸取了，则物体显示的颜色（反射光）为该色光的补色。如太阳光照射到物体上时，若物体吸取了波长为 400～435nm 的紫光，则物体呈现黄绿色；减反膜对这个绿色波段的光线起干涉消光作用，颜色就呈现绿色的互补色，也就是泛紫色。

## 参 考 文 献

[1] 肖轶群，沈军等. 短波段光学减反射膜的溶胶-凝胶法制备及性能分析 [J]. 强激光与离子束，2004，16（10）：1281-1285.

[2] 施陪陪. 多层 $SiO_2/TiO_2$ 薄膜的溶胶-凝胶法制备与减反射性质 [D]. 上海：上海大学硕士学位论文，2008：6-10.

[3] 田辉，杨泰生等. $SiO_2$ 超疏水薄膜的制备和性能表征 [J]. 化工进展，2008，27（9）：1435-1438.

[4] 张雪娜，徐雪青等. 减反射薄膜的制备及其性能 [J]. 半导体学报，2003，24（增刊）：85-90.

[5] 曹福想，严坤等. 碱催化剂溶胶-凝胶二氧化硅薄膜的制备 [J]. 南方金属，2005，144：21-23.

[6] 付甜，吴广明等，溶胶-凝胶法制备宽带减反射膜 [J]. 功能材料，2003，36（5）：579-584.

[7] 何志巍，甄聪棉等. 溶胶-凝胶法制备纳米多孔 $SiO_2$ 薄膜 [J]. 物理学报，2003，52（12）：3130-3134.

[8] 王娟，张长瑞等. 纳米多孔二氧化硅薄膜的制备及其光学性质研究 [J]. 高技术通讯，2005，15（6）：55-57.

[9] 李春红，赵之彬等. 溶胶-凝胶法制备疏水型 $SiO_2$ 薄膜的研究 [J]. 化工科技，2005，12（5）：26-29.

[10] 方欣，胡文彬等. 溶胶-凝胶法制备多孔 $SiO_2$ 薄膜开裂问题研究进展 [J]. 材料导报，2008，22（专辑Ⅶ）：18-20.

[11] 肖轶群，谢志勇等. 溶胶-凝胶工艺制备 $SiO_2$ 薄膜的结构控制和稳定性研究 [J]. 强激光与离子束，2006，18（8）：1302-1306.

[12] 吴晓培. 溶胶-凝胶技术制备减反射薄膜的研究 [J]. 杭州：浙江大学硕士学位论文，2005.

[13] 何方方，许丕池等. 催化条件对 $SiO_2$ 静电自组装薄膜光学性质的影响 [J]. 功能材料，2005，36

(6)：832-835.

[14] 贾巧英，刘瑞军等. 多孔二氧化硅增透膜的改性研究 [J]. 稀有金属材料与工程，2004，33（增刊3）：76-79.

[15] 晏良宏，蒋晓东等. 聚乙烯醇/二氧化硅复合增透膜的制备和可清除性 [J]. 强激光与粒子束，2008，20（9）：1479-1482.

[16] 马永新，周友苏等. 溶胶-凝胶法二氧化硅增透膜的制备与研究 [J]. 航天器环境工程，2008，25（3）：298-300.

[17] 郑晔，陈奇等. 溶胶-凝胶法制备硼硅酸盐玻璃上减反射薄膜 [J]. 玻璃与搪瓷，2009，37（2）：6-17.